农田水利工程技术培训教材

水利部农村水利司
中国灌溉排水发展中心 组

喷灌工程技术

主　编　周世峰
副主编　王留运

黄河水利出版社
·郑州·

内 容 提 要

本书系农田水利工程技术培训教材的一个分册。全书共分为十二章，主要内容包括概述、规划设计基本资料、喷灌设备分类与选型、喷灌工程规划、水力计算、管道式喷灌系统设计、机组式喷灌系统设计、园林喷灌系统设计、喷灌自动控制系统、喷灌工程施工和试运行、喷灌工程管理、喷灌工程设计实例及附录等。

本书较系统地总结了近年来全国各地在喷灌工程规划、设计、施工和管理中所取得的先进经验和科研成果，并对相关新产品进行了介绍，内容丰富，实用性和可操作性强，主要供培训基层水利人员及从事喷灌工程规划、设计、施工和管理的工作者使用，亦可供相关专业院校师生及科研人员在教学、科研、生产等工作中参考使用。

图书在版编目(CIP)数据

喷灌工程技术/周世峰主编. —郑州：黄河水利出版社,2011.9

农田水利工程技术培训教材

ISBN 978-7-80734-999-0

Ⅰ.①喷… Ⅱ.①周… Ⅲ.①喷灌-技术培训-教材 Ⅳ.①S275.5

中国版本图书馆CIP数据核字(2011)第028075号

出 版 社：黄河水利出版社

地址：河南省郑州市顺河路黄委会综合楼14层 邮政编码：450003

发行单位：黄河水利出版社

发行部电话：0371-66026940、66020550、66028024、66022620(传真)

E-mail：hhslcbs@126.com

承印单位：河南省瑞光印务股份有限公司

开本：787 mm×1 092 mm 1/16

印张：14.25

字数：330千字 印数：1—5 000

版次：2011年9月第1版 印次：2011年9月第1次印刷

定价：39.00元

农田水利工程技术培训教材
编辑委员会

加强农田水利技术培训 增强服务“三农”工作本领

——农田水利工程技术培训教材总序

我国人口多，解决13亿人的吃饭问题，始终是治国安邦的头等大事。受气候条件影响，我国农业生产以灌溉为主，但我国人多地少，水资源短缺，降水时空分布不均，水土资源不相匹配，约二分之一以上的耕地处于水资源紧缺的干旱、半干旱地区，约三分之一的耕地位于洪水威胁的大江大河中下游地区，极易受到干旱和洪涝灾害的威胁。加强农田水利建设，提高农田灌排能力和防灾减灾能力，是保障国家粮食安全的基本条件和重要基础。新中国成立以来，党和国家始终把农田水利摆在突出位置来抓，经过几十年的大规模建设，初步形成了蓄、引、提、灌、排等综合设施组成的农田水利工程体系，到2010年全国农田有效灌溉面积9.05亿亩，其中，节水灌溉工程面积达到4.09亿亩。我国能够以占世界6%的可更新水资源和9%的耕地，养活占世界22%的人口，农田水利做出了不可替代的巨大贡献。

随着工业化城镇化快速发展，我国人增、地减、水缺的矛盾日益突出，农业受制于水的状况将长期存在，特别是农田水利建设滞后，成为影响农业稳定发展和国家粮食安全的最大硬伤。全国还有一半以上的耕地是缺少基本灌排条件的“望天田”，40%的大中型灌区、50%的小型农田水利工程设施不配套、老化失修，大型灌排泵站设备完好率不足60%，农田灌溉“最后一公里”问题突出。农业用水方式粗放，约三分之二的灌溉面积仍然沿用传统的大水漫灌方法，灌溉水利用率不高，缺水与浪费水并存。加之全球气候变化影响加剧，水旱灾害频发，国际粮食供求矛盾突显，保障国家粮食安全和主要农产品供求平衡的压力越来越大，加快扭转农业主要“靠天吃饭”局面任务越来越艰巨。

党中央、国务院高度重视水利工作，党的十七届三中、五中全会以及连续八个中央一号文件，对农田水利建设作出重要部署，提出明确要求。党的十七届三中全会明确指出，以农田水利为重点的农业基础设施是现代农业的重要物质条件。党的十七届五中全会强调，农村基础设施建设要以水利为重点。2011年中央一号文件和中央水利工作会议，从党和国家事业发展全局出发，对加快水利改革发展作出全面部署，特别强调水利是现代农业建设不可或缺的首要条件，特别要求把农田水利作为农村基础设施建设的重点任务，特别制定从土地出让收益中提取10%用于农田水利建设的政策措施，农田水利发展迎来重大历史机遇。

随着中央政策的贯彻落实、资金投入的逐年加大，大规模农田水利建设对农村水利工作者特别是基层水利人员的业务素质和专业能力提出了新的更高要求，加强工程规划设计、建设管理等方面的技术培训显得尤为重要。为此，水利部农村水利司和中国灌溉排水发展中心组织相关高等院校、科研机构、勘测设计、工程管理和生产施工等单位的百余位专家学者，在1998年出版的《节水灌溉技术培训教材》的基础上，总结十多年来农田水利建设和管理的经验，补充节水灌溉工程技术的新成果、新理论、新工艺、新设备，编写了农田水利工程技术培训教材，包括《节水灌溉规划》、《渠道衬砌与防渗工程技术》、《喷灌工程技术》、《微灌工程技术》、《低压管道输水灌溉工程技术》、《雨水集蓄利用工程技术》、《小型农田水利工程设计图集》、《旱作物地面灌溉节水技术》、《水稻节水灌溉技术》和《灌区水量调配与量测技术》共10个分册。

这套系列教材突出了系统性、实用性、规范性，从内容与形式上都进行了较大调整、充实与完善，适应我国今后节水灌溉事业迅速发展形势，可满足农田水利工程技术培训的基本需要，也可供从事农田水利工程规划设计、施工和管理工作的相关人员参考。相信这套教材的出版，对加强基层水利人员培训，提高基层水利队伍专业水平，推进农田水利事业健康发展，必将发挥重要的作用。

是为序。

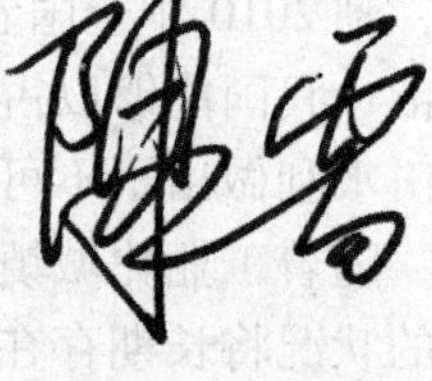

2011年8月

《喷灌工程技术》
编写人员

主　　编：周世峰（北京工业大学）
副 主 编：王留运（中国灌溉排水发展中心）
编写人员：（按姓氏笔画排序）
邓　丽（北京工业大学）
兰才有（中国农业机械化研究院）
仵　峰（中国农业科学院农田灌溉研究所）
吴玉芹（中国灌溉排水发展中心）
吴涤非（北京工业大学）
张玉欣（中国灌溉排水发展中心）
张建平（美国托罗公司中国区）
李光永（中国农业大学）
郑　睿（北京工业大学）
罗金耀（武汉大学）
姚　彬（中国灌溉排水发展中心）
姚宛艳（中国灌溉排水发展中心）
徐海洋（中国灌溉排水发展中心）
龚时宏（中国水利水电科学研究院）
黄修桥（中国农业科学院农田灌溉研究所）
潘云生（水利部农村水利司）
主　　审：朱尧洲（北京工业大学）
副 主 审：李英能（中国农业科学院农田灌溉研究所）

前　言

我国自20世纪60年代初从国外引进喷灌技术，在总结试点应用的基础上，70年代开始在全国范围内进行喷灌技术研究和产品开发与生产应用。经过近40年的不懈努力，已基本形成了适合我国国情的喷灌技术体系，其内容丰富、体系完整、技术集成度高。目前，我国开发生产的各类喷灌工程所需的材料和设备产品配套齐全，并形成了一定规模的生产与供应能力，已能够满足当前的市场需求，但还有一些技术含量高的设备（如大型喷灌机组和园林喷灌设备产品等）与国际水平有一定的差距。为保证喷灌事业的健康发展，我国先后颁布了《喷灌工程技术规范》（GB/T 50085—2007）和《喷灌与微灌工程技术管理规程》（SL 236—1999）等国家和行业标准，为喷灌工程建设、管理和产品生产提供了科学依据及准则。20世纪90年代以后，随着相关技术的不断提高与完善，新产品不断地出现，节水灌溉材料设备产业也迅速发展起来。随着国家对农业节水扶持政策的不断完善和投资力度的逐年加大，喷灌在我国水资源紧缺的北方平原地区得以大面积推广应用。近年来，我国喷灌技术推广应用趋于更加理性，逐年都在稳步发展，据不完全统计，2009年全国喷灌面积为293万hm^2，占节水灌溉工程面积的11.36%，对我国的农业经济和生态环境可持续发展起到了十分重要的作用。

喷灌技术是我国目前应用最多的节水灌溉工程技术措施之一，喷灌具有节水、节地、省工、适应性强、保持水土、增产和提高作物品质等优点及综合效益。

本书以我国近年来推广应用的喷灌最新科技成果和生产实践经验为基础，以我国已颁布执行的相关技术标准为准则，借鉴国外先进的节水灌溉技术和工程管理经验，同时参考了1999年版《喷灌工程技术》的部分内容编写而成，是一部实用性很强的专业工具书。

本书共分十二章，主要内容包括概述、规划设计基本资料、喷灌设备分类与选型、喷灌工程规划、水力计算、管道式喷灌系统设计、机组式喷灌系统设计、园林喷灌系统设计、喷灌自动控制系统、喷灌工程施工和试运行、喷灌工程管理、喷灌工程设计实例及附录等。本书主要供培训基层水利人员及从事喷灌工程规划、设计、施工和管理的工作者使用，亦可供相关专业院校师生及科研人员在教学、科研、生产工作中参考使用。

本书各章编写分工如下：第一章由吴涤非、龚时宏、李光永、姚宛艳编写，第二章由邓丽、吴玉芹编写，第三章由王留运、姚宛艳、兰才有、张建平、郑睿编写，第四章由黄修桥、邓丽编写，第五章由龚时宏、周世峰编写，第六章由罗金耀、吴涤非编写，第七章由姚彬、张建平编写，第八章由张建平、王留运、潘云生、徐海洋编写，第九章由仵峰、张建平、王留运编写，第十章由周世峰、姚宛艳、郑睿编写，第十一章由张玉欣、周世峰编写，第十二章由吴涤非、周世峰、姚彬、王留运、徐海洋编写，附录由王留运、兰才有、姚宛艳、姚彬、郑睿编写。本书由周世峰任主编，由王留运任副主编。

本书由朱尧洲任主审，由李英能任副主审。在本书编写过程中，得到了有关专家和领导的大力支持和帮助，并参考和引用了许多国内外文献，在此一并表示衷心的感谢！

由于编者水平所限，书中缺点和疏漏之处在所难免，敬请读者批评指正。

编 者

2011 年 3 月

目　录

第一章 概 述

第一节 喷灌的概念和特点

一、喷灌的概念

喷灌是喷洒灌溉的简称，是利用水泵加压或自然落差将水通过压力管道送到田间，经喷头喷射到空中，形成细小的水滴，均匀喷洒在农田上，为作物正常生长提供必要水分条件的一种先进灌水方法。

二、喷灌的特点

喷灌采用压力管道输送灌溉水，与传统地面灌溉相比，可以有效减少输水渗漏，提高输水效率；喷灌的田间灌溉采用喷头喷洒完成，一般不会产生径流和深层渗漏，田间水利用系数高；喷灌系统容易实现自动化，可有效降低人工的劳动强度。喷灌的具体优、缺点如下所述。

（一）喷灌的优点

1. 节约用水

我国的平均灌溉水利用系数为0.49左右，其中有一半多的水量浪费在灌溉过程中。灌溉水的损失，一是在从水源到田间的输水过程中，二是在田间灌水过程中。相对于传统的地面灌溉，喷灌通常采用管道输配水，输配水损失很小；灌溉时采用喷头直接将水均匀地喷洒到田面，只要设计正确和管理科学，就可以不产生明显的深层渗漏和地面径流；喷灌水利用系数可以达到0.75以上，较传统地面灌溉节水40%左右。

2. 提高农作物产量和品质

喷灌可以增加农作物产量，提高农作物品质，利于发展两高一优农业。喷灌对提高农作物产量和品质的作用是多方面的：喷灌可以适时适量地满足农作物对水分的要求，实现精细控制土壤水分、保持土壤肥力，能够适应换茬作物对水分的不同要求；喷灌像降雨一样湿润土壤，不破坏土壤团粒结构，为作物根系生长创造了良好的条件；喷灌输水多采用地埋的形式，可以减少沟渠和田埂占地，提高耕地利用率5%～7%，从而扩大作物种植面积，增加产量；喷灌可以调节田间小气候，增加地面空气湿度，调节温度和昼夜温差，不但可避免干热风、霜冻对作物的危害，而且可显著提高作物的品质。

3. 节省劳力

喷灌系统易实现自动化运行，可减轻灌水的劳动强度和显著提高作业效率，免去年年修筑田埂和田间沟渠的重复劳动，节省大量的劳动力，与使用传统的地面灌溉方式相比可以提高劳动效率20～30倍。

4. 适应性强

喷灌几乎适用于灌溉所有的旱作物，如谷物、蔬菜、果树、棉花和烟草等；喷灌可以适应地形的一定起伏和地块形状的变化，不但适用于平原地区，而且在浅山、丘陵区也可以应用，在大多数情况下无须为喷灌而平整土地和控制地面坡度；喷灌还适用于各种土壤，如黏土、砂土等。

（二）喷灌的缺点

1. 喷洒作业受风影响

喷灌作业时，风不但会增加喷洒水滴的蒸发和飘移损失，降低喷洒效率，而且会改变各方向喷射水流的射程和水量分布，影响灌水质量，故风力大于3级时一般不宜进行喷洒作业。

2. 投资高

与传统地面灌溉相比，喷灌增加了压力管道、阀门、喷头等田间灌水设备，在水源处需要用水泵来加压，喷灌设备对耐压的要求也较高，因而喷灌系统的投资较高。目前，固定管道式喷灌系统需投资1 000～1 500元/亩❶，半固定管道式喷灌系统需投资400～600元/亩，绞盘式喷灌机需投资500～800元/亩，大型喷灌机组需投资800～1 200元/亩。

3. 耗能

地面灌溉只要将水通过渠道、管道送到地头即可实现自流灌溉，而喷灌运行则需要一定的工作压力使水流破碎成水滴并且喷洒到规定射程内，因此喷灌需要多消耗一部分能量。

喷灌耗能大的问题促进了喷灌向低压化方向的发展，低压喷头已在大型喷灌机组上得到广泛的应用，固定管道式喷灌系统也在向降低工作压力的方向发展。另外，我国有不少丘陵、浅山区的自然落差可以利用，在这些地区宜发展自压喷灌，减少能耗。

一般喷灌比地面灌溉耗能多，但在扬程高的提水灌区和地下水埋深大的井灌区，由于喷灌节约了灌溉用水，提高了灌水效率，因此总体上耗能可能会下降。

第二节　喷灌系统的组成和分类

一、喷灌系统的组成

喷灌系统由水源工程、水泵和动力机、管道系统、喷头及附属设备和附属工程组成，在有条件的地区，喷灌系统还设有自动控制设备。

（一）水源工程

喷灌系统一般需要修建引水、蓄水、提水和输配电等水源工程。喷灌的水源可以是河流、湖泊、水库、池塘、沟渠、井泉等，也可以是中水和再生水。水源应满足喷灌在水量和水质方面的要求。喷灌的建设投资较高，灌溉设计保证率一般要求不低于85%。

❶ 1亩＝1/15 hm^2。

（二）水泵和动力机

除利用自然落差外，喷灌系统的工作压力均由水泵提供。在有电力供应的地区应尽量采用电动机与水泵配套，无电地区可采用柴油机。轻小型喷灌机组通常采用喷灌专用自吸泵并以柴油机或汽油机带动，可以方便地移动。小型喷灌工程往往用水泵一次完成提水和加压工作；对于大型喷灌工程，为了降低系统各分区的工作压力，通常采用分级加压的方式。当喷灌系统实际工作流量经常变化时，可采用变频调速改变水泵转速、增减同时开启的水泵台数和配备调压罐等方法进行调节。

（三）管道系统

喷灌一般采用压力管道输配水，喷灌管道应能承受一定的压力并通过一定的流量。在渠灌区发展喷灌也可以先利用渠道输配水，在支渠或斗渠控制范围内设立喷灌取水加压泵站。喷灌管道通常分为干管和支管两级，必要时可增加一级分干管。干管起配水作用，支管是工作管道，支管上按一定间距安装竖管，竖管上装喷头。压力水通过干管、支管、竖管，经喷头喷洒到田面上。管道可分为地埋管道和地面移动管道，地埋管道埋于地下，地面移动管道则按灌水要求沿地面铺设。大中型喷灌机组的工作管道往往和行走部分结合为一个整体。

（四）喷头

喷头是喷灌系统的专用灌水设备，形式多种多样，其作用是将管道内的连续水流喷射到空中，形成细小水滴，洒落到地面补充土壤水分。作业中喷头边喷边移动称为行走式喷洒（简称行喷），作业中喷头不移动称为定点喷洒（简称定喷）。单喷头的喷洒范围是圆形的，水量分布难以达到均匀，故实际应用中经常是多喷头作业，喷洒范围有叠加，称为喷头组合。

喷头按工作压力和射程的不同分为低压喷头（近射程喷头）、中压喷头（中射程喷头）和高压喷头（远射程喷头）三类，按喷头的结构形式和喷洒特征可分为旋转式（射流式）喷头、固定式（散水式、漫射式）喷头和喷洒孔管三类。

（五）附属设备和附属工程

喷灌工程中还有一些附属设备和附属工程。如果从河流、湖泊、渠道取水应设拦污设施；管道的输配水由阀门进行控制；为保护喷灌系统安全运行，管道系统中的某些部分应设进排气阀、调压阀、减压阀、安全阀等；为保证喷灌系统安全过冬，灌溉季节结束后应排空管道中的水，需设泄水阀；为观察喷灌系统的运行状况，在水泵进出管路上应设真空表、压力表及水表；利用喷灌喷洒肥料和农药时，应有相应的调配和注入设备。为了操作、保护闸阀等，设有阀门井、水表井等附属工程。采用绞盘式喷灌机等机组式喷灌系统时，应按喷灌的要求规划田间作业道路和供水设施。以电动机为动力时应架设供电线路，配置低压配电箱和电气控制箱等。

二、喷灌系统的分类

喷灌系统的形式很多，各具特点。按系统获得压力的方式分类，可分为机压喷灌系统和自压喷灌系统。按系统构成的特点分类，可分为管道式喷灌系统和机组式喷灌系统。各类喷灌系统的优、缺点和结构特性见表1-1。

表 1-1　各类喷灌系统的优、缺点和结构特性

类型		亩投资（元）	优点	缺点	结构特性	适用条件
固定管道式		1 000 ~ 1 500	操作方便，省工，效率高，占地少，易管理，便于自动化操作，运行成本低，喷洒质量高	使用管道多，投资大，设备利用率低，竖管对机耕有影响	管道投资占70% ~ 80%，支管耗用量一般为25 ~ 35 m/亩	适用于灌水频繁、经济价值高的蔬菜和经济作物，也适用于城市园林、绿地、运动场草坪灌溉
半固定管道式		400 ~ 600	支管重复使用可降低投资，操作较方便，占地少，效率高，喷洒质量较好	人工移管不方便，尤其是黏重土壤，而且易损坏庄稼	支管可移，干管固定，管道投资占50% ~ 60%，平均亩管道用量：支管为2 ~ 3 m，干管为1 ~ 3 m	最适用于矮秆大田粮食作物，对高秆作物、果园不适用
移动管道式		300 ~ 500	设备利用率高，投资少，占地少，喷洒质量较好	干管、支管需拆卸、搬移，劳动强度大，效率较低，易损坏庄稼	管道全部可移，管道投资占50% ~ 55%，平均亩管道用量：支管为1 ~ 3 m，干管为1 ~ 2 m	适用于一套设备多井喷灌，尤其适用于不稳定的不易地埋管道的河滩地灌溉和高寒地区
定喷式机组	轻小型机组	100 ~ 150	一次投资少，使用灵活，结构简单，便于综合利用	机组移动稍难，喷洒质量较差，劳动强度稍大，控制面积小	配套动力为2 ~ 12 kW，结构简单，多为人工或拖拉机移动	适用于零星分散土地、分散小水源、家庭果园、菜园、集雨和水窖节水灌溉
	滚移式、端拖式、悬臂式	200 ~ 500	投资较少，结构较简单	机组移动不便，维修有一定难度，机组保有率低，国内产品技术不太成熟	结构简单，多为拖拉机移动	适用于有一定技术条件、能集中使用的作物，多用于大田作物，目前国内很少使用
行喷式机组	中心支轴式、平移式	800 ~ 1 200	喷洒质量最好，抗风干扰能力较强，效率高，劳动强度小，自动化程度高，操作方便	结构复杂，耗用钢材多，一次投入大，技术条件要求高，坡度大于7°时行走有困难	支管以中心支轴为圆心旋转或以中心支架为准平移，喷头直接布置在支管上，支管边移边喷	适用于地形平坦、连片的大块土地（500亩以上）和技术条件、经济条件较好的大型农场
	绞盘式	500 ~ 800	结构较为简单，定位工作较容易	入机压力要求较高（0.4 ~ 0.8 MPa），机组移位困难	拖拉机移动，喷头小车边走边喷，支管为PE半软管	最适用于甘蔗、牧草等灌溉

注：表中亩投资仅供参考。

（一）机压喷灌系统和自压喷灌系统

机压喷灌系统是以机械加压获得工作压力的喷灌系统，一般使用各类水泵加压，动力机可采用电动机、柴油机、汽油机。水泵的流量要满足灌溉要求，其扬程应保证不小于喷头工作压力与管道沿程和局部损失水头，以及水源和喷头之间高差之和。

自压喷灌系统多建在山丘区，利用水源的自然落差，用管道将压力水引至喷灌作业区，把位能转变为动能以实现喷灌。自压喷灌充分利用了天然水头，减少了系统的运行费用，是一种值得大力推广的喷灌方式。但自压喷灌受地形条件影响，存在一些特殊的问题，如当地形高程变化较大时，规划设计中应考虑进行压力分区，有时还要考虑设置减压和调压设施，用于保证系统安全运行和节约投资。

山丘区的自压喷灌系统有的是先用水泵将低处的水扬至高处的蓄水池中，然后按自压喷灌的方法实现喷灌，这主要是因为当地供电没有保证，所以在用电低峰（一般是夜间）时先将水扬至蓄水池中，灌溉时不需再依赖供电状况。这种扬水自压喷灌实质上还是属于机压喷灌系统。

（二）管道式喷灌系统和机组式喷灌系统

1. 管道式喷灌系统

管道式喷灌系统是以管道为主要设备，通过各级管道将动力机、喷头等连接成一个完整的灌溉系统，它是为区别机组式喷灌系统而命名的。管道式喷灌系统又分为固定管道式喷灌系统、半固定管道式喷灌系统和移动管道式喷灌系统。

固定管道式喷灌系统的全部管道在整个灌溉季节甚至常年都是固定不动的，且管道多埋于地下。固定管道式喷灌系统的亩投资较高，但使用方便，适用于灌水频繁的蔬菜和经济作物及经济发展水平高、劳动力紧张的地区。固定管道式喷灌系统一般采用按支管轮灌的灌溉方式，为降低亩投资也可采用同时向多支管供水、每条支管只开启一两个喷头的方式，支管仅承担一两个喷头的流量，干管处于多孔出流的状态，干管、支管的管径均可减小。

半固定管道式喷灌系统的干管一般是固定不动的，支管移动使用，可提高支管的利用率，减少支管用量，亩投资低于固定管道式喷灌系统，在我国北方小麦产区具有很大的应用前景。为便于移动，支管应选用轻型管材，如薄壁铝管、薄壁镀锌钢管，并且配有各类快速接头和轻便的连接件、给水栓。随着塑料管道加工技术的提高和强度的增加，近年也有采用塑料管道做地面移动管道的。

移动管道式喷灌系统的干管、支管道均可移动使用，如移动喷灌泵（非机组式）配套塑料软管的移动喷灌系统就是这种形式。干管采用轻型管道沿地面铺设，在灌水过程中干管不移动，仅仅移动支管，灌溉结束时再整体移动的喷灌系统仍属半固定管道式喷灌系统。

2. 机组式喷灌系统

机组式喷灌系统是以喷灌机（机组）为主要设备，再配以管道、喷头组成的成套喷灌系统，其中的喷灌机在工厂完成制造和组装。该系统具有集成度高、配套完整、机动性好、设备利用率高和生产效率高等优点，在农业机械化程度高的国家较多采用。机组式喷灌系统运行时需与水源和供水设施正确结合才能正常工作，大型机组对田间工程有较高的配套要求，故采用机组式喷灌系统除应作好喷灌机的选型外，还应按喷灌机的使用要求作好田间配套工程的规划、设计和施工。

我国一般按运行方式将喷灌机分为定喷式和行喷式两类，同时按配用动力的大小分为大、中、小、轻等多种规格。目前，我国应用较多的是轻小型喷灌机，此外中心支轴式喷灌机、平移式喷灌机和绞盘式喷灌机等大中型喷灌机也有一定范围的应用。

中心支轴式喷灌机和平移式喷灌机属大型行喷式喷灌机组，一般采用多跨式结构，并可根据地块大小选择跨数，跨数过少将影响其经济性，单机控制面积一般为 500 ~ 1 000 亩。

绞盘式喷灌机属于行喷式喷灌机，规格以中型为主，同时也有小型产品。绞盘式喷灌机结构紧凑，机动性好，生产效率高，单机控制面积可达 150 ~ 300 亩。喷灌机一般采用高压远射程单喷头作业，入机压力较高，能耗较大，对于灌水频繁的地区，应慎重选择。绞盘式喷灌机的另一个不足之处是需要在田间留出机行道。

轻小型喷灌机组是指 12 kW 以下电动机或柴油机配套的喷灌机组，有手抬式和手推车式两种，均属定喷式喷灌机。轻小型喷灌机组是为适应 20 世纪 70 年代我国农村的动力情况和抗旱的要求发展起来的，配套动力为 2 ~ 12 kW，目前已成为配套完整、规格齐全的喷灌主导产品之一。轻小型喷灌机组适用于水源少而地块分散的山丘区和平原缺水区，具有一次性投资少、操作简单、保管维修方便、适用于抗旱等优点。采用轻小型喷灌机组时不应忽视水源工程的建设，否则干旱时难以发挥作用。

第三节　喷灌的发展概况与趋势

一、国外喷灌发展概况与趋势

（一）国外喷灌发展概况

最早的喷灌可以追溯到公元前 560 年巴比伦（现伊拉克）的空中花园，当时采用了称为人工降雨的自压喷灌。1900 年，作为一种现代灌溉技术，喷灌开始用于城市草坪的灌溉，以后又应用于苗圃和经济作物。20 世纪 20 年代，德国和意大利开始在农业上采用喷灌，美国也在加利福尼亚州的山坡果园中应用。悬吊孔管或安装固定喷头的高架管道成本昂贵，初期的喷灌都是采用铸铁管的固定系统。20 年代出现了旋转式喷头和喷灌车，30 年代研制成了双悬臂喷灌机。第二次世界大战后，高效喷头、轻质管道、快速接头的出现和改进，为喷灌发展提供了价格较低、性能可靠的设备，使喷灌可以用于不同地区和不同作物，并推动了移动管道式喷灌系统和半固定管道式喷灌系统的发展。端拖式（1948 年）、滚移式（1951 年）、中心支轴式（1955 年）、绞盘牵引式（1966 年）以及平移自走式（20 世纪 60 年代末）等大中型喷灌机也相继问世，从而使喷灌技术迅速发展并走向世界各地。

（二）国外喷灌发展的趋势

1. 喷灌设备与喷灌系统多样化发展

不同喷灌设备和喷灌系统具有各自的适用性，因此各国都根据本国的特点因地制宜地发展多种多样的喷灌设备和喷灌系统。

美国大力推广中心支轴式喷灌机和平移式喷灌机，这两种喷灌机适合美国的农场现状，现也在其他很多国家得到应用。俄罗斯主要发展双悬臂式喷灌机，近年来，也从美国引进中心支轴式喷灌机和滚移式大型喷灌机。德国、法国、澳大利亚等国则重点发展绞盘式喷灌机。

2. 单机和系统控制面积不断扩大，机组适应能力不断提高

为了提高喷灌机的生产效率，减少设备投资，节省劳动力和运行管理费用，各国都在努力扩大单机控制面积。美国内布拉斯加州乐克德公司研制的中心支轴式喷灌机由30个塔架组成，长1 182 m，控制面积达6 556亩，为世界最大的中心支轴式喷灌机。为适应大型喷灌机的编组运行（一般为2~10台），提高生产效率和土地利用率，目前美国的单个喷灌地块已由20世纪50年代的240~960亩发展到12 000~60 000亩。各种喷灌机最大控制面积参见表1-2。

表1-2 各种喷灌机最大控制面积

机型	绞盘式	双悬臂式	滚移式	中心支轴式	平移式
结构尺寸等	喷头射程 50 m	桁架长120 m	支管长400 m	支管长805 m，最长1 182 m，30个塔架	支管长605 m
最大控制面积（亩）	500	750~950	500~1 000	6 556	1 900~3 800

在扩大控制面积的同时，各国还在努力提高机组的适应能力，喷灌机组的爬坡能力由6%提高到30%，桁架结构也由过去的钢结构发展为铝合金结构，机架重量减轻约60%。

3. 尽力节省能源

由于世界能源危机，一些国家不得不放慢了喷灌发展的速度。根据美国内布拉斯加州调查，灌溉耗能占农业生产中耗能的43%，而喷灌耗能在灌溉耗能中占了大部分，因此喷灌要取得发展，必然要走节能的道路。

目前，采用的节能措施主要有发展低压喷头和开辟新能源两项。

1）发展低压喷头

据美国测算，将喷灌用的高压喷头换为工作压力为0.25 MPa的低压喷头，每喷出1 000 m^3水能耗节省9.6美元。苏联研制的双悬臂式喷灌机，喷头工作压力仅为0.1 MPa。20世纪90年代后，各国生产的大型行喷式喷灌机几乎都改用了低压喷头。

目前，各国研制的低压喷头和喷滴灌结合的喷头达几百种，新研制的异型喷嘴（方形、长方形喷嘴）喷头在低压力时仍有较好的雨量分布，受到人们关注。

2）开辟新能源

积极采用风能、沼气能、太阳能等新能源作为喷灌能源。美国、澳大利亚等都开始利用风能。美国大平原地区有1.2亿亩的灌溉面积，在20世纪末有一半以上采用了风力泵灌溉。

4. 广泛采用轻质管道和塑料管道

为了减少材料消耗，减轻机组重量，降低劳动强度，提高工作效率和降低喷灌管道的投资，国外广泛使用轻质管道和塑料管道。

国内外大量使用的薄壁铝管，壁厚可做到 1.0 mm，较薄壁钢管更为轻便。奥地利鲍尔公司生产的薄壁镀锌钢管壁厚仅为 0.7 mm，最大工作压力为 1.1～2.0 MPa，一节长 6 m，一个人可以抬两三节，而且由于内外镀锌和采用快速接头，连接方便、迅速，使用寿命较长，适宜在喷灌系统中做移动支管。

塑料管道、管件和塑料喷头得到大量使用，在很多国家塑料管道的用量已经占总管道用量的 2/3 以上。由于大量使用价格低廉的塑料管道，很多发达国家的灌溉系统已经取消了渠道而全部采用管道输水，如以色列、法国、西班牙等国家，输水管网遍布全国，农户只需购买节水灌溉设备，与管网系统连接，压力水即可进入田间。

5. 采用自动化技术，提高喷洒质量

电子技术的发展和在喷灌系统中的应用，使得喷灌系统节省了大量劳力，提高了喷洒质量和生产效率，保证了机组运行的可靠性。喷灌系统采用的自动化技术一般有以下几种。

1）自动启闭

对于固定式、半固定式喷灌系统或者按照预先排定的轮灌周期依次启动喷头，或者根据田间土壤水分信号，自动启闭喷头。

2）同步控制和导向控制

对于中心支轴式喷灌机和平移式喷灌机，为保持各塔架之间支管成一条直线，设有同步自动控制系统。对于平移式喷灌机，为保证中心塔架沿直线行走，设有激光或其他方式的自动导向系统。

3）联合调度

对不同压力区、不同喷灌区或多台喷灌机组采用联合调度运行，实行自动化控制，以达到安全可靠、经济合理的目的。

4）防霜冻

在喷灌系统中设防霜冻警报系统，当气温降低到某一限定值时，发出警报并自动开启喷灌系统。

为了提高喷洒质量，国外还采用了间歇喷灌、脉冲喷灌和细滴喷灌等新技术。

6. 发展综合利用

对喷灌设备进行综合利用，提高喷灌设备多功能的经济效益。例如，施化肥、农药和除草剂；防霜冻，防干热风；工业和运动场除尘，混凝土施工养护，工厂防暑降温；园艺花卉、草坪喷灌；城市喷泉等。

7. 重视喷灌基础理论的研究，注重多学科协作配合

开展喷灌基础理论的研究，为喷灌设备的水力性能和机械性能不断完善与提高打下了基础，为合理地进行喷灌系统规划设计提供了可靠的准则和依据。许多国家（如美国、俄罗斯、日本等）多年来一直重视基础理论研究，并取得了较大成果，如射流裂变原理、雨滴打击能量、管网水力特性、土壤入渗理论等。

二、我国喷灌发展概况与趋势

（一）我国喷灌发展概况

我国早期的喷灌是20世纪60年代从苏联引进的。把喷灌作为一项灌水新技术，正规的试验研究和大量使用则是从1973年开始的。从1973年至今，我国的喷灌发展经历了三个阶段。

第一阶段是1973～1983年，喷灌开始在一些地区推广使用，同时开始进行喷灌科学研究。1977年喷灌技术被列为全国60个重点推广的新技术之一，1978年被正式列入国家农田水利建设计划，十年内喷灌投资达十几亿元，建成了一批粮食和经济作物的大面积喷灌试点，喷灌面积达800万亩。喷灌科研也取得了许多进展，成立了农业节水的第一个科技信息网——喷灌情报网（后改为喷灌信息网）；1976年，节水灌溉技术的第一个专业技术刊物——《喷灌技术》（现改为《节水灌溉》）开始发行；开始生产轻小型喷灌机组，引进生产了第一批摇臂式喷头，各种喷灌用管道开始研制和生产。但是这十年的发展也经历了较大的曲折，轻小型喷灌机组在这一时期发展迅速，但当时发展的轻小型喷灌机组质量差，保有率低，配套的喷头、管道质量也不过关，因此喷灌面积长期徘徊不前；另外，节水灌溉发展存在着认识上的较大差异，喷灌工程的规划设计和施工也没有统一标准，这些都影响了喷灌的进一步发展。

第二阶段是1984～1995年，主要是在巩固原有喷灌成果的基础上，统一认识、抓好试点、总结经验、探索模式、制定标准、稳步发展。1985年颁布的《喷灌工程技术规范》（GBJ 85—85）是我国农田水利专业的第一个国家标准，它和以后颁布的《节水灌溉技术规范》（SL 207—98）、《微灌工程技术规范》（SL 103—95）等一系列标准和规范为指导我国节水灌溉以及喷灌事业的发展起了很大作用。经过了前十年的实践与探索，证明喷灌是解决我国农业缺水的一项革命性措施，发展喷灌势在必行等认识基本得到统一，克服了徘徊停顿的局面。从1986年起喷灌又开始较快发展，同时喷灌科研和机具设备的研制也取得了较大进展，能够自行生产满足喷灌要求的各种管道、管件，包括：引进薄壁金属管道生产线，特别是塑料管道的质量提高、规格标准化、管件齐全、价格低廉，使得塑料管道在节水灌溉包括喷灌中大量使用；引进和生产了各种类型的喷头，引进生产了中心支轴式、平移式等大型喷灌机组，这些为大规模发展喷灌提供了物质条件。

第三阶段是1996年至今，是喷灌理性发展的阶段，目前还处于这一阶段的持续过程中。随着农村生产责任制的推行，喷灌发展受到很大制约，喷灌的推广应用进入了理性发展阶段，其主要特点是由无序发展变为有序发展，由盲目发展变为因地制宜发展，由追求高起点发展变为追求高效益发展。这一阶段喷灌发展的一个重要特征是：喷灌已经不仅仅作为一种单独的灌水新技术来应用，而是和渠道防渗、低压管道输水灌溉、微灌等多种节水灌溉新技术，以及节水管理措施、节水农艺措施等其他技术和措施有机结合组成一个完整的农业节水系统。

（二）我国喷灌发展趋势

按照我国节水灌溉的中长期发展规划，到2020年节水灌溉面积达8亿亩，其中喷灌面积1亿亩，占12.5%，喷灌所占的比重逐渐增加，发展的任务是很艰巨的，但已具备了一定的有利条件。

我国现已形成了一支数千人的喷灌技术骨干队伍，培养了几百名与喷灌技术有关的研究生和数万名操作管理人员，建立了几百家从事喷灌设计、施工的专业公司，制定了一系列与喷灌有关的技术标准，部分标准还在不断修订和完善中，这些都为喷灌的大规模发展创造了良好的技术条件。

在材料设备生产方面，我国也具备了一定的物质条件。我国先后开发了常用的喷灌产品和设备，如塑料管道、薄壁铝管、大型喷灌机组、轻小型喷灌机组等设备不但数量可以满足我国喷灌发展的需要，而且质量也有了较大的提高。

我国幅员辽阔，地形复杂，气候多变，土壤各异，作物多样，为喷灌的发展提供了有利的客观条件。根据统计，我国适宜发展喷灌的面积共达6亿亩。我国耕地66%以上是丘陵山坡地，坡耕地面积约4亿亩，这些土地无法采用传统地面灌溉解决灌溉问题。在山区，有很多地方可以修建水库、塘坝蓄水，发展自压喷灌。在半山区，可以采用轻小型机组和管道式喷灌。

我国经济作物的种植面积大（在3.5亿亩以上）、品种多。这些作物经济价值高，但大多种植在丘陵、山坡地上，实施地面灌溉很困难，采用喷灌后增产幅度大、收益快，因此也是发展喷灌的主要对象。

由上可以看出，我国发展喷灌的前景是广阔的、乐观的，要保证我国喷灌技术可持续健康发展，在今后的发展中应注意以下几个问题。

1. 认真作好喷灌的发展规划

喷灌发展规划是发展喷灌的宏观决策，也是进一步实施喷灌工程建设的前期工作。它不仅是一个技术问题，也是一个社会、经济、技术都要考虑的综合性问题。全国各地区喷灌发展极不平衡，应通过综合比较各种因素，全面分析，合理布局，确定全国和各省区发展喷灌的方向、规模、重点和步骤等。喷灌发展规划应纳入农业节水和节水灌溉的总体规划之中，应当和农村水利总体规划一致，不能片面强调喷灌的发展而忽略其他节水灌溉技术的发展。

2. 继续加大喷灌的投入

中央和地方各级政府应继续加大对喷灌的投入，同时制定相应的惠农政策和对喷灌产品生产的优惠政策，鼓励私人投资发展喷灌，把喷灌作为一项保证农业生产持续发展的基础产业抓实、抓好。

3. 积极稳妥地引进国外先进喷灌技术和设备，加快我国喷灌设备产业化

20世纪70年代以来，我国从欧美等发达国家引进先进的喷灌技术设备，使我国的喷灌技术有了很大发展，喷灌产品设备水平有了很大提高。今后的重点是加速我国喷灌设备的产业化、规模化、标准化，为喷灌的持续发展提供数量充足、质量优良的喷灌机具设备。

4. 加强喷灌技术的科研和新产品研发

喷灌技术是一门综合农业、林业、水利、机械、环境等多学科的应用科学技术。我国的喷灌技术水平与先进国家相比还存在一定的差距，为保证喷灌的顺利发展，应当增

加对喷灌科研的投入，重点解决以下喷灌科研课题：

(1) 低耗能、可靠与耐久性强的大中型喷灌机组的研制与改进。

(2) 更为轻便、可靠的适用于山丘地、零星土地、个体农户及配套集雨工程的轻小型喷灌机组的研制开发。

(3) 节能高效、价格低廉的喷灌自动化设备的研制和适应多种条件的喷灌工程计算机设计软件的研究与开发。

(4) 喷灌的综合利用，特别是应用于林业、养殖业、环境美化、生态保护等方面的研究与开发。

(5) 喷灌灌溉制度的研究和喷灌条件下非充分灌溉制度的研究。

(6) 喷灌与雨水、大气水、土壤水、地表水和地下水转换关系的研究。

第二章　规划设计基本资料

规划设计基本资料包括灌区的自然条件、生产和社会经济条件及发展规划等方面的内容，基本资料是工程项目规划设计的依据。

第一节　地形与土壤资料

一、地形

（一）灌区地形图

在规划阶段，为了进行主要工程的规划布置，灌区面积在 5 000 亩以上者宜采用 1∶5 000～1∶10 000 的地形图，灌区面积在 5 000 亩以下者宜采用 1∶2 000～1∶5 000 的地形图。在技术设计阶段，为便于具体布置建筑物和喷灌设施并进行设计计算，宜采用 1∶1 000～1∶2 000 的地形图。

（二）建筑物地址地形图

在必要的时候，应具有建筑物（如泵站等）地址的地形图，比例尺宜用 1∶200～1∶500，以利于建筑物布置和设计。

（三）灌区平面图

若灌区面积较小（如 200 亩以下），且地势平坦，可只测 1∶500～1∶1 000 的平面图替代地形图，但应有典型田块地面高程和水源水位等数据资料。

二、土壤质地

（一）土壤质地分类

土壤颗粒由固、液、气三相组成，喷灌水量的入渗与土壤颗粒组成的关系十分密切。土壤质地反映土壤颗粒的不同组成，既体现肥力和耕作特性，又体现持水和入渗能力。在喷灌工程规划设计中，将土壤质地分为砂土、砂壤土、壤土、壤黏土、黏土五类。

（二）土壤质地确定方法

灌区的土壤质地可通过以下途径确定：

（1）采集灌区土样，委托相关单位在实验室通过颗粒分析测定土壤质地。

（2）向当地农业、水利部门调查，收集灌区或相似地区以往土壤质地测定资料。

（3）通过现场简易指测方法，大致判断确定土壤质地。指测法有干测和湿测两种，可相互补充，但以湿测为主。湿测时取小块土样（比算盘珠略大），拣掉土样内的植物根和结核体（如铁子、石灰结核），加水充分湿润、调匀（湿度以挤不出水为宜），再揉成条或圈环，根据揉条的形态判断土壤质地。指测法鉴定土壤质地指标可参考表 2-1。

表 2-1　指测法鉴定土壤质地指标

质地类型	在手掌中研磨时的感觉	用放大镜或肉眼观察的情况	干燥时状态	湿润时状态	揉成细条时状态
砂土	砂粒感觉	几乎完全由砂粒组成	土粒分散不成团	流砂、不成团	不能揉成细条
砂壤土	不均质，主要是砂粒的感觉，也有细土粒的感觉	主要是砂粒，也有较细的土粒	用手指轻压或稍用力能碎裂	无可塑性	揉成细条易裂成小段或小瓣
壤土	感觉到砂质和黏质土粒大致相同	还能见到砂粒	用手指难以破坏	可塑	能揉成完整的细条，将其弯曲成圆环时裂开成小瓣
壤黏土	感到有少量砂粒	主要有粉砂和砂粒，砂粒几乎没有	不可能用手指压碎	可塑性良好	易揉成细条，但在卷成圆环时有裂痕
黏土	很细的均质土，难以磨成粉末	均质的细粉末，没有砂粒	形成坚硬的土块，用锤击仍难以粉碎	可塑性良好，呈黏糊体	揉成的细条易卷成圆环，不产生裂痕

三、土壤容重

土壤容重是指土壤在未破坏自然结构的情况下，单位体积的干土质量，单位为 g/cm^3。干土质量是指 105～110 ℃条件下的烘干土质量。土壤容重的大小随土壤质地、结构和土壤中有机质含量的不同而异。土壤容重是计算灌水定额的重要参数之一，最好通过试验确定，测定方法有环刀法、土坑法和蜡封法等，也可采用当地提供的以往实测数据。

四、土壤田间持水量

在自然条件下，若地下水位较深，当土壤充分灌溉后（或下透雨后），等到土体内过剩水分（重力水）下渗完，此时测得的土壤含水量（占干土重的百分数）即为土壤田间持水量。当土壤含水量达到田间持水量后，若继续灌溉，灌溉水只能增加土壤的湿润深度，并最终形成深层渗漏，因此田间持水量是灌溉后土壤有效含水量的上限。一般农作物的适宜土壤含水量应保持在田间持水量的 60%～95%，若土壤含水量低于田间持水量的 60%，则需要灌溉，因此土壤田间持水量是判断是否需要灌溉和确定灌水量的依据。

田间持水量的大小主要取决于土壤质地、结构、孔隙状况、耕作条件及有机质含量等，测定方法有田间测定法和室内测定法，在没有测定值的情况下可参考表 2-2 所提供的数值。

表 2-2 田间持水量参考值

土壤质地	田间持水量（占干土重的百分数，%）	土壤质地	田间持水量（占干土重的百分数，%）
砂土	8 ~ 16	壤黏土	22 ~ 28
砂壤土	12 ~ 22	黏土	23 ~ 30
壤土	20 ~ 28		

注：田间持水量也用体积百分数表示，两者关系为：体积百分数 = 质量百分数 × 土壤容重。

五、土壤入渗能力

土壤入渗能力以土壤入渗速度表示，是指单位时间入渗的水层厚度。在灌溉过程中，土壤入渗速度是变化的，开始时入渗速度较大，随着土壤水分的增加，入渗速度逐渐减小，总的趋势是开始很快，之后逐渐减慢，最后入渗速度趋向于一个稳定数值，称为稳定入渗率。

若喷灌强度大于土壤入渗能力，则会产生地表径流。为提高喷洒水利用率，应避免喷灌过程中产生地表径流，规划设计时，按照土壤类别可以查到对应土壤稳定入渗率的允许喷灌强度值，应使设计喷灌强度小于允许喷灌强度。

第二节 气象资料

喷灌工程规划设计所需气象资料可到当地或邻近的气象台、站收集，主要收集风向、风速、降水量、蒸发量、土壤温度和冻土层深度、气温、相对湿度、平均气压、日照小时等。

一、风向

风向共分 16 个方位，以拉丁文缩写字母表示，无风则以“C”表示。进行管道布置和喷头组合设计时，需要了解当地喷灌季节风向的变化情况，是否存在主风向。为此，应收集历年喷灌季节风向资料，并作统计分析，统计时可将相差 180° 的两个风向放在一起作为同一方向处理。统计结果若某一风向出现的机会明显多于其他风向（如出现频率 75% 以上），则可确认为主风向；若不存在这样的风向，则认为风向多变。

二、风速

单位时间内风行的距离称为风速，单位为 m/s。风速大小会影响组合喷灌强度和喷灌均匀度的大小。应收集当地气象台、站历年风速测定资料，以便推求灌区主要作物关键需水期内喷灌时间平均风速的多年平均值，作为喷灌工程的设计风速。

三、降水量

当地降水情况资料是拟定喷灌灌溉制度的重要参考资料之一。应收集长系列降水资料，至少收集近期10年以上按旬或月统计的历年降水量或历年作物生育期的降水量，可到当地水利、气象部门收集。当没有当地降水量资料时，可使用附近降水条件相近地区的降水资料。

四、蒸发量

蒸发量包括水面蒸发量、土壤蒸发量等。水面蒸发量与作物需水量之间存在一定程度的相关关系，因此当地缺乏作物需水量资料时，可利用水面蒸发量资料计算作物需水量。蒸发量一般采用80 cm口径蒸发皿值（E_{80}），若是20 cm口径的测定值（E_{20}），则应按当地气象台、站所确定的系数加以换算，通常 $E_{80}=0.8E_{20}$。历年蒸发量可按旬或月统计。

五、土壤温度和冻土层深度

进行地埋管道铺设设计时，要收集0~80 cm的土层温度资料，一般需掌握10年逐年最高、最低土壤温度和冻土层深度资料。对于地埋管道的埋深，一般应使管顶位于冻土层以下，以避免冬季管道受到破坏。

第三节　作物资料

一、作物情况

（一）作物种植情况

作物种植情况指的是灌区内作物的种类、品种、种植面积、种植分布图及轮作倒茬计划等。

（二）作物生育期

作物生育期指的是作物全生育期和各生育阶段的天数及起止日期。

（三）作物主要根系活动层深度

作物主要根系活动层深度指的是作物主根系（根量占总根量的80%~90%）的土层深度，也就是土壤主要耗水层的深度，是确定灌水计划湿润层深度的依据。作物主要根系活动层深度随作物的成长和根系的发育而增加，并且受土壤质地、紧实度、孔隙度、水分状况、耕作管理水平等条件的影响。各类作物各生育阶段的主要根系活动层深度可参考农田水利方面的相关书籍。

（四）作物茎秆（树冠）高度

定喷式系统中竖管高度和行喷式系统中机架高度的确定要考虑作物茎秆（树冠）的高度。各类作物在灌溉时期最大茎秆（树冠）高度参考值见表2-3。

表 2-3　作物在灌溉时期最大茎秆（树冠）高度

作物名称	茎秆（树冠）高度（cm）	作物名称	茎秆（树冠）高度（cm）	作物名称	茎秆（树冠）高度（cm）
小麦	70 ~ 110	亚麻	55 ~ 60	西红柿	50 ~ 70
玉米	190 ~ 210	大麻	130 ~ 240	黄瓜	100 ~ 150
黑麦	100 ~ 165	甘蔗	250 ~ 300	菜豆	70 ~ 90
大麦	50 ~ 90	茶树	60 ~ 80	苹果、桃	250 ~ 300
燕麦	40 ~ 80	甜菜	20 ~ 40	梨、芒果	300 ~ 350
向日葵	180 ~ 200	棉花	120 ~ 150	橘、枣	320 ~ 380

二、作物需水量与灌溉制度

（一）作物需水量

作物需水量包括作物的生理需水和生态需水两部分，具体地说是指植株蒸腾和株间土壤蒸发两部分水量之和。作物需水量是制定灌溉制度的重要依据，它受气象条件，土壤性质、肥力和含水量等土壤条件，作物种类、品种特性和生育阶段等作物条件，以及灌溉、排水和农业技术措施等众多因素的影响，各地相差悬殊。确定作物需水量的主要方法是根据实测资料，为此应认真收集当地或邻近地区以往灌溉试验资料，从中分析确定符合设计年的作物需水量值。在缺乏实测资料的地区，可查阅国内有关作物需水量的参考资料进行估算。

（二）作物灌溉制度

作物灌溉制度包括灌水定额、灌水次数、灌水日期和灌溉定额。根据设计标准而制定的灌溉制度是确定喷灌工程设计流量及工程各部分容量、规格的依据。

第四节　水源资料

河川径流、水库及池塘集雨、地下水和经过净化的污水等都可以作为喷灌系统的水源。为了确定喷灌的规模、规划水源工程，需要收集有关的水源资料，掌握其特性及变化规律，包括引水、蓄水、提水、输水和机井等工程的类别、名称、位置、容量、配套和完好率等情况。在井灌区需要收集已成井的数量、分布、出水量、机泵性能、运行状况、历年灌溉面积等。对于引河和水库的灌区需要收集水库和引水建筑物类别、有关尺寸、供水保证程度、各级渠道配套情况、设施完好状况、渠系水利用系数和灌溉水利用系数等。对于引用再生水、中水等为水源的灌区应了解水质状况，对作物生长和产出物的影响，喷洒对环境的影响，以及供水可靠性、供水水量、流量等。

一、需用资料

（一）河川径流

利用河川径流作为喷灌系统的水源时，水源工程可以是自流引水枢纽、抽水站等。

其需要的水文资料有典型年的流量过程线、典型年的水位过程线和水位流量关系曲线等。

（二）水库及小型蓄水工程

当水源工程是水库及小型蓄水工程时，需要长系列的水文资料，应收集的水文资料有典型年逐月或逐旬径流量、水位库容曲线、设计和校核频率的洪水流量过程线、年输沙总量等。规划这些工程时还需要的一般资料有集水面积、降水量、径流系数、径流量和年径流的年内分配等。

（三）地下水

利用地下水作为喷灌系统的水源时，首先应确定地下水源的可开采量和设计开采量或单井出水量及动水位。可开采量指的是以开采条件为主要依据计算出的水量，其值应由水文地质部门提供。设计开采量是指根据具体的开采设施能力和供需平衡条件而设计出的实际开采量。为确定设计开采量，应收集规划区的地质构造和水文地质资料（典型年和季节潜水位、观测孔潜水动态、典型钻孔柱状图、抽水试验资料等）。

（四）已建水源

当喷灌系统利用已建成的水利工程供水时，所需资料较为简单。例如，以已有渠道为水源时，应当了解该渠道历年的工作制度，即渠道的供水情况、渠道中的流量及水位变化；以已成井为水源时，应当通过抽水试验及以往使用情况的调查确定其可能提供的出水量和动水位。

对于自压喷灌系统，除了解水源水量、流量外，还需收集灌区与水源的相对高差等地形资料。

在缺乏实测资料的情况下，可利用各省、地区编制的区域性水文手册或图集查找所需数据。对于较重要的工程，还应进行深入的实地调查与勘测。

二、喷灌对水质的要求

（一）水质标准

水源的水质应符合《农田灌溉水质标准》（GB 5084—2005）的规定。

（二）泥沙含量要求

泥沙含量大的水不宜作为喷灌水源，一般喷灌水源的泥沙含量不宜超过5%，若大于5%应进行处理。

第五节　生产条件和社会经济资料

一、生产条件资料

（一）生产现状

生产现状是指主要农作物历年平均亩产量，粮食作物和经济作物的价格，旱、涝、碱、虫、干热风、低温霜冻等灾害情况和减产情况，以便进行喷灌效益计算。

（二）水利工程现状

水利工程现状是指已建引水、蓄水、提水、输水、集雨和机井等水利工程的类别、名称、位置、容量、配套和效益等情况。在喷灌系统规划设计时，应考虑充分利用现有水利设施，以确保水源可靠并减少投资。

（三）农业生产发展规划、农田水利规划和喷灌区划

喷灌工程的规划设计应与当地的农业生产发展规划、农田水利规划、喷灌区划相一致，这样既符合整体安排，也便于按照规划设计组织实施。

（四）动力和机械设备

动力和机械设备主要是指电力和油料供应情况和价格，已有灌溉设备的规格、数量、使用情况和动力消耗情况，以供选择喷灌系统类型时参考。

（五）材料和设备生产供应情况

材料和设备生产供应情况是指可用管材、喷灌设备和建筑材料等的规格、性能、价格，以及当地的生产及供应情况，以便进行材料、设备选择和投资概（估）算。

（六）生产组织和用水管理

生产组织和用水管理主要是指农业经营规模、集约化程度和机械化程度、现有水利工程的管理方式、用水管理办法等。

二、社会经济资料

（1）灌区的行政区划。项目区所属县、乡的名称等。

（2）社会情况。项目区村庄、受益人口、耕地面积、作物种类、种植结构、灌溉面积、劳动力素质等。

（3）经济条件。项目区国民收入及人均收入水平，农业经营方式，乡镇企业发展情况，农、林、牧、副、渔产值；农业基本建设、经营管理水平、劳动力价格、水价及水费征收情况等。

（4）交通情况。项目区陆路及水路分布情况，运输能力、运输状况及运输价格等。

第三章　喷灌设备分类与选型

第一节　喷　头

喷头是喷灌工程中的关键设备，喷头选型及配置是否合理不但影响灌溉质量，也影响喷灌工程的初期投资、建成后的运行和维护费用。

喷头的种类很多，可按工作压力、结构形式、安装位置、主要材质和用途等进行分类。需要说明的是，这些分类方式常常是交叉的、融合的，并且大多数情况下又可进一步细分。

一、按工作压力分类

喷头按工作压力可分为低压喷头、中压喷头和高压喷头，如表 3-1 所示。

表 3-1　喷头按工作压力分类

类型	工作压力（kPa）	射程（m）	流量（m^3/h）	特点及应用场合
低压喷头	<200	<15.5	<2.5	射程近，水滴打击强度低；主要适用于苗圃、菜地、草坪、自压喷灌的低压区域和行喷式喷灌机等
中压喷头	200～500	15.5～42.0	2.5～32.0	喷灌强度适中；广泛适用于果园、草地、菜地、大田作物及各类经济作物等
高压喷头	>500	>42.0	>32.0	单喷头喷洒覆盖范围大，但水滴打击强度也大；多用于对喷洒质量要求不高的大田作物和牧草等

为了减少能耗，国内外喷头的主要发展趋势之一是向低压方向发展。低压喷头的最低工作压力通常小于 150 kPa，有的甚至小于 100 kPa。除绞盘式喷灌机外的其他喷灌机组和喷灌系统很少使用高压喷头。目前，高压喷头主要用于港口、矿山、煤炭等行业的散粒物料堆放场的粉尘治理。

二、按结构形式分类

按结构形式可将喷头分为摇臂式喷头、全射流喷头、阻尼式喷头和固定式喷头等。目前，国内常用的喷头有以下几种类型。常用喷头的规格及性能参数见附录一。

（一）摇臂式喷头

摇臂式喷头分为水平摇臂式喷头和垂直摇臂式喷头。摇臂沿水平方向旋转，故称为水平摇臂式喷头。水平摇臂式喷头按材质分为金属摇臂式喷头和塑料摇臂式喷头，如图3-1所示，单嘴带换向机构的摇臂式喷头结构如图3-2所示，双嘴摇臂式喷头典型结构如图3-3所示。水平摇臂式喷头的主要优点是结构简单，价格较低；喷洒水量分布可借助改变摇臂撞击频率、加设副喷嘴和粉碎针、采用异形喷嘴等进行调整；喷灌质量较高。其缺点是当风速较大或喷头回转面不水平时，旋转速度不均匀，会降低喷灌均匀度。另外，由于水平摇臂式喷头的旋转是由摇臂撞击驱动的，所以对相应零部件的耐冲击性能要求较高。对于较大的喷头，其撞击部位通常设置有起缓冲作用的橡胶打击块，以改善受力状况。

(a) 金属摇臂式喷头　　(b) 塑料摇臂式喷头

图3-1　摇臂式喷头

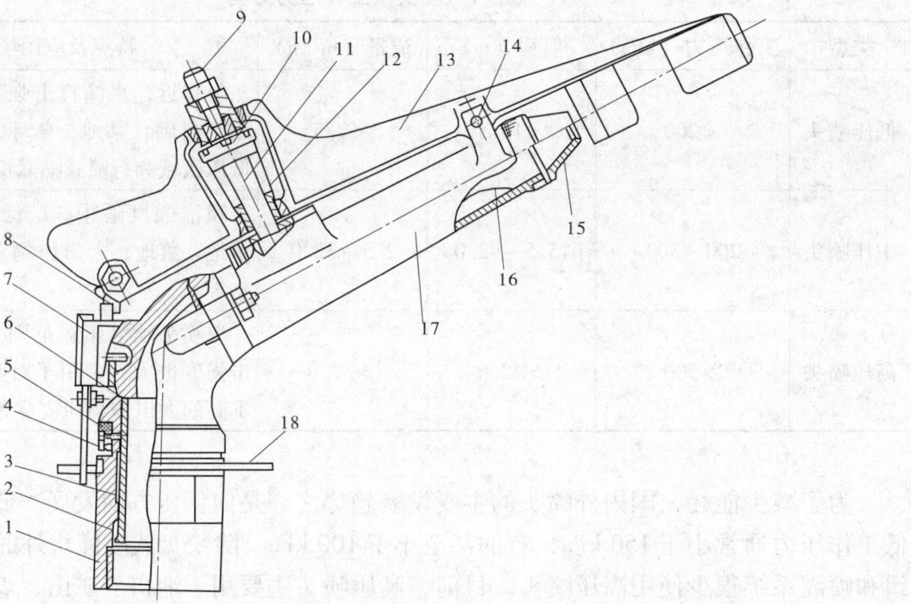

1—空心轴套；2—减磨密封圈；3—空心轴；4—防砂弹簧；5—弹簧罩；6—喷体；7—换向器；8—反转钩；9—摇臂凋位螺钉；10—弹簧座；11—摇臂轴；12—摇臂弹簧；13—摇臂；14—打击块；15—喷嘴；16—稳流器；17—喷管；18—限位环

图3-2　单嘴带换向机构的摇臂式喷头结构

水平摇臂式喷头通常属于中低压喷头，主要适用于各种类型的管道式喷灌系统、滚移式喷灌机、配置多喷头的轻小型喷灌机组等；也有中高压的水平摇臂式喷头，主要适

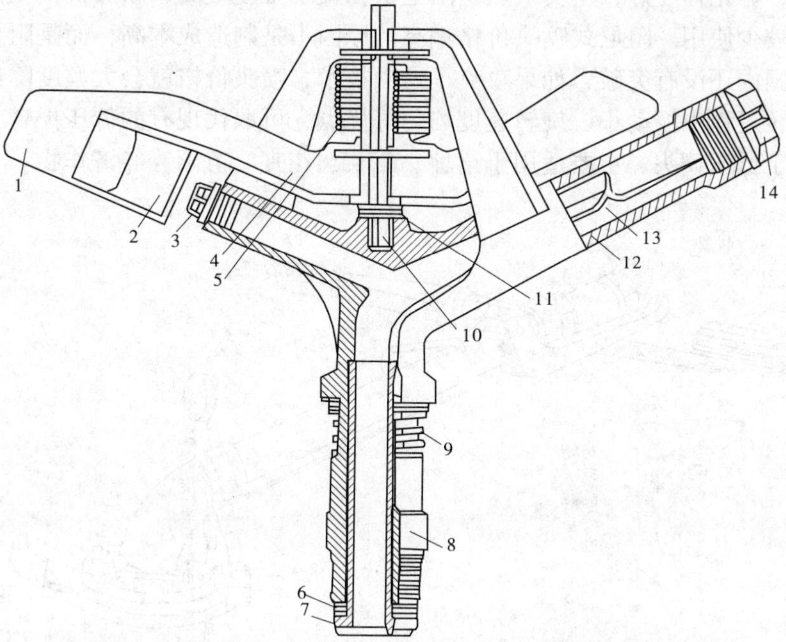

1—导水板；2—挡水板；3—小喷嘴；4—摇臂；5—摇臂弹簧；6—三层垫圈；
7—空心轴；8—轴套；9—防砂弹簧；10—摇臂轴；11—摇臂垫圈；
12—大喷管；13—稳流器；14—大喷嘴

图 3-3 双嘴摇臂式喷头典型结构

用于配置单喷头的轻小型喷灌机组等。

垂直摇臂式喷头运行时摇臂在铅垂方向摆动。虽然垂直摇臂式喷头和水平摇臂式喷头都是依靠摇臂驱动喷头旋转，但两者的工作原理不同：前者靠水流冲击的反作用力直接驱动，作用时间长，受力相对缓和；后者靠摇臂回位撞击驱动，作用时间短，冲击力较大。与水平摇臂式喷头相比，垂直摇臂式喷头的结构稍复杂，对相应零部件耐冲击性能的要求较低。

垂直摇臂式喷头属于中高压喷头，主要适用于配置单个喷头的绞盘式喷灌机、中心支轴式喷灌机末端喷头及堆料场除尘喷头等。垂直摇臂式喷头结构如图 3-4所示，垂直摇臂式喷头外形如图 3-5 所示。

（二）全射流喷头

全射流喷头是我国于 20 世纪 70 年代自主研制的一种新型结构喷头，其外形如图 3-6所示，结构如图 3-7 所示。全射流喷头的主要优点是无撞击部件，结构较简单；主要缺点是射流控制元件的流道尺寸很小，容易堵塞，因此对灌溉水的水质要求较高。从目前情况看，该类型喷头的使用量很小。

（三）阻尼式喷头

阻尼式喷头是 20 世纪末研制出的一种新型结构喷头，其外形如图 3-8 所示。阻尼式喷头利用喷射出水流产生的反作用力旋转，喷头的旋转支承轴处设置了阻尼机构使旋转速度减缓并旋转均匀。阻尼式喷头的主要优点是旋转均匀，对材料的机械强度和耐冲击性要求低，雾化程度好；主要缺点是阻尼机构技术难度较高，喷头价格较高，在粮食作物灌溉上较少使用。阻尼式喷头价格偏高的原因不是制造成本高，而是阻尼机构这项关键技术在国内还没有突破，如果攻克了这项技术，喷头价格就会大幅度降低。该类喷头具有在旋转过程中振动小、旋转速度均匀等优点，可取代现有的低压摇臂式喷头。阻尼式喷头属于低压喷头，主要适用于草坪、蔬菜、花卉、苗圃等经济作物。

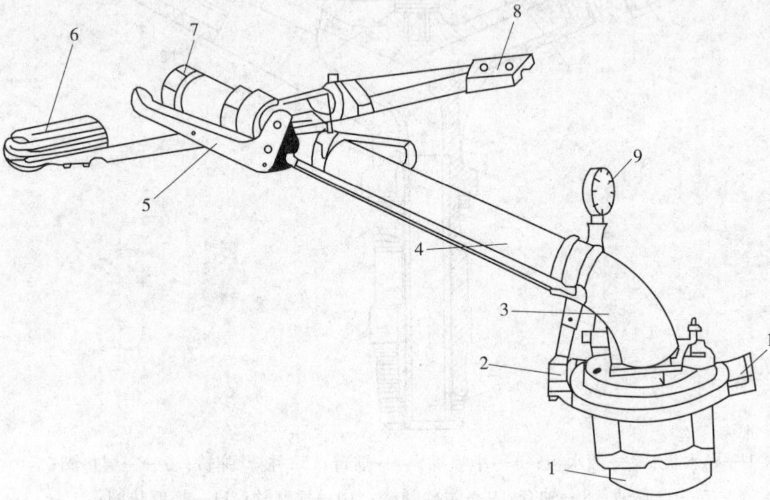

1—空心轴套；2—换向架；3—喷体；4—喷管；5—反转摇臂；
6—摇臂；7—喷嘴；8—配重铁；9—压力表；10—挡块

图 3-4 垂直摇臂式喷头结构

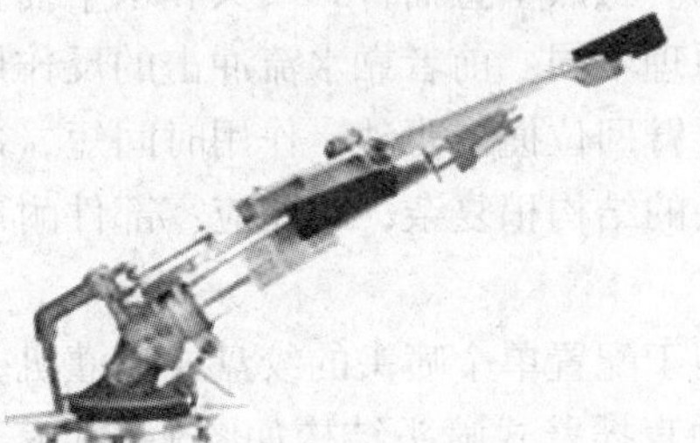

图 3-5 垂直摇臂式喷头外形

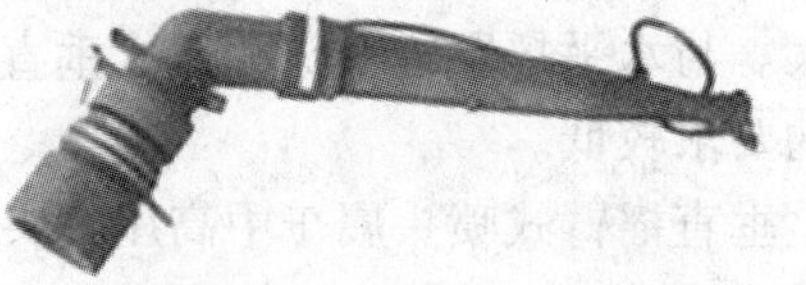

图 3-6 全射流喷头外形

（四）固定式喷头

固定式喷头也称散射式喷头或非旋转式喷头，是指运行中没有旋转零部件的一类喷头。固定式喷头的主要优点是工作压力低，结构简单，运行可靠，雾化性能好，水滴对作物打击强度小。其主要缺点：一是射程小，喷灌强度高，易产生地表径流；二是流道尺寸小，容易堵塞。

固定式喷头属于低压喷头，主要适用于蔬菜、苗圃、小块园林绿地、管道式喷灌系统，以及中心支轴式喷灌机、平移式喷灌机和带桁架喷头车的绞盘式喷灌机等。

按工作原理和出流方式，固定式喷头又可分为折射式、缝隙式、离心式等。目前，

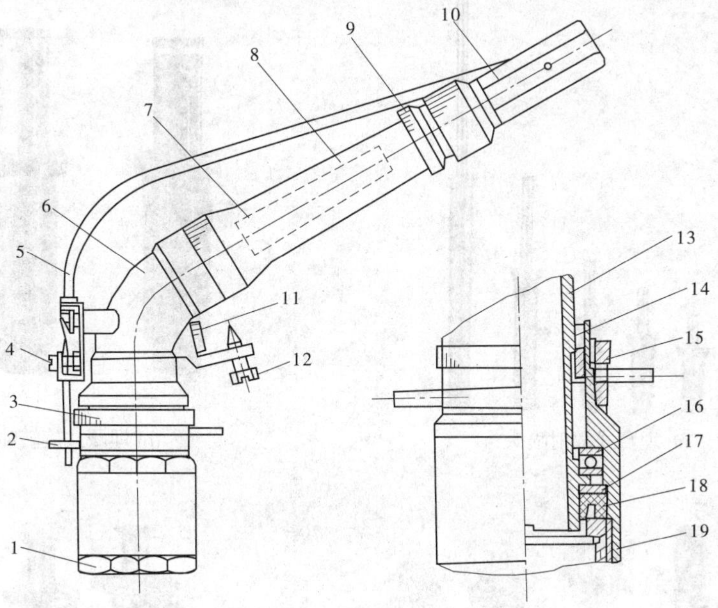

1—管接头；2—限位销；3—锁紧螺母；4—换向器；5—塑料管；6—喷体；7—稳流器；8—喷管；9—锁紧螺母；10—射流元件；11—副喷嘴；12—雾化针；13—空心轴；14—滚针；15—小挡圈；16—轴承；17—大挡圈；18—U 形密封圈；19—空心轴套

图 3-7　全射流喷头结构

应用较多的固定式喷头是折射式，缝隙式和离心式已很少使用。图 3-9（c）为中心支轴式和平移式喷灌机专用的折射式喷头。

图 3-8　阻尼式喷头外形

（五）园林绿化灌溉喷头

园林绿化灌溉喷头的结构包括了以上所述的几种形式，由于园林绿化灌溉的特殊性，将其归为一类，称为园林绿化灌溉喷头。按使用场合不同，园林绿化灌溉喷头又分为庭院用喷头、园林用喷头、体育场用喷头和高尔夫球场用喷头等 4 种。

为了不影响园林景观效果、避免造成人身伤害和便于机械通行，草坪喷灌时常将喷头埋藏在地下，所以又称为埋藏式喷头或升降式喷头，如图 3-9（a）、（b）所示。园林绿化喷灌也经常采用普通摇臂式喷头及其他形式喷头。庭院用喷头的主要特点是工作压力低、射程近，适用于直接以供水系统为水源、压力低、地块较小的场合。体育场用喷头的主要特点是顶部装有防护用的橡胶盖，以免对运动员造成人身伤害。高尔夫球场土地比较松软，某些重要区域（如果岭、发球台）对地面平整度要求很高，所以高尔夫球场用喷头的顶部尺寸通常较大，对可靠性的要求也高。另外，为了便于对单个喷头实行控制，实现精细灌溉，目前已有将电磁阀和喷头合为一体的高尔夫球场专用喷头，如图 3-9（d）所示。

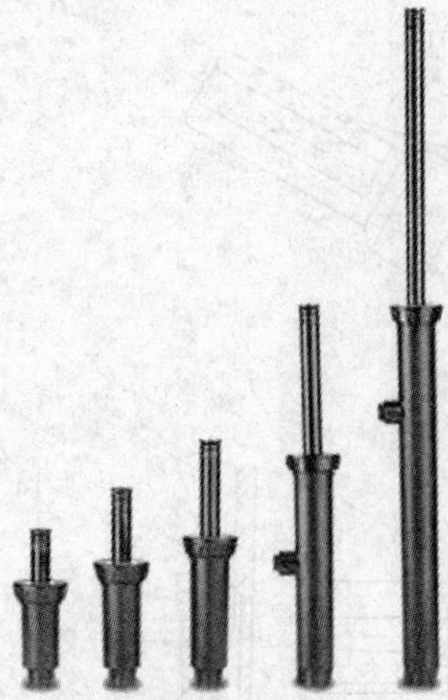

(a) 埋藏式散射喷头

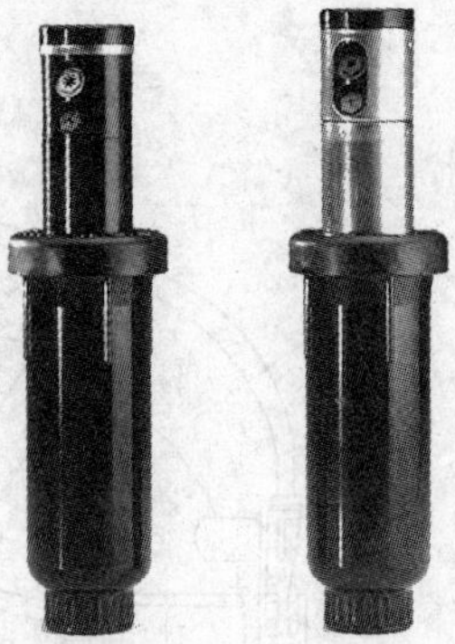

(b) 埋藏式旋转喷头

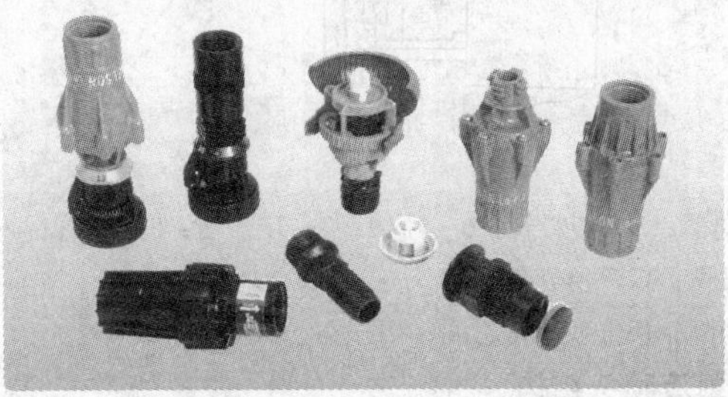

(c) 折射式喷头

(d) 高尔夫球场专用喷头

图 3-9　园林绿化灌溉喷头

第二节　喷灌用水泵

水泵是喷灌工程中的重要设备之一，其作用是给灌溉水加压，使喷头获得必要的工作压力。除少数利用自然高程差的农业自压喷灌工程或借用城镇自来水系统的园林喷灌工程外，其余大多数喷灌工程都需要配置水泵。

一、喷灌用水泵的类型

喷灌工程常用的水泵是中小型离心泵、自吸式离心泵和潜水电泵。这三类水泵按工作原理，大多数属于叶片泵中的离心泵，只有少数潜水电泵属于混流泵。

（一）离心泵的分类

按叶轮级数，可将离心泵分为单级离心泵和多级离心泵。一般说来，单级离心泵仅有一级叶轮，所以扬程较低；多级离心泵有两个以上叶轮串联，扬程较高。图 3-10（a）、（b）分别为单级离心泵（SLS 型）和多级离心泵（D 型）。

按吸入方式，可将离心泵分为单吸离心泵和双吸离心泵。与单吸离心泵相比，双吸离心泵的流量通常较大。图 3-10（c）为双吸离心泵（S、Sh 型）。

按泵轴安装时与水平面的方向，可将离心泵分为卧式离心泵和立式离心泵。泵轴与水平面平行的泵称为卧式离心泵，与水平面垂直的泵称为立式离心泵。在性能参数基本相同的条件下，卧式离心泵基础尺寸大，对地面压强小，故对水泵基础要求较低；立式离心泵则相反，基础尺寸小，对地面压强大，对水泵基础要求较高。与卧式离心泵相比，立式离心泵的噪声通常较小。图3-10（d）为多级立式离心泵（DL型）。

按水泵进口直径或配套功率大小，可将离心泵分为微型离心泵、中小型离心泵和大中型离心泵。

按是否具有自吸功能，可将离心泵分为普通离心泵和自吸离心泵，图3-10（e）为自吸离心泵（BPZ型）。

(a) 单级离心泵 (SLS 型)

(b) 多级离心泵 (D 型)

(c) 双吸离心泵 (S、Sh 型)

(d) 多级立式离心泵 (DL 型)

(e) 自吸离心泵 (BPZ 型)

图3-10　离心泵

（二）潜水电泵

潜水电泵是指将水泵与电动机联成一体，可潜入水中工作的泵。根据使用场合不同，可将潜水电泵分为井用潜水电泵和地表水（作业面）潜水电泵。井用潜水电泵使用时安装在水井中，适用于井灌区。作业面潜水电泵也称小型潜水电泵，使用时放置在水塘、湖泊、河流中，适用于地表水源丰富的南方地区。根据泵腔内充入的介质，可将潜水电泵分为充水式、充油式和干式三种。目前，我国大量使用的井用潜水电泵基本上都是充水式，作业面潜水电泵有充水式和充油式两种，而干式潜水电泵已很少使用。图3-11（a）、（b）分别为井用潜水电泵（QJ型）和作业面潜水电泵（QS、QY型）。

（三）喷灌自吸（离心）泵

喷灌自吸（离心）泵是随着节水灌溉迅速发展的需要而开发研制的一种轻型节能泵，主要与喷灌机组配套使用。其具有结构简单、便于搬运、使用维护方便、汽蚀性能好等特点，广泛应用于缓坡地、离水源较远和扬程较高地区的农田、菜地、果园、茶园、苗圃等经济作物的灌溉及城镇工矿、建筑施工等的给水排水。喷灌自吸泵如图3-12所示。

(a) 井用潜水电泵 (QJ 型)

(b) 作业面潜水电泵 (QS、QY 型)

图 3-11 潜水电泵

（四）长轴井泵

长轴井泵一般为多级泵，在使用时常常将动力机安装在地面上，借助一根长轴将动力传递给位于水中的水泵。其优点是减少了将动力放置在水下所必需的绝缘措施；缺点是对传动轴的要求高，机组效率也不高。图 3-13 所示为长轴井泵（JC 型）。长轴井泵的配套动力机可采用电动机、柴油机或汽油机，对于没有可靠电源或架设电源线距离远、造价高的井灌区喷灌工程，可考虑选用长轴井泵。近年来，由于潜水电泵技术发展迅速，已呈现出井用潜水电泵逐步取代长轴井泵的趋势。

图 3-12 喷灌自吸泵

图 3-13 长轴井泵（JC 型）

（五）变流恒压泵

变流恒压泵是一种最近出现的离心泵（见图 3-14）。变流恒压技术最早应用于消防泵上，现向其他行业推广。变流恒压泵有以下特点：泵的流量—扬程曲线平坦，当流量在零到最大流量范围变化时，其扬程变化在 5% 以内；泵叶轮、壳体等过流部件采用高强度铝合金或不锈钢材料，强度高，不易锈蚀；采用机械密封，不易漏水；结构简单，重量轻，噪声小。

二、离心泵性能参数

离心泵的性能参数是用来表征水泵性能的一组数据，包括流量、扬程、功率、效率、汽蚀余量、转速等。

图 3-14　IH 系列变流恒压泵

（一）基本性能参数

1. 流量

流量是指单位时间内从泵出口排出水的体积，常用 Q 表示，单位为 m^3/h、m^3/s 或 L/s。

泵运行时，从泵出口实际流出的流量称实际流量。水泵标牌上的流量是这台泵的额定流量，又称设计流量。一般情况下，泵在该流量点附近运行时效率最高。如果泵运行时的实际流量偏离额定流量较多，则效率通常会降低。

2. 扬程

扬程是指单位重量的水从水泵进口到水泵出口所增加的能量，用 H 表示，单位为 m。

水泵标牌上的扬程是这台泵的额定扬程，又称设计扬程，是对应于额定流量的扬程。

3. 功率

水泵的功率分为有效功率、轴功率和配套功率，一般用轴功率或配套功率表示。

轴功率又称输入功率，是指泵轴所接受的功率，用 P 表示。水泵标牌上的轴功率是指对应于额定流量的轴功率，又称额定功率。

配套功率（又称配用功率）是指与泵配套的动力机功率。为了保证水泵机组和泵站安全运行，避免因泵的轴功率增大而造成配套动力机损坏，配套功率应大于轴功率。

对于中小型水泵（包括潜水电泵），水泵标牌上通常仅标出配套功率，而不标出轴功率。

4. 效率

水泵的轴功率不可能全部传递给被输出的液体，其中必有一部分能量损失，因此水泵的有效功率总是小于轴功率。有效功率与轴功率的比值称为水泵的效率，它标志着水泵对能量的有效利用程度，是水泵设计和制造质量的重要考核指标，用 η 表示。

水泵标牌上的效率是对应于设计流量的效率，该效率通常为水泵的最高效率。

5. 汽蚀余量

必需汽蚀余量指单位重量水从水泵进口到叶片压力最低点所必需的压力降低值，一般用 $(NPSH)_r$ 或 Δh_r 表示，单位为 m，Δh_r 值由厂家通过试验确定，并在样本中给出。

6. 转速

转速是指泵轴每分钟旋转的圈数，用 n 表示，单位是 r/min。水泵标牌上的转速是泵的设计转速，又称额定转速。

转速是影响水泵性能的一个重要参数，当转速变化时，水泵的上述 5 个性能参数都相应地发生变化。

（二）性能曲线

离心泵的性能参数反映泵的性能，各个性能参数之间是相互联系和相互制约的，将泵的转速 n 作为常量，将扬程 H、轴功率 P、效率 η 和必需汽蚀余量（$NPSH$）$_r$ 随流量 Q 而变化的关系分别绘制成 $Q \sim H$、$Q \sim P$、$Q \sim \eta$ 和 $Q \sim (NPSH)_r$ 曲线，统称为水泵性能曲线。

了解水泵的性能，熟悉性能曲线的特点，对水泵的合理选型和配套、确定水泵安装高程、调节水泵运行工况及科学管理等都很重要。水泵的性能参数和性能曲线有以下特点：

（1）水泵制造厂产品样本及其他技术资料中给出的性能参数和性能曲线是在水泵结构尺寸不变和额定转速下得出的。如果这两个参数中的任意一个发生变化，则性能参数和性能曲线都将随之发生变化。

（2）离心泵的 $Q \sim H$ 曲线通常是一条缓慢下降曲线，零流量下的扬程最高，随着流量的增大，扬程逐渐减小。

（3）离心泵的 $Q \sim P$ 曲线通常是一条缓慢上升曲线，零流量下的轴功率最小，随着流量的增大，轴功率逐渐增大。因此，离心泵应尽可能关阀启动，以减小动力机的启动负载。

（4）离心泵的 $Q \sim \eta$ 曲线通常是一条上凸曲线，最高效率点与额定流量点大体对应，随着流量的增大或减小，效率逐渐下降。因此，为提高效率、节约能源，应尽可能使离心泵在额定工况附近运行。通常，推荐离心泵运行工况点的流量为 $0.7Q \sim 1.2Q$。

（5）离心泵的 $Q \sim (NPSH)_r$ 曲线通常是一条下凹曲线，在额定流量附近的必需汽蚀余量最小，随着流量的增大或减小，必需汽蚀余量逐渐增大。

（6）一般的水泵制造厂仅提供三个点（通常为 $0.7Q$、$1.0Q$ 和 $1.2Q$）的性能参数，不提供性能曲线，水泵选型时，可通过最小二乘法、插值法近似得出所需要点的相关参数，亦可向厂家索取。

水泵特性及其性能曲线可参见厂家的产品说明书及有关资料，常用水泵与变频设备的性能参数见附录二。IB－80－65－125 型离心泵、150SLD155－67 型泵、200QJA50 型潜水电泵、300JC130－12 型长轴井泵和 IH60－80 变流恒压泵性能曲线如图 3-15～图 3-19所示。

三、水泵机组选型

（一）水泵及配套动力机选型的基本要求

（1）水泵应根据灌区水源条件、动力资源状况及喷灌系统的设计流量和设计水头等因素，通过技术经济对比，择优确定。

（2）选择的水泵应在高效区运行。

（3）并联运行水泵的扬程应相等或相近，串联运行水泵的流量应相等或相近。

（4）动力机应根据所选水泵转速、轴功率和当地动力资源状况等进行选配。

（5）喷灌泵站的水泵及动力机数宜为 1～3 台；只设置 1 台水泵时，应配备易损零部件。

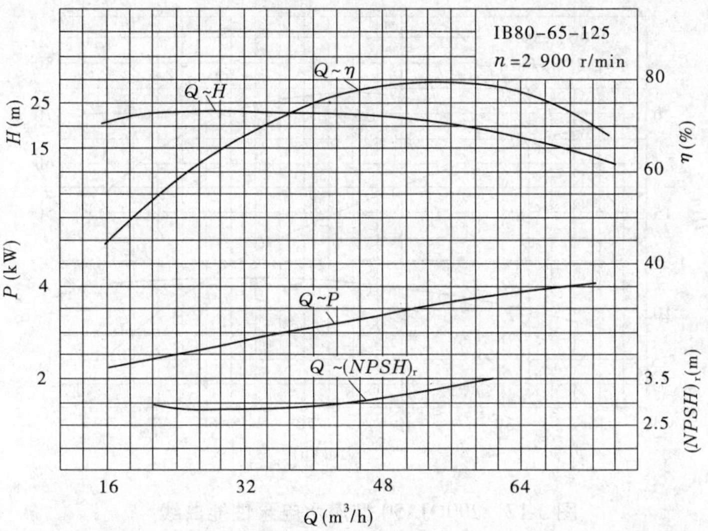

图 3-15　IB－80－65－125 型离心泵性能曲线

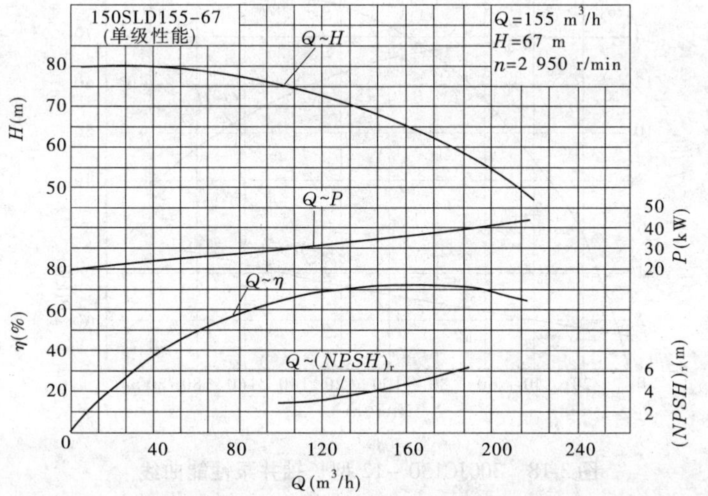

图 3-16　150SLD155－67 型泵单级性能曲线

（二）水泵选型应考虑的主要因素

1. 水源

水泵选型应考虑水源类型和泥沙含量。地表水水源通常应选择普通离心泵、自吸泵或作业面潜水电泵；井水水源应选择井用潜水电泵或长轴井泵；利用现有管网供水，在压力不足时可选配管道泵加压。如果水中的泥沙含量较大，应考虑水泵过流部件的耐磨蚀性能或设置沉沙池。

2. 泵房条件

对泵房面积和设备安装操作空间进行技术经济分析，择优选择立式泵、卧式泵或潜水电泵。

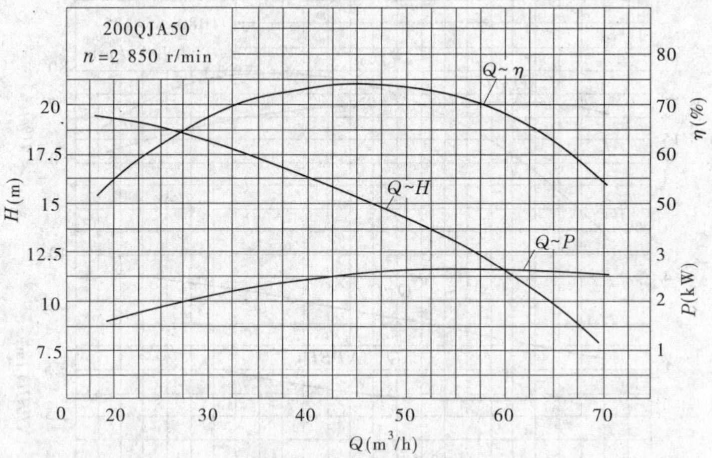

图 3-17　200QJA50 型潜水电泵性能曲线

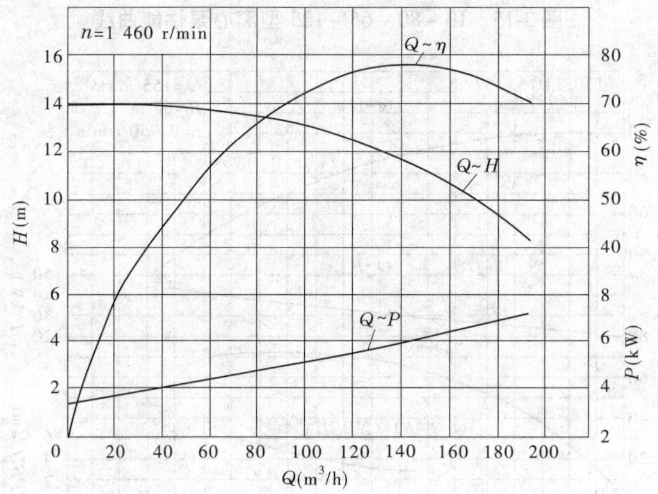

图 3-18　300JC130－12 型长轴井泵性能曲线

3. 喷灌系统设计流量和设计扬程

当单吸泵的流量能满足要求时，应尽量选择单吸泵。若系统设计流量较大，在满足扬程的条件下可选用双吸泵，否则应选用多台机组并联运行。当单级泵扬程能满足系统设计扬程要求时，应首先选择单级泵，否则可选择多级泵。

4. 水泵台数

在相同情况下：水泵台数少，单机容量大，运行检修方便，但流量调节受到限制；水泵台数多，单机容量小，流量调节灵活性大，但运行管理费用相应增加。水泵台数的选择需进行多方案技术经济对比。

5. 对周围环境的影响

水泵对周围环境的影响主要是指振动和噪声。当泵房设在居民区内时，需考虑减小水泵机组振动和噪声，应选择立式泵，必要时增加减震、降噪装置。

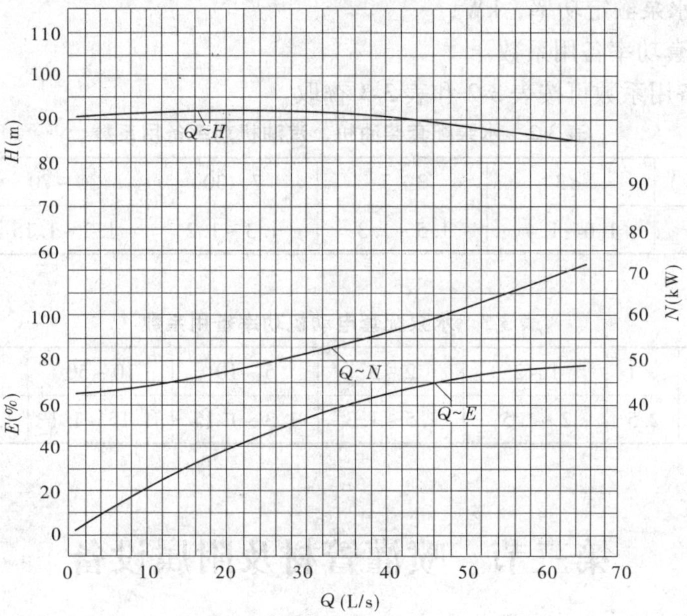

图 3-19　IH60－80 变流恒压泵性能曲线

（三）水泵选型方法及步骤

（1）根据喷灌系统设计扬程，查水泵产品样本或其他技术资料中的水泵系列图谱、性能曲线或性能参数，初选几种扬程、流量符合设计要求的水泵，并根据系统设计流量和水泵的额定流量，算出各种泵型的台数。

（2）根据初选的水泵及喷灌系统管路布置方式和管径尺寸，通过水力计算校核所选水泵的工作点流量、扬程是否满足系统设计要求，工作点是否位于高效区。

（3）根据所选水泵的汽蚀性能和水源最低水位，确定水泵安装高程，并校核所选水泵在所有工况点是否都能满足汽蚀要求，即 $(NPSH)_a \geq (NPSH)_r$。

（4）从同时满足步骤（2）和步骤（3）要求的初选水泵中确定最终的泵型。

（四）配套动力

1. 动力机类型

与水泵配套的动力机主要有电动机、柴油机和汽油机等。选择动力机时，要先确定水泵的配套功率、转速、系统电压等参数。

2. 动力机选择

动力机的选择应根据实际条件和配套要求来决定，并考虑经济、可靠和方便等因素。在电力供应可靠的条件下，应尽量选用电动机。在有风力、太阳能等自然能源的场合中，应因地制宜加以利用。所选动力机应满足水泵的配套功率和转速要求，并确定合理的传动方式。

配套功率按下式计算

$$P = kP_{泵} \tag{3-1}$$

式中　P——配套功率，kW；

$P_{泵}$——水泵额定功率，kW；

k——配套功率备用系数。

配套功率备用系数可按表 3-2 和表 3-3 查取。

表 3-2　水泵配套柴油机、汽油机功率备用系数

水泵轴功率（kW）	<3	3～7	7～30	30～70	>70
k	1.6～1.4	1.5～1.3	1.3～1.2	1.2～1.15	1.15

表 3-3　水泵配套电动机功率备用系数

水泵轴功率（kW）	<1	1～2	2～5	5～10	10～50	50～100	>100
k	2.5	2～1.5	1.5～1.3	1.3～1.15	1.15～1.1	1.08～1.05	1.05

第三节　喷灌管材及附属设备

一、管材分类及适用条件

管道是喷灌系统的主要组成部分，用于喷灌系统的管道种类很多。按使用方式可分为固定管道和移动管道两类，按材料可分为金属管道和非金属管道两类。常用的金属管道有钢管、薄壁铝管等。常用的非金属管道有塑料管和钢筋混凝土管等。塑料管使用最为普遍，常用的有硬聚氯乙烯（PVC－U）管、聚乙烯（PE）管、涂塑软管等。钢管、硬塑料管和钢筋混凝土管可作为固定管道，薄壁铝管、镀锌薄壁钢管、涂塑软管常作为移动管道。

管道应满足承压能力高、管壁光滑、经济耐用、抗腐蚀、便于运输和施工等要求，移动管道还应轻便耐磨、耐撞击、拆装方便、耐风蚀和日晒。

二、固定管道及管件

（一）钢管

钢管的优点是：承压能力大，工作压力为 1 MPa 以上；具有较强的韧性，不易断裂；管件品种齐全；铺设安装方便等。其缺点是：价格高，易腐蚀，一般可用 30 年。

钢管的连接方法一般有焊接、螺纹连接和法兰连接。水、煤气用钢管管件品种规格齐全，容易买到，可用于固定管的连接。

（二）硬塑料管

硬塑料管的承压能力按管壁厚度和管径不同而异。硬塑料管的优点是：耐腐蚀，使用寿命长，一般可用 20 年以上；重量小，搬运容易；管壁光滑，水力性能好，过水能力稳定；有一定的韧性，能适应一定的不均匀沉陷。其缺点是：材质受温度影响大，高温发生变形，低温变脆；受光、热老化后，强度逐渐降低，工作压力不稳定，膨胀系数大等。

1. 硬聚氯乙烯（PVC－U）管

硬聚氯乙烯（PVC－U）管按结构形式分为实壁管、加筋管等。在喷灌中使用最多的是实壁管。与PVC－U管道配套的管件有正三通、斜三通、异径三通、弯头、双承直通、伸缩异径接头、平承法兰、抢修接头、分水管箍和堵头等。管材、管件性能参数见附录三。

2. 聚乙烯（PE）管

聚乙烯（PE）按树脂级别分为低密度聚乙烯（LDPE、LLDPE或两者混合）和PE63级、PE80级三类。PE管材除具有PVC管材所具有的大部分优点外，还有抗磨、柔韧、耐冲击等特点。管道连接有插入式、热熔焊接和螺纹连接等方式。

节水灌溉工程常用的各种PE管材规格有90多种，与PE管材配套用的管件各成系列，不同规格的各种管件有数百种。

三、移动管道及管件

喷灌系统的移动管道由于需要经常移动，除要满足喷灌用的一般要求外，还必须轻便、拆装方便，耐磨、耐撞击，能经受风吹日晒。常用的移动管有薄壁铝管、镀锌薄壁钢管、涂塑软管等。

（一）薄壁铝管

薄壁铝管的优点是：重量轻；能承受较大的工作压力；韧性强，不易断裂；不锈蚀，耐酸性腐蚀；内壁光滑，水力性能好；一般可使用15年。其缺点是：价格较高；抗冲击力差，怕砸、怕摔；耐磨性不及钢管；不耐强碱性腐蚀等。薄壁铝管配套的管件和附件有快速接头、截阀体与截阀开关、竖管连接三通、弯头、堵头、双承丁字三通、法兰直接头、变径管、支架、支座、竖管、竖管插座等，参见图3-20～图3-22。

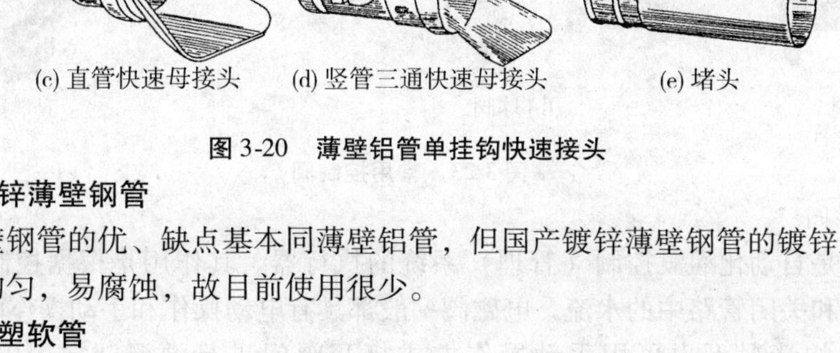

(a) 连接前状态　(b) 连接后状态

(c) 直管快速母接头　(d) 竖管三通快速母接头　(e) 堵头

图3-20　薄壁铝管单挂钩快速接头

（二）镀锌薄壁钢管

镀锌薄壁钢管的优、缺点基本同薄壁铝管，但国产镀锌薄壁钢管的镀锌工艺不太过关，镀层不均匀，易腐蚀，故目前使用很少。

（三）涂塑软管

用于喷灌的涂塑软管主要有锦纶涂塑软管和维纶涂塑软管。涂塑软管重量轻，便于移动，价格低，但易老化，不耐磨，怕扎，怕压折，一般可使用2～3年。

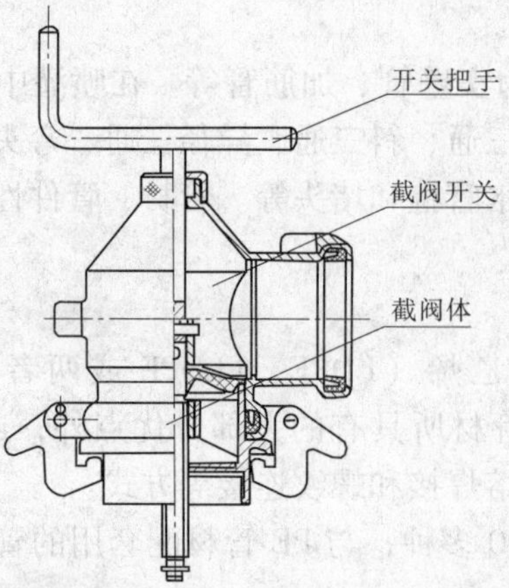

图 3-21　截阀体与截阀开关安装示意图

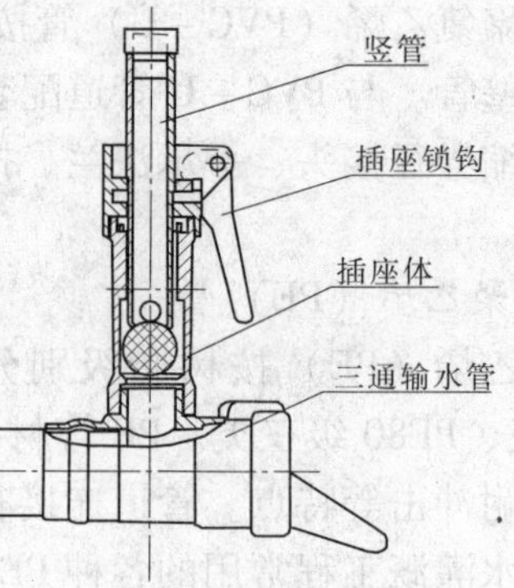

图 3-22　三通竖管连接示意图

四、附属设备

（一）阀

喷灌工程中常用的各种阀有闸阀、球阀、蝶阀、截止阀、电磁阀、安全阀、进排气阀、减压阀、止回阀、排污阀、限流阀、水锤消除器、浮球阀等 10 多个种类。其规格型号有 1 000 多种，最常用的规格一般为 *DN*15 ~ 600 mm。制造材料主要为金属和塑料等。

1. 闸阀、球阀、蝶阀等

闸阀（见图 3-23（a））、球阀（见图 3-23（b））和蝶阀（见图 3-23（c））是在喷灌管网系统中最常用的三种阀门。在选择规格型号时，可参照制造厂商提供的产品性能参数。

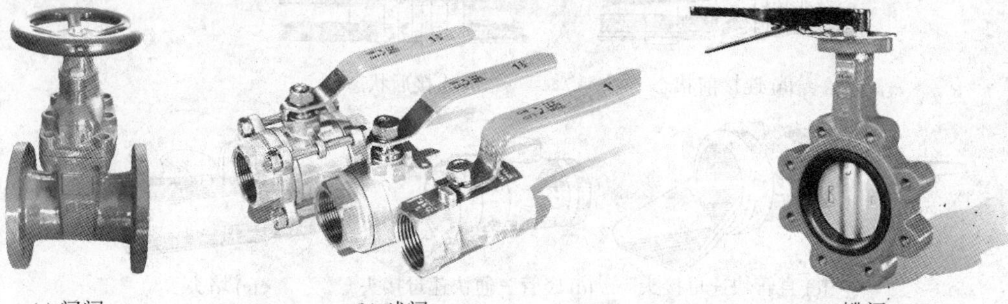

(a) 闸阀　　(b) 球阀　　(c) 蝶阀

图 3-23　常用控制阀

2. 电磁阀

电磁阀是自动化灌溉控制（管理）系统的执行器。其作用是根据控制设备发出的电信号开启和关闭管路中的水流。电磁阀一般都具有电动操作和手动操作两种方式，在短时间停电的情况下也可用手动操作方式打开阀门进行灌溉。常用电磁阀外形见图 3-24。在选择规格型号时，可参照制造厂商提供的产品性能参数。

(a)P-220 型电磁阀

(b)EZ-FLO 型电磁阀

(c)P-150 型电磁阀

图 3-24　常用电磁阀外形

喷灌自动化控制系统通常采用隔膜式电磁阀，其外形如图 3-25 所示。

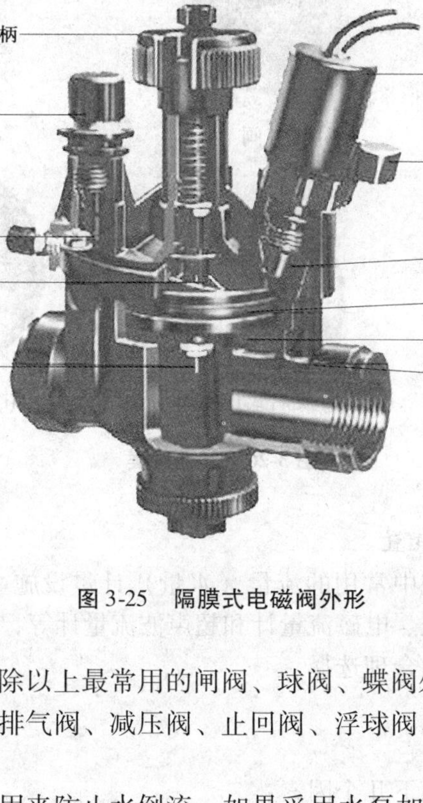

图 3-25　隔膜式电磁阀外形

3. 其他阀类

喷灌工程管网系统中除以上最常用的闸阀、球阀、蝶阀外，根据管网系统设计要求通常还配置有安全阀、进排气阀、减压阀、止回阀、浮球阀、水锤消除器等，其外形可见图 3-26。

逆止阀又叫单向阀，用来防止水倒流。如果采用水泵加压，水泵后应加装逆止阀，以防停泵水锤破坏水泵。如果采用的水源为自来水，逆止阀可以防止灌溉系统中的农药、肥料随水的倒流进入自来水管网而污染自来水。

安全阀通常装在主管路上，当管路中的压力超过设定值时，自动泄水，将压力降下来，大型系统或坡度大的输水系统都应该安装。

进排气阀既可进气，又可排气。管路进水时排气，消除气堵，减小水阻。管中出现负压时进气，避免出现真空现象，消除水锤破坏，通常安装在管路高处。

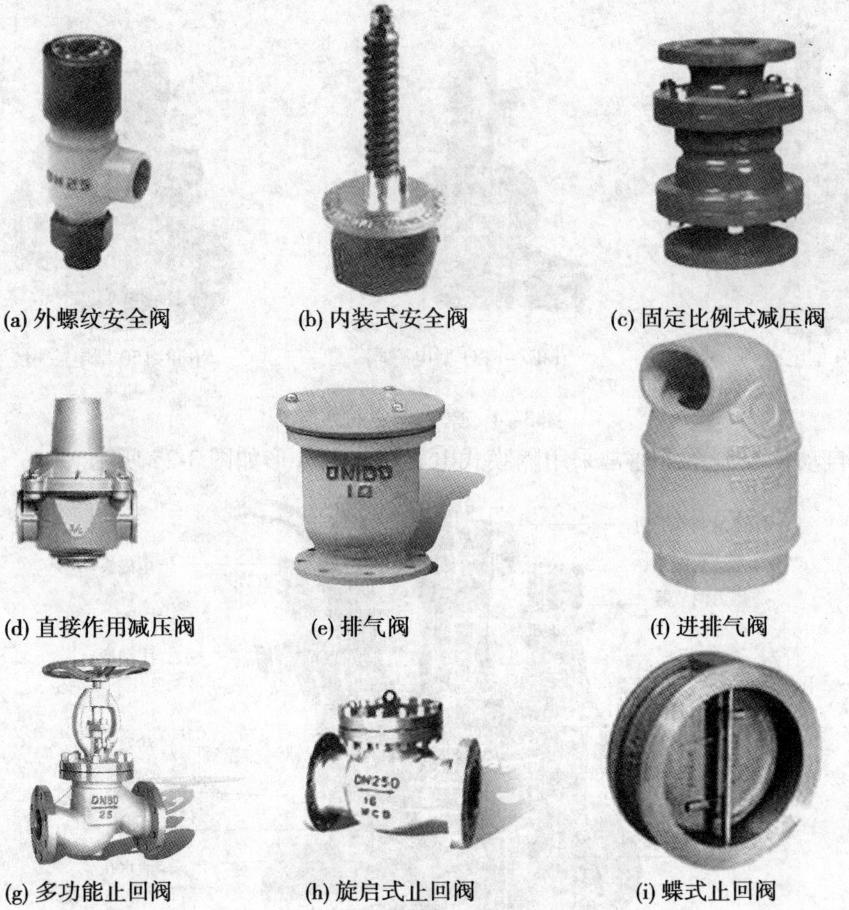

(a) 外螺纹安全阀　(b) 内装式安全阀　(c) 固定比例式减压阀
(d) 直接作用减压阀　(e) 排气阀　(f) 进排气阀
(g) 多功能止回阀　(h) 旋启式止回阀　(i) 蝶式止回阀

图 3-26　其他阀类

(二) 量测装置

1. 流量（水量）测量装置

目前，在灌溉管网系统中常用的流量（水量）计量设施主要有 LXS 型旋翼湿式水表、LXL 型水平螺翼式水表、电磁流量计和超声波流量计等，各自有不同的特点和适用条件，应根据使用条件进行合理选择。

2. 压力测量装置

1）压力表

压力表选用时应考虑以下几个因素：

（1）压力测量的范围和所需要的精度；

（2）静负荷下工作值不应超过刻度值的 2/3，在波动负荷下，工作值不应超过刻度值的 1/2，最低工作值不应低于刻度值的 1/3。

2）差压/压力变送器

差压/压力变送器直接用来测量差压、压力，可将信号传送到中控系统进行监测和遥控。用于灌溉工程首部枢纽，可以在中控室监控泵站系统及过滤系统的压力变化情况。

3. 土壤水分测量装置

在农田墒情调查和田间灌溉科学试验中常用的土壤水分测量装置有中子仪、土壤水分张力计、陶瓷土壤水分计和便携式高精度土壤水分探测仪等。选用时可根据使用目的及环境参照制造商提供的产品说明书有针对性地选择。

第四节　喷灌机组

喷灌机组是指将喷头、管道、水泵、动力机等全部或部分设备配套组合，能独立在田间移动，实现喷洒灌溉的一种水力机械。

喷灌机喷灌作业时，可根据需要在田间布置供水系统或水源。供水系统可以是明渠，也可以是有压管道，当有压管道中水压力能满足喷灌机的入机压力要求时，喷灌机可不配装水泵和动力机。

一、喷灌机的分类

喷灌机的种类较多，按运行方式可将喷灌机分为定喷式和行喷式两大类。每种类型中，按组装形式、喷洒控制面积大小和喷洒特征，一般又分为轻小型和大中型两大类。

定喷式喷灌机是指在喷灌作业过程中，喷灌机和喷头停留在一个作业点上进行喷洒，按工作制度要求，一个作业点喷完后，移动到下一个作业点依次喷洒。定喷式喷灌机包括手提式喷灌机、手抬式喷灌机、手推式喷灌机、拖拉机悬挂式喷灌机和滚移式喷灌机等。

行喷式喷灌机是指在喷灌作业过程中，喷灌机整体或部分设备一边移动一边喷洒。行喷式喷灌机包括绞盘式喷灌机、中心支轴式喷灌机和平移式喷灌机等。

机组式喷灌系统构成如下：

- 机组式喷灌系统
  - 定喷式机组
    - 手推（提、抬）式喷灌机
    - 拖拉机悬挂式喷灌机
    - 拖拉机牵引式喷灌机
    - 滚移式喷灌机
  - 行喷式机组
    - 拖拉机双悬臂式喷灌机
    - 绞盘式喷灌机
    - 中心支轴式喷灌机
    - 平移式喷灌机

二、喷灌机的特点及适用范围

（一）轻小型喷灌机

轻小型喷灌机有手提式、手抬式、手推式和拖拉机悬挂式等。

1. 手提式喷灌机

手提式喷灌机的动力机与水泵多直联。动力机为 0.37～1.5 kW 的微型电动机或 1.5 马力（1 马力 =735.499 W，下同）的风冷内燃机；水泵为带手压泵的微型高速离心泵或微型喷灌离心泵，管道多用锦（维）塑软管、聚氯乙烯软管或低密度聚乙烯管；

喷头采用工作压力为 150 ~ 250 kPa 的低压喷头。手提式喷灌机工作示意图见图 3-27。

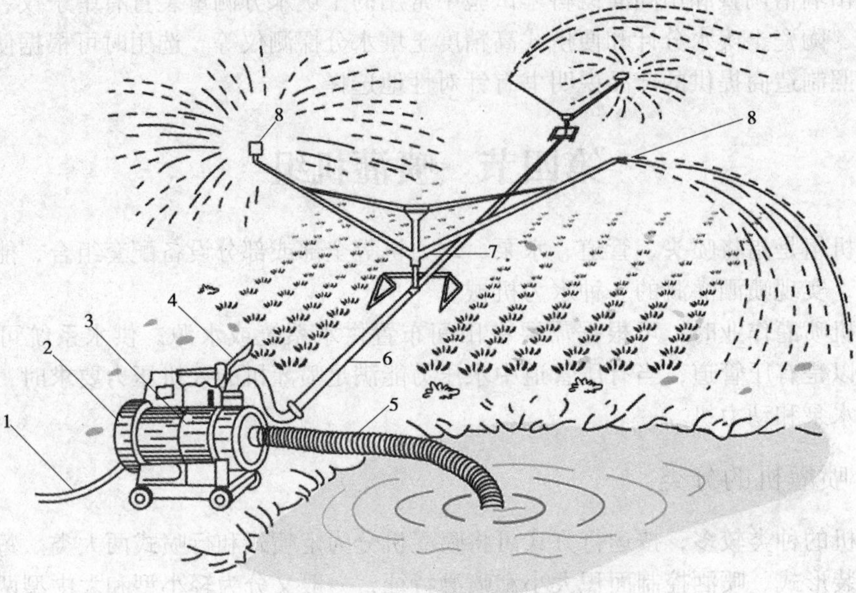

1—输电线；2—微型电动机；3—增速箱与高速离心泵；4—手压泵；
5—进水软管；6—输水管；7—喷头支架；8—喷头

图 3-27　手提式喷灌机工作示意图

手提式喷灌机结构简单，重量轻，可一人搬移，安装操作容易，工作压力低，耗能少，价格便宜，可使用 220 V 的电源。其适合农村一家一户的经营方式，能充分利用小水源喷灌小面积的大田作物、蔬菜和经济作物，也可用于灌溉庭院作物和绿地。

2. 手抬式喷灌机

手抬式喷灌机的动力机与水泵多用联轴器直联。动力机一般为 3 ~ 5 kW 的电动机或 3 ~ 6 马力的风冷柴油机，水泵为自吸离心泵，管道常用管径为 50 mm 或 65 mm 的锦（维）沦涂塑软管或薄壁铝合金管，喷头多选用工作压力为 300 ~ 350 kPa 的中压摇臂式喷头。手抬式喷灌机工作示意图见图 3-28。

手抬式喷灌机结构紧凑，重量较轻，可由两人抬起搬移，操作维护简单，无须留机行道，适应性强，价格较便宜。其适用于分散的小型地块，特别是山区、丘陵区的复杂地形，可喷灌粮食作物、蔬菜、经济作物、苗圃及果树等。

3. 手推式喷灌机

手推式喷灌机的水泵、动力机及传动机构固定在装有胶轮的车架上，水泵与动力机直联或用三角皮带传动，喷头安装在引出的支管上，可进行多喷头组合喷洒。动力机一般选用 7. 5 kW 的电动机或 10 ~ 12 马力的柴油机；水泵选用自吸离心泵或有自吸装置的普通离心泵，管道多采用由快速接头连接的铝合金管或锦（维）塑软管，按一条或两条支管配置；喷头采用中、低压摇臂式喷头，一般配置 8 ~ 12 个喷头。手推式喷灌机工作示意图见图 3-29。

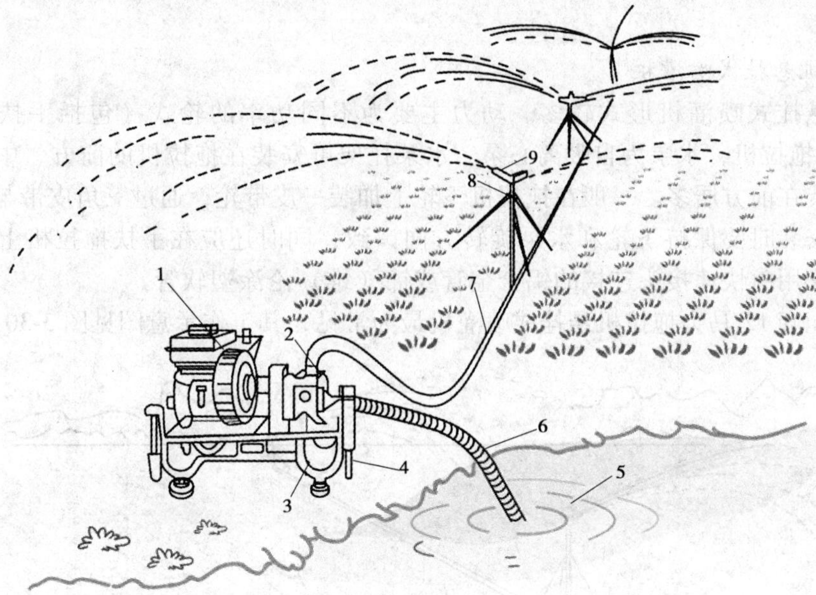

1—柴油机；2—自吸泵；3—托架；4—手柄；5—滤网；
6—吸水软管；7—输水管；8—支架；9—喷头

图 3-28　手抬式喷灌机工作示意图

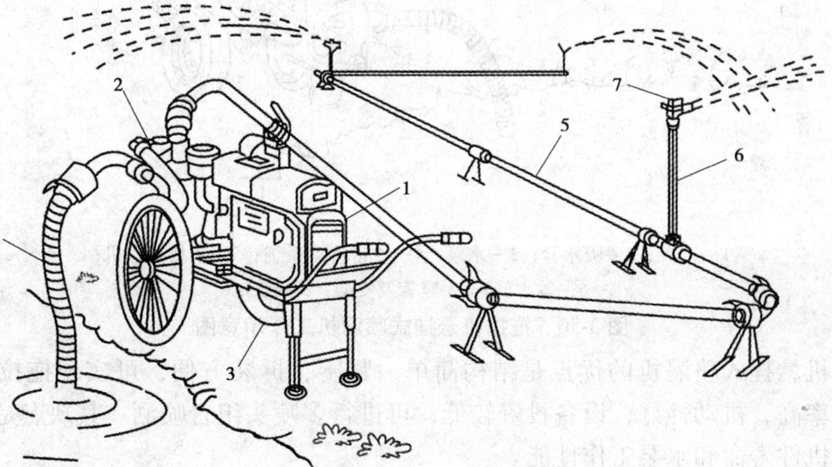

1—柴油机；2—自吸泵；3—机架；4—进水管；
5—薄壁铝合金管；6—竖管；7—喷头

图 3-29　手推式喷灌机工作示意图

手推式喷灌机结构简单，机动灵活，便于维护，运行费用较低。目前，10～12 马力的柴油机是我国农村保有量最大的动力机，当选用柴油机作为动力时，可实现一机多用，节省投资。手推式喷灌机的主要缺点是当田间土壤为黏重土壤，在喷湿道路上移动机组时，会造成移动困难。机型适用于灌溉各种作物，特别适用于灌溉平原地区小型地块。

4. 拖拉机悬挂式喷灌机

拖拉机悬挂式喷灌机形式较多。动力主要为不同功率的轮式（包括手扶和小四轮）、履带式拖拉机，水泵为自吸离心泵。水泵托架可安装在拖拉机的前方、中间或后方，但以安装在前方居多。一般在拖拉机飞轮上加装一皮带轮，通过三角皮带与水泵皮带轮相连，安装时要保持飞轮和水泵旋转方向一致，同时还应在手扶拖拉机上适当配重。管道多采用由快速接头连接的铝合金管或锦（维）沦涂塑软管。

目前，配套 12 马力拖拉机悬挂式喷灌机最为常见，其工作示意图见图 3-30。

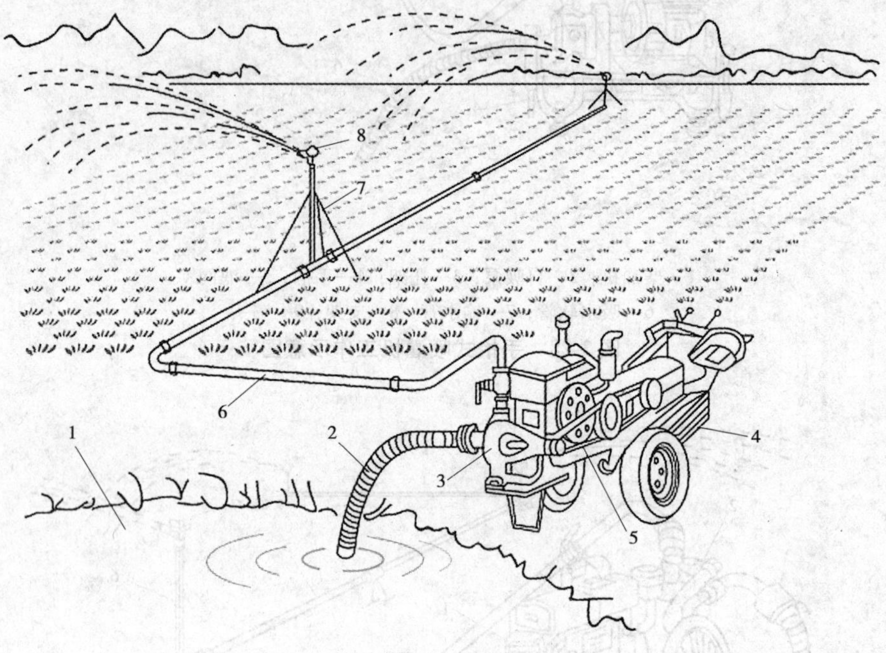

1—水源；2—吸水管；3—水泵；4—皮带传动系统；5—手扶拖拉机；
6—输水管；7—竖管及支架；8—喷头

图 3-30　拖拉机悬挂式喷灌机工作示意图

拖拉机悬挂式喷灌机的优点是结构简单、紧凑、拆装方便，可实现拖拉机一机多用，利用率高，机动性好，设备投资较低；可进行多喷头组合喷洒。其缺点是机械振动大，影响机件寿命和水泵工作性能。

（二）大中型喷灌机

大中型喷灌机有绞盘式、滚移式、中心支轴式和平移式喷灌机等。

1. 绞盘式喷灌机

目前，常用的绞盘式喷灌机为软管牵引式，该种喷灌机用软管输水，在喷洒作业过程中利用压力水驱动绞盘旋转，绞盘卷绕软管牵引装有高压喷头的喷头车或装有若干个固定式喷头的悬臂桁架，使其沿作业线自行移动并喷洒。

绞盘式喷灌机一般由绞盘车和喷头车两部分组成。绞盘车包括绞盘、软管、机架、行走轮、调速装置及安全机构，部分绞盘车还配备动力机。喷头车较简单，包括喷头和小车，运输时喷头车装载在绞盘车上。其结构示意图见图3-31。软管牵引绞盘式喷灌机规格较多，其中40型和50型较小，在田间作业和道路运输时可人工移动，65型及以上型号的喷灌机因机体较大，在田间作业和运输时需由拖拉机牵引。这种机型在欧洲许多国家广泛应用，我国亦有生产使用。

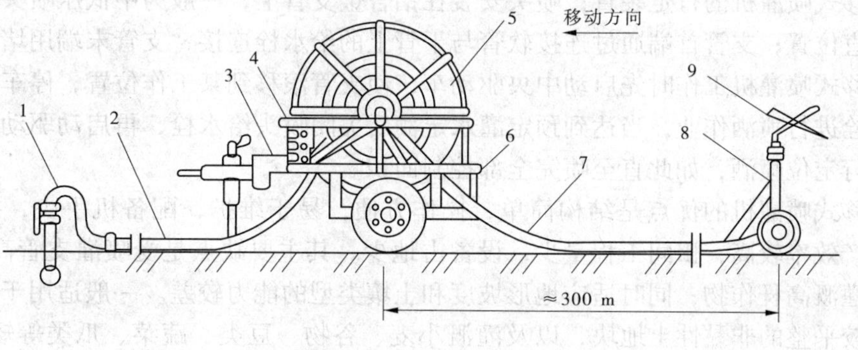

1—给水栓；2—供水管；3—水动力机；4—调速器；5—卷盘车；6—机架（底盘）；
7—PE半软管；8—喷头车；9—远射程喷头

图3-31　绞盘式喷灌机结构示意图

绞盘式喷灌机作为大中型喷灌机的一种，与其他大中型喷灌机相比，有以下优、缺点。

1）主要优点

（1）结构简单，亩投资较低。

（2）规格多，机动性好，适用范围广。

（3）操作简单，自动回卷，可实现一人（兼作拖拉机手）管理多台设备。喷头车回卷速度可根据设计灌溉定额调整调速装置自行设定，一般为20~40 m/h，每天灌溉面积20~60亩。大中型绞盘式喷灌机的控制面积为200~300亩。

2）主要缺点

（1）耗能大，运行费用高。受机型限制，一般绞盘式喷灌机管径小，卷管长度大，而且要逐层缠绕，在工作过程中水头损失大。如110－270型喷灌机（管径110 mm、管长270 m），工作时由管路及水涡轮造成的水头损失可达喷头工作压力的76%~98%。一般管路损失占入机压力的43%~49%，即50%左右的能量在管道中损失掉。若喷灌次数频繁，则应对其适用性慎加考虑。

（2）要求设置机行道（运输道、喷头车工作道），占地面积大。

绞盘式喷灌机能够适用于灌溉各种形状和地形起伏的地块，以及灌溉各种高秆和矮秆作物（如玉米、大豆、土豆、牧草等）、某些果树和经济作物（如甘蔗、茶叶、香蕉等），但不适宜灌溉土质太黏重的地块。

2. 滚移式喷灌机

滚移式喷灌机是一种大型定喷式喷灌机组，主要由中央驱动车、输水支管、滚轮、输水软管、喷头、泄水阀和制动支杆等组成。

滚移式喷灌机以装在支管中央的中央驱动车为动力，驱动装有喷头的喷灌支管整体移动。中央驱动车通过卡箍与喷灌支管连接，行进时带动整机滚动；喷灌支管由质量轻、强度高的铝合金管组成，管径一般为 100 ~ 150 mm，同时兼作轮轴，每根支管长 6 ~ 12 m，喷灌支管总长一般为 150 ~ 500 m；滚轮由多根辐条连接的两个半圆钢圈组成，直径一般为 1 ~ 2 m，一般支管上每隔 12 m 安装一个滚轮，滚轮既是支管的支承，也是滚移式喷灌机的行走装置；喷头安装在铝合金支管上，一般为中低压喷头，能自动调整铅直位置；支管首端通过连接软管与干管上的给水栓连接，支管末端用堵头堵上。

滚移式喷灌机工作时先启动中央驱动车，使支管滚移到某工作位置，停车后开启喷头给水栓进行喷洒作业，当达到预定灌水定额后关闭喷头给水栓，再启动驱动车到下一位置进行定位喷洒，如此直至喷完全部控制面积。

滚移式喷灌机的优点是结构简单，操作方便，易于维护，配备机手少，控制面积大，生产效率较高，田间工程量少，设备占地少。其主要缺点是受喷灌支管高度影响，不适宜灌溉高秆作物；同时适应地形坡度和土壤类型的能力较差。一般适用于坡度小于 10% 的较平整的非黏性土地块，以及灌溉小麦、谷物、豆类、蔬菜、瓜类等矮秆作物，特别适用于牧草喷灌。

目前，滚移式喷灌机主要用于美国、德国、英国等，我国也有小批量引进，因适用能力不强，故少有使用。

3. 中心支轴式喷灌机

中心支轴式喷灌机是将装有喷头的喷灌管道支承在可以自动行走的若干塔架上的一种多支点大型喷灌机，也是一种行喷式喷灌机。中心支轴式喷灌机工作示意图如图 3-32 所示。

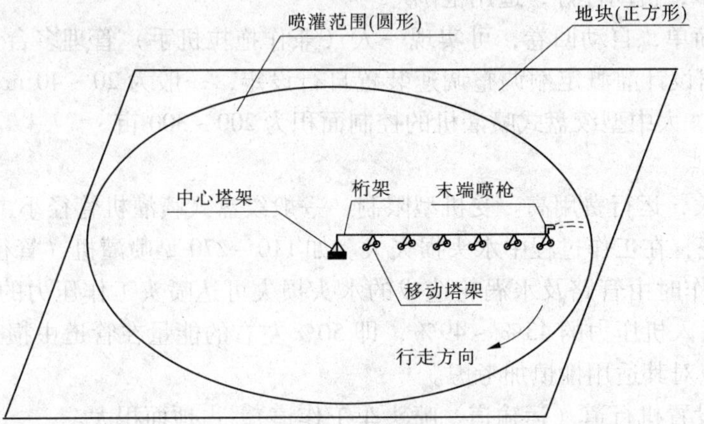

图 3-32　中心支轴式喷灌机工作示意图

工作时，喷灌机像表针一样围绕中心支轴旋转，因此也称做时针式喷灌机。喷灌机旋转工作时，沿塔架上管道布设的喷头同时喷洒，旋转一周可以灌溉一个半径略大于喷灌机长度的圆形面积。

常用的喷灌机长 400 ~ 500 m，运行一周需 2 ~ 20 d，可灌溉面积为 800 ~ 1 000 亩。喷灌管道多为直径 50 ~ 200 mm 的薄壁镀锌钢管，一般由桁架支承在塔架上，高出地面

2～3 m，塔架间距一般为25～70 m，塔架安装在电机或水力驱动的滚轮上。喷头按一定设计间距安装在管道上，早期多为摇臂式喷头。为了降低工作压力、节约能源，近年普遍采用折射式喷头，并低垂安装降低安装高度，以减小风的影响。

中心支轴式喷灌机的机械化和自动化程度高，可以不用人工操作而长期连续运行，生产效率高，并且管道上可以安装很多喷头互相重叠喷洒，提高了灌水均匀度。由于每个塔架上都装有驱动轮，爬坡能力强，可以适应起伏的地形。中心支轴式喷灌机的灌溉范围是圆形，方形地块的四个角落喷不到水，为了解决这个问题，可在喷灌机末端设置角臂喷灌系统，当喷灌机行走到四个角落时，角臂伸出进行喷灌，通过角落后角臂自动收回。

中心支轴式喷灌机结构复杂，技术性较强，要求操作管理人员具备相应的专业知识。一台中心支轴式喷灌机一般仅在一个位置工作，为了提高喷灌机利用率，有时也拖移转点作业，但要预留道路。

1）主要优点

（1）自动化程度高，工作效率高。

（2）灌溉均匀度高（均匀系数可达85%）。

（3）采用低压喷头并低垂安装，降低了能耗，提高了抗风能力。

（4）适应性强，几乎适宜灌溉所有的作物和土壤。

（5）一机多用，可结合喷施化肥与农药等。

2）主要缺点

（1）喷灌形状为圆形，地角漏喷，配备角臂系统成本高。

（2）一台喷灌机控制范围内宜种同种或灌水需求一致的作物，地面不得有障碍物。

（3）作物需水高峰期内，要求喷灌机连续运转，一旦出现故障，影响作业面大，因此对备件和维修技术力量要求高。

（4）喷灌机工作时，支管上安装的喷头离中心支轴越远，线速度越大。为达到设计灌水定额，越远位置喷灌强度越大，常常大于土壤入渗速度，易造成地表径流。

3）适用范围

中心支轴式喷灌机几乎适用于灌溉各种质地的土壤，以及各种大田作物、蔬菜、经济作物和牧草等。我国西北、东北、华北各地和广东、广西、云贵高原等地的广大农牧业区，凡土地连片，作物种类统一，地面上无电杆、排水沟等障碍物均可使用，对于干旱缺水的浅丘区与黄土高原区，深井和高扬程灌区及土壤瘠薄、渗漏严重的地区效果更好。

4. 平移式喷灌机

平移式喷灌机是在中心支轴式喷灌机的基础上发展起来的一种机型。喷灌管道和中心支轴式喷灌机一样，也是支承在若干个可以行走的塔架上，但是塔架不绕某一中心旋转，而是沿供水管道或明渠作平行移动。明渠供水的平移式喷灌机工作示意图见图3-33。由于喷灌管道各点的行走速度都相同，喷头的配置比中心支轴式喷灌机简单，一般等距布置，而且风及地形变化对其喷灌均匀度的影响也较小（喷灌均匀系数可达90%，灌溉水利用系数可达75%～80%）。但因导向自动化难度大，其自动化程度不如中心支轴式喷灌机高。

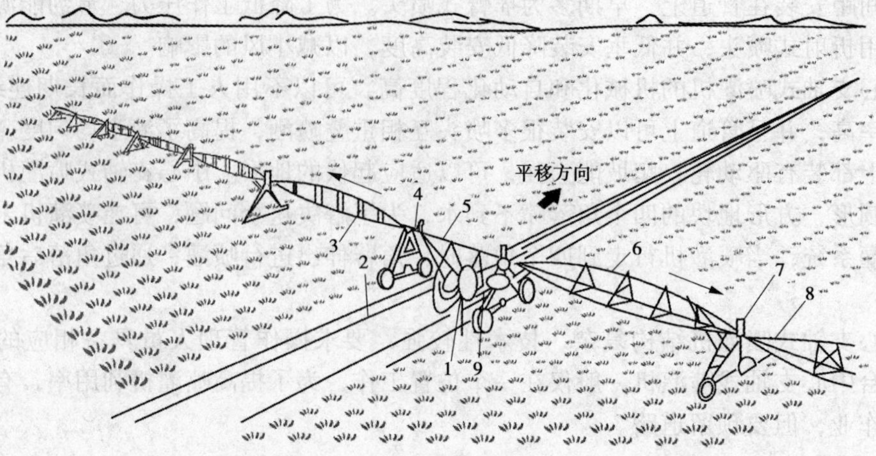

1—水泵；2—渠道；3—腹架；4—塔车；5—中央跨架；
6—喷头；7—塔车控制箱；8—柔性接头；9—导向系统

图 3-33　平移式喷灌机工作示意图

1）主要优点

（1）灌溉形状为矩形，无漏喷地角，喷洒覆盖率可高达98%。

（2）与传统农业耕作措施和耕作方向相适应。

（3）受风影响小，喷洒均匀，喷灌质量高。

（4）采用低压喷洒，降低能耗。

（5）运行速度调节范围大，能满足各种作物不同生育期的灌水需要。

（6）可用于喷施化肥、杀虫剂、杀菌剂、除草剂、植物生长调节剂等，做到一机多用。

2）主要缺点

要求地面较平坦，适应地形坡度能力较差；配备导向系统，增加了设备成本。

喷灌机、喷灌机组主要性能参数见附录四。

第四章　喷灌工程规划

喷灌工程建设应按工程建设程序进行，在申请立项、规划、可行性研究和初设等前期工作完成后再付诸实施。工程立项后，应对工程具体地进行规划和设计。

第一节　规划原则及内容

喷灌工程一般应将规划和设计分为两个阶段进行，当喷灌面积在500亩以下时，也可将规划和设计合并为一步完成。

喷灌工程规划的任务是在综合分析基本资料、掌握喷灌区基本情况和特点的基础上，通过技术经济比较，确定喷灌工程的总体设计方案。

一、喷灌工程规划的原则

（一）与其他规划协调一致

喷灌工程是农田水利工程的一个组成部分，因此喷灌工程的规划应以各地的喷灌区划为基础，并与当地的农业区划和水利规划协调一致。

（二）统筹兼顾

充分利用原有的水利及其他工程设施，并密切与排水、道路、林带、供电及居民点的规划相结合，与节水农业技术相结合，做到统筹安排，合理布局。

（三）注重经济效益

在保证喷洒质量、运行安全可靠和管理方便的前提下，尽量降低投资和运行费用，尽可能地利用喷灌设备开展综合利用。

（四）节约能源

优化设计，降低系统耗能；尽可能地选用低压喷头和其他节能设备；在有自然水头可以利用的地方，尽量发展自压喷灌。

（五）实事求是、因地制宜

针对当地的实际情况，量力而行，讲求实效，既不因循守旧，也不盲目攀比。

（六）注重环保

喷灌工程规划要注重环境保护、水土保持。

二、喷灌工程规划的内容

喷灌工程规划是整个喷灌工程建设的依据，也是进行具体技术设计的前提。它的主要内容如下。

（一）勘测和收集基本资料

基本资料包括喷灌区的自然条件、生产条件、社会经济条件、当地的相关规划及灌溉试验资料等。对通过勘测、调查和试验等手段获得的各种资料和试验结果，应进行必要的核实和分析，做到选用资料真实、准确。

（二）可行性分析

根据收集到的基本资料，对在该地兴建喷灌工程的技术可行性和经济合理性作出论证。在进行可行性分析时，应将喷灌与其他的灌溉方式进行比较，同时把水源可靠、建设资金落实、当地发展喷灌的积极性作为兴建喷灌工程的基本条件。

（三）系统选型

喷灌系统的类型很多，各种类型的喷灌系统都有其适用条件和特点。不同类型的喷灌系统的投资造价、运行成本高低各异，其生产效率、喷洒质量、运行管理要求也有区别，应根据当地的水源、地形、作物、能源及设备供应、管理体制、经济基础等条件，对可能适用的喷灌系统类型进行技术经济比较，从中择优选定。对于面积较大或地形条件复杂的灌区，亦可同时选用几种不同类型。在灌水次数频繁、地面坡度陡、地形复杂的山丘区及经济价值高的作物，可采用固定管道式喷灌。地形较平坦的大田作物区，可采用半固定管道式、移动管道式喷灌。地块较分散、电力不配套的区域可采用轻小型机组式喷灌系统。规模适度而灌水次数较少的大田作物可采用绞盘式喷灌机。大中型农场可采用中心支轴式喷灌机和平移式喷灌机。连片集中的牧草地和矮秆作物种植区，可采用滚移式喷灌机。自然水头压力能满足喷头正常工作的地区，可采用自压喷灌系统。

（四）水源工程规划

河流、水库、小型蓄水工程、井等都可以作为喷灌工程的水源。水源工程规划的内容包括：

（1）确定喷灌系统的取水方式和取水位置。

（2）分析现有水源的水量、流量、水位、水质等是否满足灌溉要求，若不满足，则应采取必要的工程措施。若总水量或流量不足，则应修建蓄水工程，合理确定蓄水工程的数量、容量、位置等；若水质不符合要求，则应修建沉沙池等水质处理设施。

（3）规划布置为移动式喷灌机组水源供水的渠道或管道工程。

（五）压力分区规划

当喷灌区面积较大，受地形复杂、输水距离较长等因素影响，喷灌区各处的压力值相差较大时，应进行压力分区规划。

（六）工程规划布置

在综合分析水源的位置、地块、地形、种植方向、风向，以及现有的道路、林带、排水、供电和建筑物等因素的基础上，进行喷灌工程规划布置。工程规划布置宜在规定比例尺的地形图上绘出喷灌区的边界线、压力分区线，标出水源工程、泵站等主要建筑物和喷灌系统骨干管（渠）的位置。为寻求最优的布置方案，常需进行多方案比较。

（七）投资概（估）算及效益分析

对主要材料和设备的用量、投资造价及工程运行费用作出概（估）算。若面积较大，则可以典型地块为单元进行估算，然后扩大概算出全喷灌区的投资。对工程建成后的增产增收效益及主要经济指标作出分析计算。通常计算的内容有总投资、年费用、亩投资、年效益、还本年限、效益费用比和内部回收率。

三、喷灌工程规划成果要求

喷灌工程规划阶段应提交的成果包括规划报告（或称设计任务书）和规划布置图。

规划报告包括基本情况、可行性分析、用水分析、水源分析及水源工程规划、系统类型选择及布置、主要材料设备选型及用量、环境保护和水土保持、投资概（估）算及效益分析等主要内容。规划布置图应在地形图上绘出灌区的边界线，压力分区线，水源工程、泵站等主要建筑物和骨干管道（渠道）的初步布置。

第二节　规划参数

喷灌系统的规划参数主要包括基本参数、质量控制参数、设计参数及工作参数等。

一、基本参数

（一）灌溉设计保证率

灌溉设计保证率指的是在多年运行中，灌区用水量能得到充分满足的概率。喷灌灌溉保证率包含了水源来水量的保证程度和灌溉设备的保证程度两个方面。《喷灌工程技术规范》（GB/T 50085—2007）规定，以地下水为水源的喷灌工程，其灌溉设计保证率不应低于90%，其他情况下，喷灌工程灌溉设计保证率不应低于85%。

对于一个具体的喷灌工程，确定灌溉保证率不但要考虑水源等自然条件，还要考虑作物价值等经济条件。灌溉保证率确定后，通过对有关资料组成的较长系列进行频率计算，选出符合设计保证率的某一年作为设计代表年，并以此作为拟定喷灌工作制度和规划水源工程的依据。

（二）作物腾发量

作物腾发量即作物需水量，是指在供水充分、作物正常生长的情况下，供应植株蒸腾和株间土壤蒸发所需的水量。作物腾发量是制定灌溉制度的重要数据，ET_d 值的大小与气象条件（温度、日照、湿度、风速等）、土壤含水状况、作物种类及其生长发育阶段、农业技术措施、灌溉排水措施等有关。《喷灌工程技术规范》（GB/T 50085—2007）规定：作物腾发量 ET_d 应根据当地喷灌条件下的灌溉试验资料确定；缺少资料的地区可参考条件相近的地区的试验资料确定，或根据气象资料分析计算确定。分析计算作物腾发量时，应按下式计算

$$ET_d = K_c ET_0 \tag{4-1}$$

式中　ET_d——作物腾发量，mm/d；

K_c——作物系数，应采用喷灌条件下的试验值；

ET_0——参照作物腾发量，mm/d。

参照作物腾发量应按彭曼－蒙蒂斯（Penman－Monteith）公式计算。

（三）喷洒水利用系数

喷洒水利用系数是指降落到地面和作物上的水量与喷头喷出水量的比值，用 η_p 表示。影响 η_p 值大小的因素主要有风速、气温、空气湿度及喷洒水的雾化程度等。有条

件时宜通过实测确定；无实测资料时，可根据气候条件在下列数值范围内选取：

（1）风速低于 3.4 m/s 时，$\eta_p = 0.8 \sim 0.9$；

（2）风速为 3.4 ~ 5.4 m/s 时，$\eta_p = 0.75 \sim 0.8$。

（四）灌溉水利用系数

灌溉水利用系数应按下式计算

$$\eta = \eta_P \eta_G \tag{4-2}$$

式中 η——灌溉水利用系数；

η_P——喷洒水利用系数；

η_G——管道系统水利用系数，可在 0.95 ~ 0.98 范围内选取。

（五）设计风速与设计风向

喷灌受风的影响较大。风速和风向是确定喷头布置形式和间距、管道布置方向和间距、喷洒方式及喷灌系统日工作时间的重要依据。设计时应注意以下问题：

（1）以灌溉季节内的主要风向为设计风向。当不存在主风向时，则按风向多变设计。

（2）以灌溉季节内的多年平均日风速作为设计风速。

（3）风力超过 3 级，即风速大于 5.4 m/s 时，喷灌的喷洒质量大为降低，即使缩小喷头的组合间距，也很难获得足够的喷灌均匀度，而且喷洒水的漂移损失将大大增加，因此一般不进行喷洒。在规划设计时，当风力大于 3 级时要停喷，把喷洒时间提前或推后，安排在无风或少风时工作。

二、质量控制参数

（一）允许喷灌强度

喷灌强度是指单位时间内喷洒到地面的水层深度，计算公式如下

$$\rho = \frac{h}{t} \tag{4-3}$$

式中 ρ——喷灌强度，mm/h；

t——喷洒时间，h；

h——喷洒水深的平均值，mm。

喷灌强度过小，造成喷灌时间延长，水分蒸发损失加大；喷灌强度过大，会形成地面积水和径流，侵蚀表土，破坏土壤结构，影响喷灌效果。

允许喷灌强度是在土壤含水量为田间持水量的 60% ~ 70% 时，等于或略小于土壤稳定入渗速度的喷灌强度，是喷灌时允许地表在短时间内有少量积水但不产生径流的最大喷灌强度。允许喷灌强度与土壤的质地和地面坡度等因素有关。当喷灌按允许喷灌强度值喷洒时，土壤结构基本上不被破坏，喷洒的水量能在喷洒时间内或在喷头（或喷灌机）运转的间隙时间内全部渗入土壤。

规划设计中要求设计喷灌强度不大于允许喷灌强度。各类土壤的允许喷灌强度和坡地允许喷灌强度降低值可分别按表 4-1 和表 4-2 选用。行喷式喷灌系统的设计喷灌强度可略大于土壤允许喷灌强度。

表 4-1 各类土壤的允许喷灌强度 （单位：mm/h）

土壤类别	砂土	砂壤土	壤土	壤黏土	黏土
允许喷灌强度	20	15	12	10	8

注：有良好覆盖时，表中数值可提高 20%。

表 4-2 坡地允许喷灌强度降低值 （%）

地面坡度	5～8	9～12	13～20	>20
允许喷灌强度降低值	20	40	60	75

（二）喷灌均匀系数

喷灌均匀系数是指在喷灌面积上水量分布的均匀程度，它是衡量喷灌质量好坏的主要指标之一。它与喷头结构和转速的均匀性、喷头工作压力、喷头布置形式、支管和喷头间距、竖管的倾斜度、地面坡度、风速和风向等因素有关。

喷灌均匀系数可按下式计算

$$C_u = 1 - \frac{\Delta h}{h} \tag{4-4}$$

式中 C_u——喷灌均匀系数；

Δh——喷洒水深的平均离差，mm；

h——喷洒水深的平均值，mm。

按照《喷灌工程技术规范》（GB/T 50085—2007）规定，定喷式喷灌系统的喷灌均匀系数不应低于 0.75，行喷式喷灌系统的喷灌均匀系数不应低于 0.85。

喷灌均匀系数是通过实测数据计算得出的，而在规划设计时并没有实测资料，设计中为了保证系统在实际运行时的均匀系数满足规范要求，应通过选用喷洒水量分布合理的喷头、合理确定设计风速下喷头的组合间距、控制喷头的实际工作压力差等因素来实现。

（三）雾化指标

雾化指标用喷头工作压力和主喷嘴直径的比值计算，公式如下

$$W_h = \frac{h_p}{d} \tag{4-5}$$

式中 W_h——喷灌的雾化指标；

h_p——喷头工作压力水头，m；

d——喷头主喷嘴直径，m。

雾化指标偏低，水滴及其打击力就大，易损伤作物，也会破坏表层土壤结构造成板结，不利于作物生长；雾化指标过高，则水滴过细易被风吹走，蒸发损失严重。不同作物种类的适宜雾化指标见表 4-3。

表 4-3　不同作物种类的适宜雾化指标

作物种类	W_h
蔬菜及花卉	4 000 ~ 5 000
粮食作物、经济作物及果树	3 000 ~ 4 000
饲草料作物、草坪	2 000 ~ 3 000

（四）喷头组合间距

确定喷头组合间距的目的是保证喷洒水在叠加组合后均匀。若布置间距过大，则均匀度降低，喷洒质量下降。

在一定风速的条件下，喷头组合间距可按表 4-4 的限值确定。

表 4-4　喷头组合间距

设计风速（m/s）	组合间距	
	垂直风向	平行风向
0. 3 ~ 1. 6	(1.1 ~ 1) R	1. 3R
1. 6 ~ 3. 4	(1 ~ 0. 8) R	(1. 3 ~ 1. 1) R
3. 4 ~ 5. 4	(0. 8 ~ 0. 6) R	(1. 1 ~ 1) R

注：1. R 为喷头射程。
2. 在每一挡风速中可按内插法取值。
3. 在风向多变采用等间距组合时，应选用垂直风向栏的数值。

喷头的组合间距与喷头射程有关，也受喷灌强度的制约，且会影响均匀度，因此组合间距的确定，应在保证喷灌质量的前提下，与喷头的选择结合进行。

（五）喷头工作压力和同一支管上喷头压力差

为保证喷灌系统中各喷头在正常的压力范围内工作，获得较好的喷洒质量，喷头设计工作压力应在该喷头所规定的压力范围内，并且任何喷头的实际工作压力不得低于设计喷头工作压力的 90%。

为使喷灌系统中同一支管上同时工作的各喷头的喷水量比较均匀，以获得较好的整体喷洒质量，同一条支管上任意两个喷头之间的工作压力差应在设计喷头工作压力的 20% 以内。由于喷头的流量和工作压力间存在以下关系，即

$$q_p = \mu \sqrt{2gh_p} \tag{4-6}$$

式中　q_p——喷头流量，m^3/h；

μ——流量系数，一般取 0. 95；

h_p——喷头工作压力，m。

根据式（4-6），当任意两喷头间的工作压力差在设计工作压力的 20% 以内时，其流量差应在设计流量的 10% 以内，从而保证了支管上的流量均匀。

当喷灌系统中压力变化较大时，应划分压力区域并分区进行设计。在规划设计中，应对压力变化较大的部分进行计算、校核，并采取相应措施保证喷洒均匀。

三、设计参数及工作参数

（一）设计灌水定额与设计灌水周期

设计灌水定额和设计灌水周期是确定喷灌系统设计流量的依据，也是确定系统其他设计参数的基础数据，直接影响着喷灌工程的投资。

1. 灌水定额

灌水定额是指一次灌水单位面积的灌水量。设计灌水定额应在不大于最大灌水定额的前提下根据作物的实际需水要求和试验资料进行选择。最大灌水定额可按下式确定

$$m_s = 0.1h(\beta_1 - \beta_2) \tag{4-7}$$

$$m_s = 0.1\gamma h(\beta_1' - \beta_2') \tag{4-8}$$

式中　m_s——最大灌水定额，mm；

h——计划湿润层深度，cm；

β_1——适宜土壤含水量上限（体积百分比,%）；

β_2——适宜土壤含水量下限（体积百分比,%）；

γ——土壤容重，g/cm^3；

β_1'——适宜土壤含水量上限（质量百分比,%）；

β_2'——适宜土壤含水量下限（质量百分比,%）。

2. 灌水周期

灌水周期是指一次灌水所需的天数。设计灌水周期应根据当地试验资料确定，缺少试验资料时，灌水周期可按下式计算

$$T = \frac{m}{ET_d} \tag{4-9}$$

式中　T——设计灌水周期，d，计算值取整；

ET_d——作物腾发量，取设计代表年灌水高峰期平均值，mm/d；

m——设计灌水定额，mm。

（二）设计喷灌强度

设计喷灌强度是指设计工况下的组合喷灌强度，以单喷头全圆喷洒时的喷灌强度为依据计算得出。

1. 单喷头全圆喷洒时的喷灌强度

单喷头全圆喷洒时的喷灌强度 ρ_s 采用下式计算

$$\rho_s = \frac{1\,000 q_p \eta_p}{\pi R^2} \tag{4-10}$$

式中　ρ_s——单喷头全圆喷洒时的喷灌强度，mm/h；

q_p——喷头流量，m^3/h；

R——喷头射程，m；

η_p——喷洒水利用系数。

2. 组合喷灌强度

组合喷灌强度取决于喷头水力性能、喷洒方式、布置间距和风速、风向等。组合喷

灌强度可以用下式计算

$$\rho = K_w C_\rho \rho_s \tag{4-11}$$

式中　ρ——组合喷灌强度，mm/h；

C_ρ——布置系数；

K_w——风系数。

布置系数和风系数的计算分别见表4-5和表4-6。

表4-5　不同运行情况下的布置系数 C_ρ 值

运行情况	C_ρ
单喷头全圆喷洒	1
单喷头扇形喷洒（扇形中心角为 α）	$360/\alpha$
单支管多喷头同时全圆喷洒	$\pi\Big/\left(\pi - \frac{\pi}{90}\arccos\frac{a}{2R} + \frac{a}{R}\sqrt{1-\left(\frac{a}{2R}\right)^2}\right)$
多支管多喷头同时全圆喷洒	$\pi R^2/(ab)$

注：表内 R 为喷头射程，a、b 为喷头在两个方向上的间距。

表4-6　不同运行情况下的风系数 K_w 值

运行情况		K_w
单喷头全圆喷洒		$1.15v^{0.314}$
单支管多喷头同时全圆喷洒	支管垂直风向	$1.08v^{0.194}$
	支管平行风向	$1.12v^{0.302}$
多支管多喷头同时全圆喷洒		1

注：表中 v 为风速，m/s。

对于单支管多喷头同时全圆喷洒的情况，也可按图4-1查得 C_ρ 值。

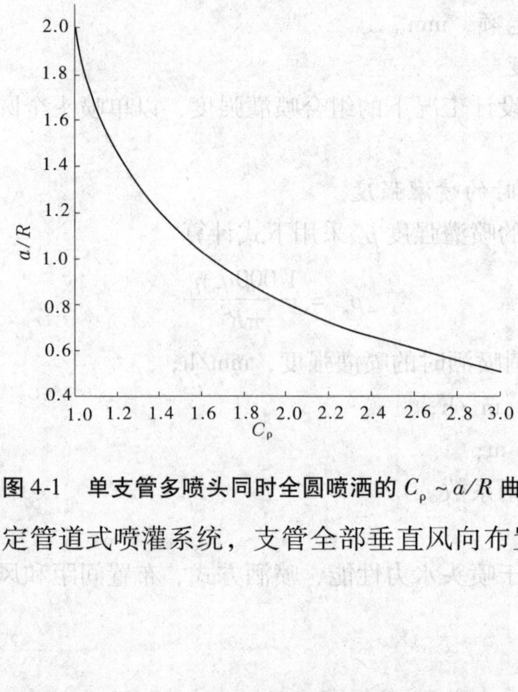

图4-1　单支管多喷头同时全圆喷洒的 $C_\rho \sim a/R$ 曲线

【例4-1】　半固定管道式喷灌系统，支管全部垂直风向布置，喷头布置间距为18

m，设计工作压力下喷头流量为3.20 m^3/s，射程为19.1 m，采用单支管多喷头同时全圆喷洒方式工作，设计风速为3.0 m/s，喷洒水利用系数为0.90，试计算组合喷灌强度。

解：$a/R=18/19.1=0.94$，查图4-1得到$C_\rho=1.75$。

$$K_w=1.08v^{0.194}=1.08\times3.0^{0.194}=1.34$$

$$\rho_s=\frac{1\,000q_p\eta_p}{\pi R^2}=\frac{1\,000\times3.20\times0.90}{\pi\times19.1^2}=2.51(\text{mm})$$

$$\rho=K_wC_\rho\rho_s=1.34\times1.75\times2.51=5.89(\text{mm})$$

（三）设计日灌水时间

设计日灌水时间是指系统一天内总的喷洒时间，用 t_d 表示，各种类型的喷灌系统适宜的设计日灌水时间可参考表4-7确定。

表4-7　设计日灌水时间　（单位：h）

喷灌系统类型	固定管道式			半固定管道式	移动管道式	定喷机组式	行喷机组式
	农作物	园林	运动场				
设计日灌水时间	12~20	6~12	1~4	12~18	12~16	12~18	14~21

（四）一个工作位置灌水时间、一天工作位置数、同时工作喷头数

1. 一个工作位置灌水时间

一个工作位置灌水时间与灌水定额、喷头流量和组合间距有关，可用下式计算

$$t=\frac{mab}{1\,000q_p\eta_p}\tag{4-12}$$

式中　t——一个工作位置灌水时间，h；

m——设计灌水定额，mm；

a——喷头布置间距，m；

b——支管布置间距，m；

q_p——喷头流量，m^3/h；

η_p——喷洒水利用系数。

2. 一天工作位置数

一天工作位置数可用下式计算

$$n_d=\frac{t_d}{t}\tag{4-13}$$

式中　n_d——一天工作位置数；

t_d——设计日灌水时间，h。

3. 同时工作喷头数

同时工作喷头数可按下式进行计算

$$n_p=\frac{N_p}{n_dT}\tag{4-14}$$

式中 n_p——同时工作喷头数；

N_p——喷头布置总数；

T——设计灌水周期，d。

第三节 喷灌用水分析

喷灌工程的用水量包括用水总量和用水流量。喷灌工程的用水总量包括喷灌区内作物的总需水量和灌溉过程中损失的水量。对于有多个喷灌工程和节水灌溉工程的区域，需要拟定灌溉制度，以便分析供水量是否符合喷灌用水量。

一、灌溉制度的拟定

灌溉制度是指作物播前及全生育期内的灌水次数、灌水日期、灌水定额和灌溉定额。作物在整个生育期需要多次灌水，灌溉定额是播前灌水定额和作物全生育期各次灌水量的总和。

（一）播前灌水定额

为了保证作物种子发芽和出苗，必须在播种前保持土壤有一定的含水量，需要播前灌溉。播前灌水定额一般可根据土壤墒情和当地经验选定。

（二）生育期灌溉制度

生育期灌溉制度可按水量平衡原理来制定。在作物生育期内的任一时段 t，土壤计划湿润层 H 内储水量的变化可用下列水量平衡方程式表示

$$W_t = W_0 + P_0 + W_k + W_T + M - ET \tag{4-15}$$

式中 W_0、W_t——时段始、末计划湿润层含水量，mm；

P_0——时段内保持在计划湿润层内的有效降水量，mm；

W_k——时段内地下水的补给量，mm；

W_T——时段内由于计划湿润层增大而增加的水量，mm；

M——时段内的喷灌水量，mm；

ET——时段内作物田间需水量，mm。

利用式（4-15）进行水量平衡计算时，可采用图解法或列表法，计算时段通常取 10 d 或 15 d。一般情况下，W_t、W_0 可用适宜土壤含水量允许的上、下限来确定；P_0 可用时段内的降水量 P 与降水利用系数 σ 的乘积来确定，σ 可参考表 4-8 选用；W_k 是指地下水借土壤毛细管作用上升至计划湿润层内的水量，当地下水埋深大于 3.5 m 时，该值可忽略不计；若时段内计划湿润层未增加，W_T 也视为零。只要知道了时段内作物的需水量，即可计算出该时段内应喷灌的水量，灌水日期也可确定。

表 4-8 降水利用系数与日降水量关系

日降水量（mm/d）	<5	5～30	30～50	50～100	>100
σ	0	0.80	0.60	0.30	0.15

当计算所需资料不全、不够准确时，可根据本地或类似地区喷灌试点资料，或参考群众丰产灌溉经验，分析制定设计灌溉制度。

二、喷灌用水总量和用水流量的计算

（一）喷灌用水总量的计算

喷灌的灌溉制度确定以后，即可算出各次喷灌用水量，同时也就确定了该作物在年内的喷灌用水总量。其计算方法如下。

1. 直接推算法

当喷灌区面积不大，作物种类不多时，一般采用直接推算法。

作物在某次喷灌的用水量可按下式计算

$$W_m = mA/\eta \tag{4-16}$$

式中 W_m——某种作物某次喷灌的用水量，即水源的供水量，m^3；

m——灌水定额，m^3/亩；

A——某种作物的喷灌面积，亩；

η——灌溉水利用系数。

将每个时段内喷灌用水量求和，即可得出代表年喷灌区喷灌用水总量。

2. 综合灌水定额法

当灌区作物种类较多时，可采用综合灌水定额法推求喷灌用水过程及用水量。综合灌水定额可按下式计算

$$m_c = \alpha_1 m_1 + \alpha_2 m_2 + \alpha_3 m_3 + \cdots \tag{4-17}$$

式中 m_c——某时段内喷灌区综合灌水定额，m^3/亩；

m_1、m_2、m_3——各种作物在该时段内的灌水定额，m^3/亩；

α_1、α_2、α_3——各种作物喷灌面积占全喷灌区面积的比值。

用某时段内喷灌区综合灌水定额 m_c、喷灌区面积 A 及灌溉水利用系数 η 求出该时段内的喷灌用水量 $W_m = m_cA/\eta$，然后将全年各时段内的灌水量相加求和，即可得出该喷灌区全年用水总量。

（二）喷灌用水流量的计算

1. 单一作物

喷灌区作物单一时，喷灌用水流量可根据设计灌水定额和灌水周期按下式计算

$$Q = mA/(Tt_d\eta) = W_m/(Tt_d) \tag{4-18}$$

式中 Q——喷灌用水毛流量，m^3/h；

t_d——设计日灌水时间，h；

其他符号意义同前。

2. 多种作物

喷灌区内种植多种作物且不同作物的灌水时间有可能重合时，一般应将不同作物的流量过程（含面积、灌水率和时间）绘于一张图上。绘出总流量过程，然后通过对不同作物的灌水时间适当调整，使总流量过程尽量趋于平稳和连续，取最大流量或次大流量为设计流量。

第四节　喷灌水源分析

喷灌工程水源分析包括可供水量分析和蓄水工程容积分析两部分内容。

一、可供水量分析计算

喷灌工程总体规划必须对水源水量进行分析计算，应兼顾环境用水来确定设计年供水量。作为喷灌工程的水源，有河川径流、当地地表径流、地下水及已建水源等不同类型。因水源类型及掌握资料情况不同，水源水量的计算方法也不同。常用的水源来水量分析方法介绍如下。

（一）河川径流

当水源为河川径流时，应通过频率计算推求符合设计频率的年径流量及其年内分配、灌水临界期日平均流量。资料较少或无实测资料时，可采用相关分析法插补延长或利用参证站推求径流资料。

（二）当地地表径流

拦蓄当地地面径流作为喷灌水源时，通常无实测径流资料，只能利用当地的水文手册根据设计代表年的降水量及降水过程、径流系数、单位面积的产水量、集水面积等资料，或参考与当地条件相似的邻近地区利用地面径流的蓄水工程在设计代表年的运行资料进行水源来水量分析。

（三）地下水

对现有机井应掌握该井的出水量、动水位、最大降深、井泵规格型号等，并应了解地下水超采和地下水位逐年降低的情况。对新打机井，应根据当地的水文地质资料，如含水层的埋藏深度、岩性、厚度、层次结构、出水率、咸淡水分层和水质条件等，以及地下水储量及开采条件，计算机井出水量和井距，或参照当地的机井出水量确定。

（四）已建水源

当灌区由已建水源供水时，应调查收集该工程历年向各用水单位供水的流量资料及供水规划，经过分析计算，确定设计年份可向本灌区提供的水量和流量。

在确定了喷灌区的用水总量和用水流量，掌握了喷灌工程水源的来水量和来水流量之后，应对用水和来水进行水量平衡计算。水量平衡计算可能出现三种情况：①当水源来水量和来水流量都能满足喷灌用水总量和用水流量时，不需修建蓄水工程；②当水源来水量大于喷灌用水总量，来水流量小于喷灌用水流量时，须修建调蓄工程；③当水源来水量小于喷灌用水总量时，须另辟水源，或减小喷灌面积。

二、蓄水工程容积计算

蓄水工程的容积是根据来水和用水的平衡关系来确定的，不同情况下蓄水工程容积的计算方法也不同。

（一）通过调节计算确定容积

在掌握水源来水流量的情况下，可通过调节计算确定蓄水工程容积。本着既保证喷灌用水要求又尽量节省工程量的原则，根据水源来水流量与喷灌用水流量的对比关系，调节的周期可长可短，小型工程常见的是短时间调节，即日调节和多日调节。

1. 日调节

当水源的最小日来水量能满足喷灌最大日用水量，而来水流量小于用水流量时，可按日调节确定蓄水容积，即

$$V = M(Q_{用} - Q_{来})t \tag{4-19}$$

式中　V——蓄水容积，m^3；

$Q_{用}$——作物需水临界期用水流量，m^3/h；

$Q_{来}$——作物需水临界期来水最小流量，m^3/h；

t——作物需水临界期日喷灌时间，h；

M——计入蓄水时因蒸发和渗漏的损失水量的放大系数，取1.1~1.2。

2. 多日调节

当一日的喷灌用水量超过了水源昼夜来水量，日调节已不能满足要求时，可考虑利用喷灌间隔时间蓄水，进行多日调节。

（二）利用经验公式估算容积

当水源为小河流或当地地面径流，常因没有实际的来水过程而无法进行调节计算时，一般可采用经验公式估算蓄水工程容积。估算时，先按年用水量和年来水量分别计算出所需的容积，然后比较两种计算的结果，取其中较小者作为实际蓄水工程的容积，当来水量小于用水量时，按来水量确定容积，并重新规划喷灌面积。下面给出了用于估算容积的经验公式：

（1）按来水量估算容积的公式为

$$V = KW_0 \tag{4-20}$$

（2）按用水量估算容积的公式为

$$V = KMW \tag{4-21}$$

（3）根据来水量规划喷灌面积的公式为

$$A = W_0/(EM) \tag{4-22}$$

式中　V——蓄水工程容积，m^3；

K——调节系数，一般取0.3~1.0，在雨量较丰、沟道经常有水的地方取较小值，在干旱少雨、河道经常断流的地方取较大值，对于集雨面积小、平常无水、仅汛期大雨才有雨水汇集时取最大值；

W_0——多年平均年来水量，m^3；

W——年喷灌用水量，m^3；

E——毛灌溉定额，即每亩地一年喷灌总用水量，$m^3/(亩·年)$；

A——可规划喷灌面积，亩；

其余符号意义同前。

第五节　喷灌系统选型与布置

喷灌工程的总体布置实际上就是在划定的喷灌区范围内，按照选定的喷灌类型，采用优化方案布置喷灌系统。不同类型的喷灌系统，其总体布置的侧重点不同。

一、喷灌系统选型

（一）选型原则

喷灌工程应根据因地制宜的原则，重点考虑以下因素选择系统类型：水源类型、位置、动力条件，地形地貌，地块形状，土壤质地等，同时兼顾降水量、灌溉期间风速、风向等气象因素和灌溉对象、社会经济条件、生产管理体制、劳动力状况及使用管理者素质等其他因素。

（二）选型条件

（1）符合下列条件宜选用固定管道式喷灌系统：地形起伏较大，地面灌溉困难或不适于平整的浅薄层土壤；生育期灌水频繁的作物，如经济作物及园林、果树、花卉和绿地；劳动力缺乏的地区，以便于实现机械化和自动化，可以免去灌溉季节的田间用工。

（2）符合下列条件宜选用半固定管道式和移动管道式喷灌系统：劳动力相对丰富，经济条件一般的地区，同时地块较为平整、灌溉对象为大田粮食作物、不适合布置固定式喷灌系统的气候寒冷和冻土层较深的地区。

（3）符合下列条件宜选用大中型机组式喷灌系统：土地开阔连片、田间障碍物少且种植作物为大田作物、牧草等，集约化经营程度相对较高的灌区，尤其是农场，同时使用管理者应有较高的技术水平和管理技能。

（4）符合下列条件宜选用轻小型机组式喷灌系统：劳动力相对丰富、经济欠发达的地区，耕地较为分散的丘陵地区，水源较为分散、无电源或供电保证程度较低的地区。

不同喷灌系统类型适用性参见表 4-9。

表 4-9　不同喷灌系统类型适用性参照

用途		固定管道式	半固定管道式	移动管道式	大型机组	轻小型机组
大田粮食	小麦		△△△	△△	△△	△
	杂粮		△△	△△	△△	△△
蔬菜	露地	△△	△			△
	保护地	△				△
	食用菌					△
水果	一般果树	△△				△
	矮化密植	△				△
	葡萄、瓜					△

续表 4-9

用途		固定管道式	半固定管道式	移动管道式	大型机组	轻小型机组
经济作物	棉花		△		△	△
	茶	△				△
	桑	△				△
	麻				△	△
	甘蔗				△△	
苗木		△				△
草坪		△		△		
运动场		△△	△	△		△
工业除尘		△△				
防暑降温		△				△
自压灌溉			△	△		
山丘区灌溉		△△	△△			△
小水源						△
集雨灌溉				△△		△△
微咸水灌溉		△	△	△		
污水灌溉			△			△
洗碱		△	△		△	

注：1. △△△表示很适用，△△表示适用，△表示可用。

2. 此表仅供参考，还应根据具体情况分析选用。

3. 表中用途所列项中某些项次包含内容有重叠，是为了突出其有一定特殊要求的方面。

二、喷灌工程布置

（一）管道式喷灌系统布置

管道式喷灌系统的各级管道布置取决于灌区的地形起伏、地块形状、耕作与种植方向、水源位置、风向及风速等情况，需要进行多方案比较，从中择优。

1. 布置原则

喷灌工程布置应符合喷灌工程总体设计的要求，满足各用水单位的需要且管理方便。布置管道应以管道总长度最短为原则，以降低工程造价。在垄作田内，应使支管与作物种植方向一致；在丘陵山区，应使支管沿等高线布置；在可能的条件下，支管宜垂直主风向。管道的纵剖面应力求平顺，减少折点；有起伏时应避免产生负压。对刚性连接的硬质管道，应设伸缩装置；在连接地埋管和地面移动管的出地管上，下端应设柔性连接，上端应设给水栓；在地埋管道的阀门处应建阀门井；在管道起伏的低处及管道末端应设泄水装置。固定管道应根据地形和地基、管材和管径、气候条件、地面荷载及机耕要求等确定其敷设坡度、深度及对管基的处理。固定管道的末端及变坡、转弯和分叉处宜设镇墩，管段过长或基础较差时，应设支墩。移动式管道应根据作物种植方向、机耕等要求铺设，应避免横穿道路。高寒地区应根据需要对管道采取专用防冻设施。

2. 布置内容

管道式喷灌系统的总体布置主要有两个内容：一是确定水源工程的位置或根据现有水源工程进行喷灌地块的合理划分，二是进行骨干管道的初步布置。

（1）当水源工程位置或喷灌地块位置可选择时，应尽量使水源工程布置于喷灌地块的中央，以利于缩短管线，减小管径，减少投资，降低运行费用。

（2）骨干管道初步布置时可根据喷灌区面积的大小、地形复杂的程度，将管道系统分为两级（干管、支管）、三级（干管、分干管、支管）或四级（总干管、干管、分干管、支管）。通常，以给水栓为界把管道系统分为两部分：给水栓到水源之间的管道称为输配水管道系统（骨干管道），给水栓以下到田间的管道称为田间管道系统。

3. 骨干管道的布置一般应遵循的原则

（1）管线的布置应与道路、林带、排水系统、供电系统及居民点的规划相结合。

（2）管道布置应使管道总长度尽量短。

（3）骨干管道中，安装给水栓的那一级管道布置是否合理，是输配水系统合理布置的关键。在山丘地区，应尽量使这级管道沿主坡向布置，若只能盘山（平行于等高线）布置，应设置在田块的上方。在平原地区，应尽量使这级管道沿路旁、田边布置，以便于用水和管理。当地块形状不规则时，应布置在能使支管长度一致、规格统一的位置上。

4. 骨干管道的布置形式

1）树枝状布置

树枝状布置是目前我国喷灌系统管道布置中应用最普通的一种形式。这种布置形式管线总长度比较短，水力计算比较简单，适用于土地分散、地形起伏的地区，但管道利用率低，当运行中某一处管道出现故障时，常会影响到几条管道甚至全系统的运行。

树枝状布置又有多种形式，包括丰字形、梳齿形、鱼骨形及其他。

2）环状布置

环状布置在给水工程中应用较普遍，是由各级管道连接成的很多闭环组成的。它最大的优点是：如果某一水流方向的管道出了故障，可由另一方向管道继续供水，使发生故障的那段管道之外的其他管道正常运行。这种布置形式，管道利用率高，且形成多路供水，流量分散，可减小管径，但管线总长度比较大，是否经济需经过分析比较确定，主要适用于地块连片面积较大的固定管网。

（二）机组式喷灌系统的布置

机组式喷灌系统的布置除遵循管线最短、流量分散、运行管理方便等一般原则外，根据各种机组不同特点，在布置上要点有所不同。

（1）平移式喷灌机控制面积是矩形，引水为渠道或管道，当有多台机组采用渠道引水时，应从干渠引出单台机组的取水渠道，每条取水渠道一侧布置1台平移喷灌机，因此引水渠道长度即为平移式喷灌机主塔架行走的距离，引水渠道的间距即为平移式喷灌控制的喷洒幅宽，即由此确定每台平移式喷灌机控制地块的长和宽，参见图4-2。当采用管道引水时，机组通过快速接头或软管与引水管的给水栓连接，行走一定距离后，拆下快速接头再与下一个给水栓连接，直至完成喷灌作业。

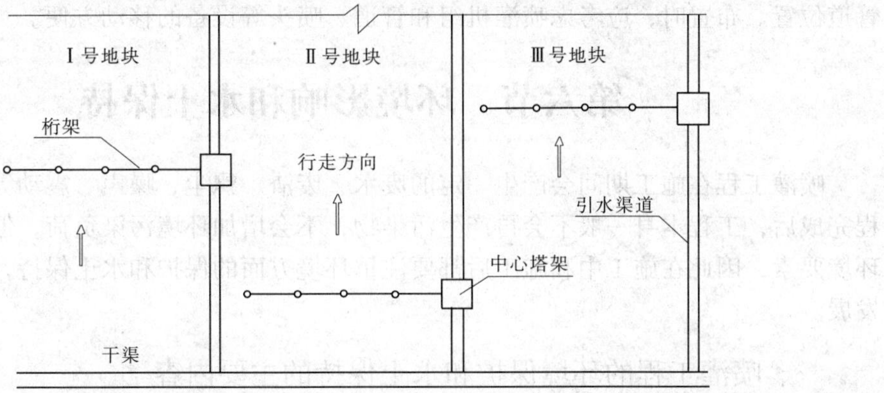

图4-2　平移式喷灌机布置示意图

（2）中心支轴式喷灌机控制面积大多是圆形，其水源多为固定的机井，一个系统配置1眼机井，若1眼机井的供水量不足，也可采用多井联合通过蓄水池供水。中心塔架即在机井或蓄水池位置，其余塔架和支管均绕中心塔架做圆周运动。因此，在布置时，应先确定1台机组控制面积（即圆面积），在平面图上按圆形布设多台机组，同时确定井位，制定打井规划。中心塔架位置确定后，其桁架总长即圆半径，据此与每跨桁架长确定桁架和塔架数。当机组不带角臂装置时，为了提高土地利用和达到最大喷洒控制面积，多台机组应布置成梅花形，中心塔架（即井位）连线交角应为60°，也可在几个圆交会喷不到的地块处布置其他灌溉设施。

（3）绞盘式喷灌机一个位置喷洒时湿润图形是一个条带，首先需要确定条带的长、宽。考虑两次喷洒时的叠加，喷头的喷洒直径乘以一个折减系数为条带宽度；以PE半软管长度加末端延伸出的喷洒范围再减去放带安全长度为条带长度。布置时条带长度大致等于田块长，若是双侧布置，则为田块长的1/2。绞盘式喷灌机系统的供水水源大多是通过压力管道将水送到田边，由设在压力管道上的给水栓向喷灌机供水，一般喷灌机上不再另设加压装置，故压力管道供至给水栓处的水应保证有足够的入机压力。一个条带设一个给水栓，给水栓的布置间距则等于条带宽，而压力管道即干管的间距等于条带长度（若双侧供水，则等于2倍条带长）。布置管道和喷灌机的同时应布置喷灌机作业时的田间路。

（4）轻小型喷灌系统布置。由于轻小型喷灌机适用于地形较复杂、水源分散、地块零星和缺少电力供应的地区，其布置形式多种多样。当系统只有一两台机组时，可根据实际需要较随意地布置；当系统有多台喷灌机时，应经分析对比，优化布置方案。其布置主要原则和方法如下：

①首先确定单台机组控制面积和控制图形形状，在喷灌区内进行初步布设，得到总工作位置数，若单机面积、图形和系统不适应，可另选其他型号机组。

②根据水源和地块位置确定是否需加设超出喷灌机原配带的输水管道，加设的管道

是采用地埋方式还是地面移动方式，计算出长度。

③考虑一台喷灌机在轮灌周期内可工作几个位置，确定总共需要的喷灌机台数。

④在布置图上确定每台喷灌机喷洒控制范围和每个工作位置的取水水源位置及加设管道位置。布置时，应考虑喷灌机组和管道、喷头等设备的移动方便。

第六节　环境影响和水土保持

喷灌工程在施工期间会产生一定的废水、废渣、飘尘、噪声、震动等环境污染，工程完成后，工程本身一般不会再产生污染物，不会增加环境污染负荷，但有可能改变了环境要素，因此在施工中和施工后都要注重环境方面的保护和水土保持，以利于可持续发展。

一、喷灌工程的环境保护和水土保持的主要内容

（1）根据工程所在地的自然环境、社会环境质量确定工程可能的影响范围和程度，提出主要的保护目标和为之采取的防范措施。

（2）对工程内容进行分析，掌握在施工期和运营期可能造成的环境影响，尽量促进有利影响，减小不利影响。

（3）设置环境管理岗位，其职责是负责施工中的环境管理工作，根据上级主管部门提出的环境质量要求，制定工程施工环境保护和水土保持规定及质量控制标准，组织实施施工环境保护和水土保持计划，监督承包商落实环境保护和水土保持措施。

相对于其他水利工程，喷灌工程规模小、建设周期短，但总体应以提高用水效率、改善生态环境为目标。尽管其建设施工对环境有负面影响，但其运行对环境的影响主要是正面的，因此喷灌工程环境保护和水土保持最重要的工作就是尽可能地增加和扩大喷灌对环境保护和水土保持的有利影响，同时又要减小或消除喷灌工程对环境的不利影响。

二、增加或扩大喷灌对环境保护和水土保持的有利影响

（1）通过严格控制工程建设质量、提高工程运行管理水平等措施，使喷灌工程的省水效益充分发挥，水资源利用更为合理，地下水得到涵养，水土资源保持平衡。

（2）开发喷灌的综合利用功能，如防暑、降温、除尘等，改善区域的小气候环境，为人居和养殖业等创造更好的环境条件。

（3）在城市园林喷灌中，充分考虑喷灌的特点，使园林植物、雕塑、城市建筑等有机结合，融为一体，体现喷洒水流的美感，产生特殊的景观效果。

（4）在公路、铁路两侧陡峭的护坡上通过喷灌植草护坡、防止水土流失和滑坡。

三、减小或消除喷灌工程对环境和水土保持的不利影响

（1）优化施工组织，少占农业耕地。通过合理优化的施工组织设计和管理减少管沟开挖、材料堆设占用耕地以免影响农业生产。施工中应严格按设计放线进行，不得乱

开乱挖，材料保管应入库，现场临时堆放应有计划地整齐堆放。

（2）注意水土保护，防止破坏植被。在山丘区进行土石方开挖，应注意滑坡、塌方，管沟开挖回填后夯实，避免管沟表土沉降形成径流流道。对施工过程中挖填造成地表坑凹等应进行平整，对破坏的植被应予恢复。

（3）施工中应尽量减少扬尘和废物污染。在容易扬尘的黄沙土地区和多风地区，如有必要应对开挖堆土区域进行临时覆盖。对易扬尘的施工干道，宜采用洒水压尘。施工过程中的所有建筑垃圾和废弃物，尤其是塑料管道边角料、塑料薄膜、土工织布等应及时清理回收，不能遗弃在现场。施工中的出渣垃圾应按环卫部门的有关要求及时清运处理。

（4）施工中尽量减少施工场地的噪声污染。喷灌工程大多在农村、野外施工，距居民区较远，但对施工人员仍有影响。对于园林绿化喷灌工程，距居民区较近，应采用噪声较小的施工方案和施工设备，同时要合理安排施工时间，以减少噪声扰民。

（5）利用中水、再生水喷灌时应防止对环境的污染。利用中水、再生水喷灌应注意防止中水、再生水对其他水源的污染，特别是要注意与自来水管网的隔离，绝对不能使中水、再生水混入自来水管网。在园林喷灌中使用中水、再生水应避免喷射到行人，并应随时对水质进行监测，避免有异味、异嗅的水喷洒污染空气。

（6）在城市利用自来水进行喷灌，如果需要再加压，应先将自来水放入蓄水池后再加压，不允许在自来水管网上直接串接管道泵加压，影响自来水的供水压力。

（7）对于以抽取地下水为主的大面积的机井喷灌区，应设立观测井，定期观测地下水状况。如果地下水下降超出设计允许范围，应及时采取措施，如减少地下水用量、引地面水回补等方法，以免造成地下水环境破坏。

（8）对于大面积施化肥、农药的喷灌区，应设立面源污染监测区，随时监测农业面源污染状况。如果土壤及地下水的氮磷含量、农药含量过高，应减少施肥、施药量，使其保持在允许范围内。

（9）若喷灌灌水量过大，可能造成土壤板结和次生盐碱化等问题，因此应掌握土壤盐分变化情况，控制喷灌灌水量，避免出现土壤板结和次生盐碱化。

（10）在山丘区进行喷灌应注意控制喷灌强度，防止水土流失，并采取必要的工程措施。

（11）在工程施工过程中，应有专人负责环境保护和水土保持的管理工作。业务上接受当地环保和水保部门的检查和指导。具体任务为贯彻《中华人民共和国环境保护法》、《中华人民共和国水法》、《中华人民共和国水污染防治法》、《中华人民共和国水土保持法》等法律、法规，制定工程施工环境保护和水土保持规定，制定环境监测计划，组织实施环保计划并落实各项具体措施。

（12）在工程的概（预）算中应将环境保护费和水土保持费单独列项。环境保护费和水土保持费应占工程总投资的3%。环境保护费主要包括水质，大气，噪声，生态监测，施工生活垃圾处理，施工建筑垃圾处理，施工区消毒、免疫、定期杀鼠、蚊、蝇，施工区医务诊务和人员检疫等费用。水土保持费主要包括水保监测设备及材料、水土流失临时防护、植被恢复、挖填区平整等费用。

第五章　水力计算

喷灌管道属有压管道，水力计算的内容包括计算压力管道的水头损失、确定节点压力水头和验算水锤压力等，其目的是为合理选定各级管道的管径、确定系统设计扬程和校核系统安全提供依据。

第一节　管道沿程水头损失计算

管道水头损失是指水流经管道过程中产生的机械能损失。管道水头损失包括沿程水头损失和局部水头损失。由于喷灌系统所采用的管道大都属水力长管，管道水头损失中局部水头损失占的比重较小，所以重点是计算管道的沿程水头损失。

一、有压管道沿程水头损失的基本计算公式

（一）总水头损失的计算公式

总水头损失的计算公式为

$$h_w = h_f + h_j \tag{5-1}$$

式中　h_w——管道的总水头损失，m；

h_f——管道的沿程水头损失，m；

h_j——管道的局部水头损失，m。

（二）沿程水头损失的计算公式

沿程水头损失发生在管道均匀不变的直线段，表示有压管道沿程水头损失的基本公式是达西公式，即

$$h_f = \lambda \frac{L}{d}\frac{v^2}{2g} \tag{5-2}$$

式中　λ——管道沿程阻力系数；

L——管道长度，m；

v——管道过水断面平均流速，m/s；

d——管道内径，m；

g——重力加速度，$g=9.81\ \mathrm{m/s^2}$。

式（5-2）是沿程水头损失计算的一般公式，在应用时其他要素相对确定，主要是确定 λ 的问题。λ 的取值比较烦琐，一般公式中都会含有流速 v 的因次，在不同流态下 v 的因次在 0～1 变化，可以参考相关水力计算的书籍进行计算。

在实际应用中，为简化计算，常采用《喷灌工程技术规范》（GB/T 50085—2007）中规定的水头损失计算经验公式，即

$$h_f = f\frac{LQ^m}{d^b} \tag{5-3}$$

式中　f——摩阻系数；

Q——管中流量，m^3/h；

d——管道内径，mm；

m——流量指数，与摩阻损失有关；

b——管径指数，与摩阻损失有关；

其他符号意义同前。

各种管材的 f、m、b 值见表 5-1。

表 5-1　各种管材的 f、m、b 值

管材	f	m	b
硬塑料管	0.948×10^5	1.77	4.77
铝管及铝合金管	0.861×10^5	1.74	4.74
钢管、铸铁管	6.250×10^5	1.90	5.10
钢筋混凝土管：$n=0.015$	1.749×10^6	2	5.33

式（5-3）是在达西公式的基础上，通过大量的试验将公式中的各参数进行了简化、合并，表述为一个单指数公式，各指数可通过表 5-1 直接确定。这样，在保证计算精度的要求下，管道沿程水头损失计算公式变得简单、统一和规范，便于工程应用，目前已在很多专业领域中采用。

【例 5-1】　喷灌用硬聚氯乙烯管道外径×壁厚＝180 mm×5.5 mm，长 $L=300$ m，通过流量 $Q=108$ m^3/h。求管道沿程水头损失 h_f 及管内流速。

解：管道内径 $d=180-2\times5.5=169$（mm），$L=300$ m。

由表 5-1 查得 $f=0.948\times10^5$，$m=1.77$，$b=4.77$，代入式（5-3）得

$$h_f=f\frac{LQ^m}{d^b}=0.948\times10^5\times\frac{300\times108^{1.77}}{169^{4.77}}=2.67(\text{m})$$

管内流速

$$v=\frac{Q}{A}=\frac{108/3\ 600}{3.14\times0.169^2/4}=1.34(\text{m/s})$$

【例 5-2】　钢筋混凝土管长 $L=1\ 000$ m，内径 $d=350$ mm，通过流量 $Q=378$ m^3/h，管壁糙率 $n=0.015$。求管道沿程水头损失及管内流速。

解：$d=350$ mm $=0.35$ m，$L=1\ 000$ m。

由表 5-1 查得 $f=1.749\times10^6$，$m=2$，$b=5.33$，代入式（5-3）得

$$h_f=1.749\times10^6\times\frac{1\ 000\times378^2}{350^{5.33}}=6.88(\text{m})$$

管内流速

$$v=\frac{Q}{A}=\frac{378/3\ 600}{3.14\times0.35^2/4}=1.09(\text{m/s})$$

二、多口出流管道沿程水头损失的计算

在喷灌系统中经常会遇到多出口管道，若在喷洒支管上每隔一定距离有一个喷头分流，则支管的流量是沿程逐渐递减的，应按式（5-3）逐段计算两喷头之间管道沿程水

头损失，叠加后即为该支管的沿程水头损失，计算起来相当繁杂。

为简化计算，常以该管道入口流量（不考虑分流）计算整条管道的沿程水头损失 h_f，然后乘以一个修正系数，得出多口出流管道的沿程水失损失，这个修正系数称为多口系数，常用 F 表示，即

$$H_f' = Fh_f \tag{5-4}$$

式中 H_f'——多口出流管道的沿程水头损失，m；

F——多口系数；

h_f——按管道入口流量计算的沿程水头损失，m。

（一）多口系数的一般计算公式

多口系数有多种计算形式，在等距等量出流的条件下，各出水口的间距和出水流量都相等，且进入管道的流量全部沿出水口流出，此时多口系数 F 的计算公式为

$$F = \frac{NF_1 + X - 1}{N + X - 1} \tag{5-5}$$

其中

$$F_1 = \frac{1}{m+1} + \frac{1}{2N} + \frac{\sqrt{m-1}}{6N^2} \tag{5-6}$$

式中 m——流量指数，可根据表 5-1 确定；

N—管上的出水口总数；

X——系数，$X = a_0/a$，a_0 为从管道进口到第一个出水口的距离，a 为出水口间距。

需要说明的是，对于非等距多口出流，还有其他的多口系数公式，如对于中心支轴式喷灌机，其支管属于等距递增出流（或可简化为等距递增出流），多口系数的计算公式和式（5-5）是不同的，由于在规划设计时不常用，只是在喷灌机制造厂家设计机组时使用，故在本书中略去，如需要可参考有关资料。

（二）多口系数表

在多数情况下，同一条管道上布置喷头数小于 15 个，为设计方便，在表 5-2 中给出铝管和塑料管这两种管道的常用多口系数，设计时可直接查用。

表 5-2　铝管和塑料管的常用多口系数

出水口数 N	铝管多口系数（流量指数 $m = 1.74$）		塑料管多口系数（流量指数 $m = 1.77$）	
	F_1（$X = 1$）	$F_{0.5}$（$X = 0.5$）	F_1（$X = 1$）	$F_{0.5}$（$X = 0.5$）
2	0.651	0.534	0.648	0.530
3	0.548	0.457	0.544	0.453
4	0.499	0.427	0.495	0.423
5	0.471	0.412	0.467	0.408
6	0.452	0.402	0.448	0.398
7	0.439	0.396	0.435	0.392

续表 5-2

出水口数 N	铝管多口系数（流量指数 $m=1.74$）		塑料管多口系数（流量指数 $m=1.77$）	
	F_1（$X=1$）	$F_{0.5}$（$X=0.5$）	F_1（$X=1$）	$F_{0.5}$（$X=0.5$）
8	0.430	0.392	0.425	0.387
9	0.422	0.388	0.418	0.384
10	0.417	0.386	0.413	0.382
11	0.412	0.384	0.407	0.379
12	0.408	0.382	0.404	0.378
13	0.404	0.380	0.400	0.376
14	0.401	0.379	0.397	0.375
15	0.399	0.378	0.395	0.374
∞	0.365	0.365	0.362	0.362

【例 5-3】　薄壁铝合金喷洒支管外径×壁厚=76 mm×1.5 mm，管长 150 m，装 6 个喷头，但第一个喷头位于支管首端，喷头间距为 30 m，每个喷头流量为 7 m^3/h。求此铝管进行喷灌作业时的沿程水头损失。

解：第一个喷头位于支管首端，则此喷头流量不应计入支管入口流量，因为它对支管沿程水头损失未起作用，故支管上喷头数应为 $N=6-1=5$，流量 $Q=7\times5=35$ (m^3/h)，$X=1$。

查表 5-1 得 $f=0.861\times10^5$，$m=1.74$，$b=4.74$，则

$$h_f = 0.861\times10^5\times\frac{150\times35^{1.74}}{73^{4.74}} = 9.24\ (m)$$

由表 5-2 查得，当 $N=5$、$X=1$ 时，$F=0.471$，则

$$H'_f = Fh_f = 0.471\times9.24 = 4.35\ (m)$$

第二节　管道局部水头损失计算

管道局部水头损失发生在水流边界突然发生变化的管段，如弯曲、渐变、突变、闸阀、过滤器或分流处。

一、局部水头损失的一般计算公式

局部水头损失一般以流速水头乘以局部水头损失系数来表示，即

$$h_j = \zeta\frac{v^2}{2g} \tag{5-7}$$

式中　ζ——局部水头损失系数，可参照有关资料确定；

v——管内流速，m/s。

二、局部水头损失的简化计算

当管道较长，且管道突变段又比较多时，采用式（5-7）计算比较烦琐，可以采用以下的简化公式进行计算

$$h_j = kh_f \tag{5-8}$$

式中 k——局部水头损失与沿程水头损失的比值，一般取10%左右；

其他符号意义同前。

则总水头损失公式变为

$$h_w = h_f + h_j = (1 + k)h_f \tag{5-9}$$

喷灌工程设计时，底阀、过滤器、施肥设备等产生的局部水头一般应单独计算。

【例5-4】 聚氯乙烯塑料管道全长 $L = 300$ m，管内径 $d = 58$ mm，流量 $Q = 3.1$ L/s，管道有90°弯头两个，分流三通两个。求管道局部水头损失及全管总水头损失。

解：$Q = 3.1\ \text{L/s} = 11.16\ \text{m}^3/\text{h}$。

由表5-1查得 $f = 0.948 \times 10^5$，$m = 1.77$，$b = 4.77$，代入式（5-3）得

$$h_f = f\frac{LQ^m}{d^b} = 0.948 \times 10^5 \times \frac{300 \times 11.16^{1.77}}{58^{4.77}} = 7.88\ (\text{m})$$

管内流速 $v = \dfrac{Q}{A} = \dfrac{0.0031}{3.14 \times 0.058^2/4} = 1.17\ (\text{m/s})$

流速水头 $\dfrac{v^2}{2g} = \dfrac{1.17^2}{2 \times 9.81} = 0.07\ (\text{m})$

查水力手册可得，90°弯头 $\zeta = 0.3$，分流三通 $\zeta = 1.5$，则：

局部水头损失 $h_j = 2 \times (0.3 + 1.5) \times 0.07 = 0.252\ (\text{m})$

全管总水头损失 $h_w = h_j + h_f = 0.252 + 7.88 = 8.132\ (\text{m})$

若取 $k = 10\%$，则 $h_w = (1 + k)h_f = (1 + 0.1) \times 7.88 = 8.668\ (\text{m})$，比较前后计算结果，后者稍大，因管道突变段较少。

第三节　水锤计算

在有压管道中，由于流速急剧变化而引起管道中水流压力急剧升高或降低的现象，称为水锤（或水击）。常见的有水泵启动时产生的启动水锤，关闭阀门时产生的关阀水锤和突然停泵时产生的事故停泵水锤，其中以事故停泵水锤危害最大。通过水锤计算可以确定是否有必要采取相应的安全防护措施以确保管道的安全。

一、水锤参数

（一）水锤波传播速度

水锤波传播速度按下式计算

$$a = \frac{1425}{\sqrt{1 + c\dfrac{Kd}{Ee}}} = \frac{1425}{\sqrt{1 + \alpha c\dfrac{d}{e}}} \tag{5-10}$$

式中　a——水锤波传播速度，m/s；

d——管径，m；

e——管壁厚度，m；

K——水的体积弹性模数，GPa，一般 $K = 2.025$ GPa；

E——管材的弹性模数，GPa，不同管材的 E 值见表 5-3；

c——管材系数，均质管取 1，钢筋混凝土管 $c = 1/(1 + 9.5a_0)$，a_0 为管壁环向含钢系数，$a_0 = 0.015 \sim 0.05$；

α——水的体积弹性模数与管材弹性模数的比值，即 $\alpha = K/E$。

表 5-3　不同管材的弹性模数 E 值及 α 值

管材	钢管	球墨铸铁管	铸铁管	钢筋混凝土管
E（$\times 10^9$ Pa）	206	151	108	20.6
$\alpha = K/E$	0.01	0.013	0.018	0.10
管材	聚氯乙烯管	聚乙烯管	铝管	
E（$\times 10^9$ Pa）	2.8 ~ 3	1.4 ~ 2	70	
$\alpha = K/E$	0.74 ~ 0.69	1.47 ~ 1.03	0.029	

（二）水锤相时

水锤相时按下式计算

$$\mu = \frac{2L}{a} \tag{5-11}$$

式中　μ——水锤相时，表示水锤波在管道中来回传播一次所需时间，s；

L——计算管段管长，m；

a——水锤波传播速度，m/s。

当关阀历时 $T_s \geqslant 40L/a = 20\mu$ 时可不验算关阀水锤压力，否则应该验算关阀水锤压力。

（三）管道中水柱惯性时间常数

水柱惯性时间常数按下式计算

$$T_b = \frac{Lv_0}{gH_0} \tag{5-12}$$

式中　T_b——水柱惯性时间常数，s；

v_0——关阀前管道内的流速，m/s；

H_0——关阀前管道内的压力水头，m；

其余符号意义同前。

二、关阀水锤压力计算

在喷灌管道系统中，对于下坡干管的最高与最低水锤压力，一般是在迅速关闭或开启管道末端闸阀时产生，故应以此作为验算管道强度和是否需要采取防护措施的依据。

阀门关闭历时（T_s）小于等于一个水锤相时（μ）时，称为瞬时关闭。瞬时关闭产生的水锤称为直接水锤；反之，$T_s > \mu$ 时，为缓慢关闭，此时产生的水锤称为间接水锤。直接水锤产生的压力水头要比间接水锤大得多。

（一）管道末端阀门瞬时完全关闭

瞬时完全关闭管道末端（下游）阀门时，在阀前产生的最高压力水头（m）按下式计算

$$H_{max} = H_e + \frac{av_0}{g} \tag{5-13}$$

式中 H_e——阀门前的静水头或初始压力水头，m；

其余符号意义同前。

（二）管道末端阀门瞬时部分关闭

瞬时部分关闭管道末端（下游）阀门时，在阀前产生的最高压力水头（m）按下式计算

$$H_{max} = H_e + \frac{a(v_0 - v_1)}{g} \tag{5-14}$$

式中 v_1——瞬时部分关阀后管内产生的流速，m/s。

其余符号意义同前。

（三）管道末端阀门缓慢关闭

缓慢关闭自压或恒压喷灌系统末端（下游）阀门时，在阀前产生的最高压力水头（m）按下式计算

$$H_{max} = H_e + \frac{H_e}{2}\frac{T_b}{T_s}\left[\frac{T_b}{T_s} + \sqrt{4 + \left(\frac{T_b}{T_s}\right)^2}\right] \tag{5-15}$$

式中符号意义同前。

【例 5-5】 铝质喷灌管道管径 $d = 104$ mm，壁厚 $e = 2$ mm，通过流量 $Q = 45\ m^3/h$，系统正常压力水头 $H_0 = 42.3$ m，管道长 $L = 245$ m，设阀门（下游末端）在 $T_s = 0.5$ s 时间内瞬时完全关闭，求水锤压力。

解：（1）计算水锤波传播速度。

已知 $d = 104$ mm，$e = 2$ mm，$K = 2.025$ GPa，$E = 70$ GPa，则

$$a = \frac{1\,425}{\sqrt{1 + \dfrac{2.025 \times 10^9 \times 0.104}{70 \times 10^9 \times 0.002}}} = 900(\text{m/s})$$

（2）判断水锤种类。

水锤相时为

$$\mu = \frac{2L}{a} = \frac{2 \times 245}{900} = 0.544(\text{s})$$

因 $T_s = 0.5\ \text{s} < \mu$，故关闭阀门产生的是直接水锤。

（3）计算水锤压力。

$$v_0 = \frac{Q}{A} = \frac{45/3\ 600}{3.14 \times \frac{0.104^2}{4}} = 1.47(\mathrm{m/s})$$

已知 $H_e = H_0 = 42.3$ m，将 v_0 代入式（5-13）得

$$H_{\max} = H_e + \frac{av_0}{g} = 42.3 + \frac{900 \times 1.47}{9.8} = 177.3(\mathrm{m})$$

则

$$\frac{H_{\max}}{H_0} = \frac{177.3}{42.3} = 4.19$$

由计算结果可见，直接水锤产生的压力水头为正常工作压力水头的4.19倍，所以应采取措施避免直接水锤的发生。

三、水锤防护

系统正常运行（包括缓闭阀门）时一般不会产生过大的水锤压力，但在瞬时关闭或水泵突然停泵时，管道内可能出现较大的水锤压力，应该安装水锤防护措施消除水锤压力，防止对管道造成破坏，也可以通过在设计时适当降低管内最大流速和在运行中缓慢开启或关闭阀门加以缓解。一般采用的水锤防护设施主要有以下几种。

（一）安全阀

在首部枢纽的后部、干管或分干管上低凹处和上坡的坡脚处等位置设置安全阀，其作用是在水锤发生时可以急速打开，释放出管道中部分水量，从而消除水锤压力，相当于将瞬时关闭状态变为缓慢关闭状态。

（二）空气阀

在管道系统的驼峰处安装空气阀，既可在正常运行时排除管道中的空气，保证系统内是单相流，不致出现更为严重的水锤，同时还可在管道内出现负压时补气，防止产生负压水锤。

（三）逆止阀

事故停泵的水锤计算较复杂，在实际应用中，一般可在水泵出口安装逆止阀（或缓闭止回阀）加以保护，减少了复杂的计算过程。

（四）镇墩

为防止发生水锤时管道发生位移和破坏，一般应在管道的转弯和分流处设置镇墩。

第六章　管道式喷灌系统设计

第一节　设计原则和内容

一、设计原则与内容

（一）设计原则

（1）应与喷灌工程规划原则相一致。

（2）设计深度应能满足施工和运行管理要求，其内容较规划应更加具体和详细。

（3）设计应科学、合理，设计标准和计算公式应依据有关规范和标准。

（4）应在保证工程质量的前提下尽量降低工程造价，同时兼顾施工简易和运行管理方便。

（5）环境和水土保护措施应符合有关规范、标准及相关文件。

（二）设计内容

（1）基本资料收集。通过勘测、调查和试验等手段，收集灌区自然条件、社会经济条件、已有灌溉试验、现有工程措施等资料作为喷灌规划设计的依据。对资料应进行核实和分析，做到选用数据切实可靠。设计的基本资料应在规划基本资料的基础上进一步细化。

（2）水源工程设计。确定取水方式和取水位置，通过水量平衡计算，确定蓄水工程容积。

（3）喷灌系统选型。根据灌区自然条件和社会经济条件，因地制宜地选择喷灌系统类型，并对可能选择的几种类型从技术上和经济上加以分析，择优选定。此部分内容基本同于规划内容。

（4）工程布置。以力求压力均衡、确保喷灌质量和节约能源为目标，综合考虑水源水位、灌区地面高程变化、不同地块的输水距离及可供选择的设备规格等因素，对全系统进行工程布置，并作出压力分区。

（5）工程设计。在综合分析水源位置、地块地形、耕作方向、风向及排水、道路、林带和供电系统等因素的基础上，作出喷灌田间工程设计，包括各级管道的管径、管长、喷头型号和组合间距、控制和附属设备等，以求达到工程安全可靠、投资较低和方便运行管理的目的。

（6）投资概预算及效益分析。对所有材料和设备的用量、投资造价及工程运行费用作出概预算。

二、设计成果要求

一般情况下，对于喷灌面积在500亩以上的工程，应分规划、设计两个阶段进行，即规划设计和技术设计；喷灌面积在500亩以下的工程，可直接按技术设计要求一步完成。

（一）设计说明书

（1）基本资料。内容可参照可行性研究报告，但应进一步细化。

（2）灌溉制度及灌溉用水量计算。按灌溉设计标准列出灌区各种作物灌溉制度及灌溉用水量、用水流量的计算成果。

（3）水源分析。按灌溉设计标准列出水源流量、水位等特征值及水质分析结果，给出水源工程规划的成果。

（4）系统选型。在规划和可行性研究的基础上确定系统的类型。根据基本资料和工程规划确定水源工程田间管网、输配水管道、加压泵站的设计范围。确定田间管网和输配水管道的布置方案。

（5）喷头选型、组合和运行方式。确定喷头的规格、型号和性能参数，喷头组合形式和组合间距，确定支管间距，校核喷洒均匀度、喷灌强度和雾化指标等参数。

（6）系统布置。根据系统布置原则确定首部枢纽位置和系统分区，进行管道分级并布置管道，统计各级管道的长度，绘制喷灌系统平面布置图。

（7）轮灌方式和工作制度。根据作物需水要求和系统分区确定系统轮灌方式，编制喷灌工作制度。

（8）管材及管径选择。选择管材并根据各级管道的设计流量进行水力计算，确定各级管道的管径，计算管道控制点的压力。

（9）管道系统结构设计。确定管件及附件的规格、型号，对管道的埋深和坡度进行设计，对闸阀和镇墩等附属设施的设置作出说明。

（10）水泵与动力选配。根据系统设计流量和扬程，选定水泵与配套动力，校核水泵安装高程。

（11）环境保护和水土保持。对喷灌工程进行环境和水土保持影响评价，并提出对可能产生的不利影响采取的措施。

（12）工程量、设备材料用量及投资概（预）算。列出各种设备和材料的规格、型号及用量清单，编制工程投资概预算。

（13）经济效益分析。计算工程效益，进行经济分析并给出主要技术经济指标。

（14）其他。当工程施工与运行管理等有特殊要求时须作出说明。

（二）设计图纸

（1）系统平面布置图。一般要求绘在1∶1 000～1∶2 000比例尺的地形图上。图中应绘出灌区边界及分区线、水源、首部枢纽与各级管道位置及其名称和编号，标明闸阀及附属设施的位置。

（2）管道纵剖面图。管道纵剖面图应绘出地面线、管底线，标出附属设施、各种管件和镇墩的位置，底栏应包括桩号、地面高程、管底高程、挖深、纵坡和管径等。纵剖面图的纵横比例尺可不相同，以图幅大小适当、图面清晰为准。

（3）管道系统结构示意图。以透视图的形式绘出管道系统的示意图，标出各级管道的管材类型、长度、管径及主要管件的规格和型号。

（4）工程建筑物设计图。包括泵站、蓄水池、工作池、阀门井及镇墩等建筑物的设计图。

第二节　喷头的选择与组合形式

一、基本要求

喷头选择的内容主要是确定喷头型号、喷嘴直径、工作压力、喷头流量、射程等参数。喷头性能、组合间距和运行方式直接影响喷洒均匀度、喷灌强度和雾化指标等质量参数，所以喷头选择适宜和组合间距合理能够保证喷洒质量，节省投资。

选择喷头和确定组合间距的基本要求如下：

（1）喷灌强度不超过土壤的允许喷灌强度。

（2）喷灌的组合均匀系数不低于规范规定的数值。

（3）雾化指标不低于作物要求的数值。

（4）经济合理。

二、喷头的选择及喷洒方式

（一）喷头的选择

喷头参数的确定主要取决于作物种类、喷灌区的土壤条件、喷头组合情况和运行方式。好的喷头既要求其机械性能好（结构简单、工作可靠），又要求其水力性能好，也就是能满足喷灌的主要技术要求（组合喷灌强度小于土壤的允许喷灌强度，水滴直径小，水滴对土壤和作物的打击力小，喷头组合后水量分布均匀），而且节约能源。

一般希望喷头的允许工作压力范围尽量宽，在同样工作压力下喷头射程尽可能大，水量分布尽量接近梯形分布或三角形分布，雾化指标符合要求等。这些相关参数有些可通过计算得到，多数可由产品样本直接查得。

（二）喷洒方式

组合喷灌强度及均匀度的要求不仅与喷头型号有关，而且与喷头的组合形式及组合间距密切相关，同时还与喷洒方式密切相关。对于一个喷头而言，喷洒方式一般分全圆喷洒和扇形角喷洒；而对于多喷头组合喷灌而言，喷洒方式一般分单支管单喷头喷洒、单支管多喷头同时喷洒和多支管多喷头同时喷洒三种。喷洒方式不同，计算喷灌强度和均匀度的方法及结果也不同。

三、喷头的组合形式

喷头组合形式主要是指喷头组合图形、喷头间距和支管间距等。喷头的组合图形包括矩形和三角形。矩形中又有长方形和正方形，三角形中又有正三角形、等腰三角形等（见图 6-1）。

采用长方形喷头组合时应尽量使支管间距大于喷头间距，当风向多变时可采用支管间距等于喷头间距的正方形组合。三角形布置一般较少采用。喷灌支管布置方向受地形

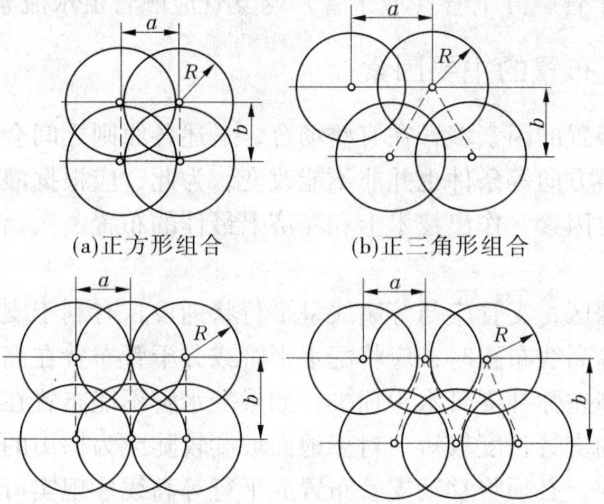

a—喷头间距；*b*—支管间距；*R*—喷头射程

图 6-1　喷头组合形式示意图

因素、作物种植方向和风向的影响，具体参见第四章第二节相关内容。

喷头组合图形及间距确定是喷灌系统设计的重要环节之一。喷头的组合间距主要是要满足均匀度要求，同时也受喷灌强度的制约，因此组合间距的确定，应在保证喷灌质量的前提下，与喷头的选择结合进行。通常，确定喷头组合间距的方法是先选择适宜的喷头，根据喷头的各项参数确定组合间距，然后检验各项技术指标是否达到要求，通过试算达到合理的组合间距，这种方法目前应用最多。另一种方法是先确定控制喷洒质量的各项技术指标，然后据此选择相应的喷头并确定组合间距。

第三节　管道系统布置

一、管道系统的分级

管道系统应根据喷灌控制面积的大小及地形复杂的程度进行分级。只有两级管道时，分为干管、支管；有三级管道时，分为干管、分干管、支管；有四级管道时，可再增加总干管一级。干管是指进行输配水的管道，支管是指安装有喷头的末级管道。

二、管道系统的布置原则

（1）支管尽量与耕作方向平行。

（2）支管尽量与作物种植的垄向保持一致。

（3）支管最好平行等高线布置，应尽量避免逆坡布置。

（4）支管应尽量避免平行风向布置。

（5）干管的布置应尽量满足流量分散的原则。

（6）干管或分干管的布置应尽量使多数的喷洒支管长度相同。

（7）干管与分干管、分干管（或干管）与支管应顺管道水流布置。

三、影响管道布置的主要因素

由于影响管道布置的因素多，在有些场合，上述各原则之间会出现矛盾。此外，地形、地块和耕作种植方向等条件也并非不能改变。为此，应根据灌区的具体条件，分析影响管道布置的主要因素，作出技术上和经济上最佳的布置。

（一）地形条件

在地形起伏的灌区，支管应与等高线呈平行状铺设，有利于支管和竖管喷头的施工安装；支管无法沿等高线布置时，应将配水干管或分干管布置在高处，使支管由高处向低处铺设，以地形高差弥补支管水头损失；如果配水管不能布置在高处，只能使用上坡的支管，应使上坡的支管长度较短。对于地面坡度较陡或为梯田的地形，若采用半固定式系统或移动式系统，必须将移动支管布置成平行等高线才现实可行。

（二）地块形状

地块形状不规则会给管道布置带来困难。当地块较大时，可用分区布置的方法解决。分区时应使小地块基本规整，支管在小地块内的走向一致。对于输水干管的布置，固定式系统或半固定式系统需作各种布置方案的比较确定；移动式系统因配水干管或分干管都设置在地面，为使移动方便和避免损伤作物，干管应尽量设在分区边界。如果地块有坡度，则应将配水管道布置于高处。

（三）耕作与种植方向

有的灌区处于漫坡地带，耕作、种植方向是顺坡，支管若平行等高线布置，与耕作、种植方向就不能保持一致，这时可按耕种方向布置喷洒支管，配水干管沿等高线布置但应使其处于支管上方，使支管顺坡下铺。

有时，在同一地块内存在不同的耕作种植方向，造成管道布置困难，这时宜根据管道布置的要求，对耕作方向作必要的调整和统一。

（四）风向和风速

喷灌季节如果灌区内风速很小，则支管的布置可不考虑风向；如果风速达到或超过2 m/s，且存在主风向，则支管最好垂直主风向布置。但在有些场合，如河谷地，其主风向往往与等高线平行，这时要根据喷灌系统的类型采用不同的方法处理。对于固定式系统，配水干管或分干管宜沿等高线并布置在高处，支管下坡铺设并与主风向垂直；对于半固定式系统或移动式系统，喷洒支管是移动的，一般仍沿等高线布置。

（五）水源位置

当水源或地块位置可以选择时，将水源置于设计地块中央，有利于降低管道系统投资。当水源虽有选择余地但不能选在地块中央时，应先布置田间管网，然后布置配水干管或分干管，最后视地形、地质等情况，对输水管进行布置，此时需进行方案比较。基本原则是在实际工况下各级管道的水头损失大体均衡，设备投资较小。

四、管道系统的布置形式

在半固定管道式喷灌系统中，干管、分干管埋入地下，根据支管间距在干管或分干管上设置出地管和给水栓以连接支管。按照单侧或双侧分水、是否设置地面辅助管等不同情况，一个给水栓可控制1~6条支管。通常，以给水栓为界把管道系统分为地面和地下两部分，给水栓到田间为地面部分，多采用移动式管道。固定管道式喷灌系统除竖管外，一般将管道全部埋入地下。管网布置应根据灌区实际情况，要求在满足灌溉输水的同时，管网长度最短，以降低投资。

田间固定管道布置主要有两种形式：丰字形布置（见图6-2）和梳齿形布置（见图6-3）。丰字形布置时，干管位于地块中央，可两面分水，控制的支管数多。梳齿形布置时，干管受地形等影响，位于地块的一侧，单向分水。

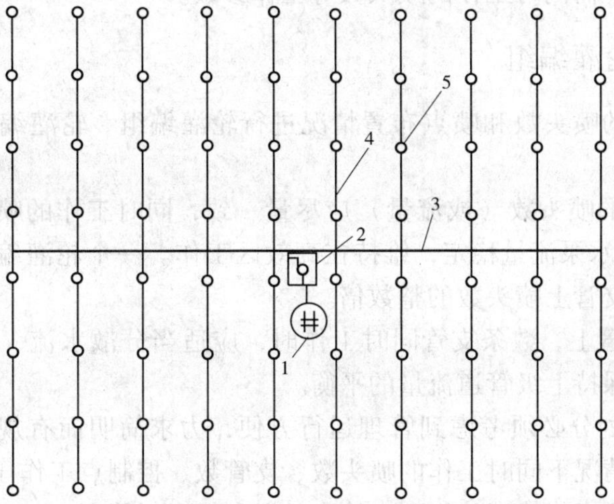

1—井；2—泵站；3—干管；4—支管；5—喷头

图6-2　丰字形布置

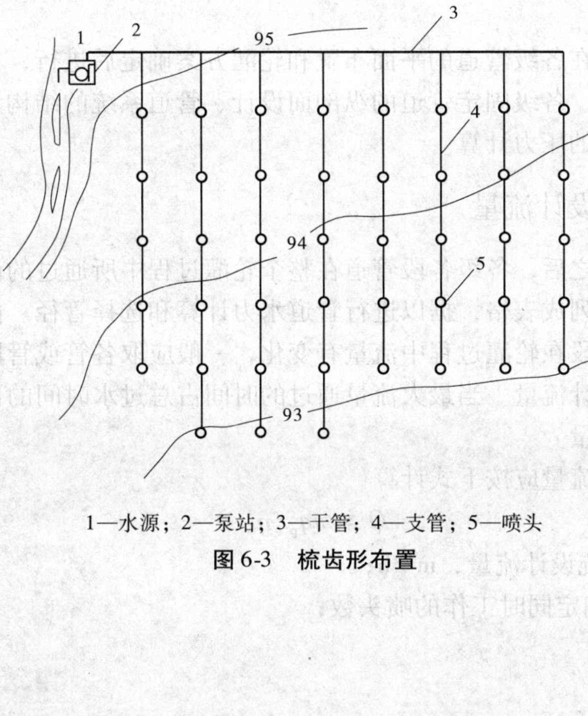

1—水源；2—泵站；3—干管；4—支管；5—喷头

图6-3　梳齿形布置

第四节　喷灌工作制度的拟定

喷灌工作制度包括喷头在工作点上喷洒的时间、喷头每日可喷洒的工作位置数、每次同时喷洒的喷头数和轮灌方案。

一、喷灌工作制度的拟定

分别按第四章介绍的工作参数计算公式计算喷头在工作点上喷洒的时间、喷头每日可喷洒的工作点数、需同时工作的喷头数等工作参数。

二、喷头的轮灌编组

根据同时工作的喷头数和喷点布置情况进行轮灌编组。轮灌编组一般应遵守下列原则：

（1）各轮灌组的喷头数（或流量）应尽量一致，同时工作的喷头数相差一般不超过1～3个，以保证水泵流量稳定，维持在高效区工作。一个轮灌编组中同时工作的喷头数应大致是一条支管上喷头数的整数倍。

（2）在一条干管上，数条支管同时工作时，应适当分散水流，以减小干管流量和水头损失，并注意保持上级管道流量的平衡。

（3）轮灌组的划分必须考虑到管理运行方便，力求简明而有规律。为了方便运行管理，应给出一般情况下同时工作的喷头数、支管数、控制点工作压力和允许变动的范围等工作参数，也可以将轮灌编组列表给出，以利于运行管理。

第五节　管道系统设计

管道系统设计应在各级管道的平面布置和轮灌方案确定后进行，其内容包括各级管道的管材与管径选择、各级固定管道的纵剖面设计、管道系统的结构设计和在必要时进行管道系统各控制点的压力计算。

一、喷灌系统设计流量

在轮灌方案确定之后，各级各段管道在整个轮灌过程中所通过的流量均已确定，这时应将其按轮灌顺序列成表格，据以进行管道水力计算和选择管径。由于每一条管道及同一条管道的不同管段在轮灌过程中流量有变化，一般应取各管或管段中通过的最大流量为该管或管段的设计流量。当最大流量通过的时间占总过水时间的比例很小时，可取次大的流量为设计流量。

喷灌系统的设计流量应按下式计算

$$Q = nq_p/\eta_G \tag{6-1}$$

式中　Q——喷灌系统设计流量，m^3/h；

n——设计中确定同时工作的喷头数；

q_p——喷头喷水量，m^3/h；

η_G——管道水利用系数，对于管道式系统，取0.95～0.98。

二、管材和管径的选择

（一）管材的选择

管材的选择应根据设计工作压力、施工方便程度，以及地质、地形、气候、运输、供应和使用环境等条件，结合管材的特性及经济性进行选择。

一般情况下，地埋固定管道应优先选用塑料管，也可用铸铁管、镀锌钢管和钢筋混凝土管，地面移动管道宜采用带有快速接头的薄壁铝合金管、薄壁镀锌钢管和专用的涂塑软管等。

（二）支管管径的选择

支管的管径选择除与支管的设计流量有关外，还受允许压力的限制，即同一条支管任意两个喷头间的工作压力差应在设计喷头工作压力的20%以内，用公式表示为

$$h_f + \Delta z \leqslant 0.2h_p \tag{6-2}$$

式中　h_f——同一支管上任意两喷头间支管段水头损失加上两竖管水头损失之差，m，一般情况下，可用两喷头间支管段的沿程水头损失近似替代；

Δz——两喷头的进水口高程差，m，当前面喷头较高时，Δz为负值；

h_p——设计喷头工作压力水头，m。

当支管逆坡和平坡布置时，支管首末两个喷头间的工作压力差最大；当支管沿下坡布置或地形有起伏时，则需要绘出支管压力水头线和地面线，从中找出工作压力差最大的两个喷头的位置。

支管管径的确定是根据以上要求，通过式（6-2）计算得出各管段初选管径。对半固定式和移动式喷灌系统的移动支管，考虑运行与管理的要求，各支管应尽量取相同的管径，最大管径宜控制在90 mm以内，以便移动。对固定的地埋支管，管径可以不同，但规格不宜过多。

（三）干管管径的选择

干管是支管以上各级输配水管道的总称，有时为便于区分，也专指其中某一级管道。干管管径的选择关系到系统的设备投资和运行费用。常用的有经验公式法和经济流速法。

1．经验公式法

初选干管管径，可用下列经验公式

$$\left.\begin{aligned} D &= 13\sqrt{Q} \quad (Q \leqslant 120\ m^3/h) \\ D &= 11.5\sqrt{Q} \quad (Q > 120\ m^3/h) \end{aligned}\right\} \tag{6-3}$$

式中　Q——管道的设计流量，m^3/h；

D——管径，mm。

2．经济流速法

对于小型管网，干管的经济管径可以在设计流量已知的条件下，根据经济流速计算，其公式为

$$D = 1.13\sqrt{\frac{Q}{v}} \tag{6-4}$$

式中 v——经济流速，一般根据经验而定，m/s；

其余符号意义同前。

喷灌系统与供水系统对比，年工作小时少，能耗在年费用中也较小。因此，可适当提高经济流速值，以减小管径，特别是在山丘区，可利用高差补偿管道摩阻损失，但是管内流速不宜过大，据我国喷灌系统规划设计经验，管内经济流速一般可取 1.5 ~ 2.5 m/s。

三、管道纵剖面设计

管道纵剖面设计应在喷灌系统平面布置图绘制后进行，如果系统的平面布置并非在地形图上绘制，则应有各固定管道沿线的地形剖面图。

（一）管道纵剖面设计的主要内容

管道纵剖面设计的主要内容是确定各级固定管道在立面上的位置，一般情况下，应尽量使管道在立面上顺直，并避免大量开挖。在管道沿线地形起伏较大时，地埋固定管道也可随地面起伏，但要避免山峰状隆起（应采用平坡过渡）。在起伏的管道上，隆起的部位应设置进排气阀，低谷的部位应设置泄水阀。系统首部、主干管道的上坡坡脚位置、下坡管道末端等处应设安全阀。

地埋管道的纵坡设计，应考虑土壤稳定性和施工方便，一般情况下不应超过 1∶1。

地埋管道的埋深设计，一般应使管顶位于冻土层以下。在田间的地埋固定管道，管顶至地面的距离还应大于机耕深度，一般应不小于 0.6 m。

（二）管道纵剖面图

管道纵剖面设计后应绘出管道纵剖面图，包括输水干管、配水干管和分干管的纵剖面图，以及固定地埋支管的纵剖面图。有的喷灌系统地埋支管很多，全部绘出工作量很大且无必要，此时可选择有代表性的少量支管（一般为 2 ~ 3 根）绘制纵剖面图，见图 6-4。

管道纵剖面图所用比例尺纵向和横向宜不相同，通常高程比例尺取 1∶100 或 1∶200，水平比例尺取 1∶1 000 或 1∶2 000。

管道的纵剖面图应绘出地面线、管底线，并标出控制阀、三通、四通、弯头、异径管、进排气阀、泄水阀、安全阀、伸缩节等所在位置。如果管道中设有镇墩和支墩，亦应标注位置。

管道纵剖面图的底栏一般应包括桩号、地面高程、管底高程和挖深四项，对只有一种坡度的管道，亦可将管坡注在底栏之内。

四、管道系统结构

在各级管道的平面位置和立面位置确定后，进行管道系统结构设计，设计要点如下：

（1）确定竖管高度时，应以植株不阻碍喷头的喷洒为限。常用的竖管高度为 0.5 ~

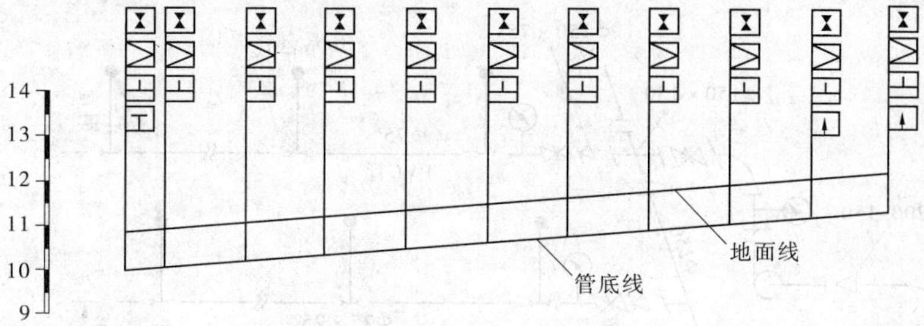

桩号	地面高程(m)	管底高程(m)	挖深(m)
0+000	10.80	10.00	0.80
0+009	10.87	10.07	0.80
0+027	11.02	10.22	0.80
0+045	11.17	10.37	0.80
0+063	11.32	10.52	0.80
0+081	11.47	10.67	0.80
0+099	11.62	10.82	0.80
0+117	11.77	10.97	0.80
0+135	11.92	11.12	0.80
0+153	12.07	11.27	0.80
0+171	12.20	11.40	0.80

图 6-4　管道纵剖面图示例

2 m，当竖管高度超过 1.5 m 或使用的喷头较大时，为使竖管稳定，应增设竖管支架或在竖管处设镇墩。竖管的安装应铅直、稳定。

（2）在支管入口处应安装控制阀门，其后宜装压力表，以控制喷头工作压力和流量的稳定。当干管固定、支管移动时，压力表应随支管移动。

（3）当固定的输配水管道坡度较陡或管径较大时，为了稳定管道位置，不使管道发生任何方向上的位移，在管道的变坡、转弯处应设置镇墩。管线较长时应设支墩。镇墩、支墩的构造和设计计算可参阅有关书籍。

（4）对温度和不均匀沉陷比较敏感的固定管道，应设置柔性接头。柔性接头每隔一定距离设置一个，距离的长短视具体情况确定。

（5）装置于地埋固定管道上的阀门及地埋固定管与地面管连接处的阀门，均应修建阀门井，阀门井应满足操作和检修的要求。

管道系统结构确定后，应以透视图的形式绘制出管道系统结构示意图，在图上标出各种管道的材质、管径、长度，各种管件和附件的规格及材质。绘制管道系统结构示意图时，应该与喷灌系统的平面布置图及固定管道纵剖面图互相核对，无误后再进行下一步工作。管道系统结构示意图如图 6-5 所示。

五、管道系统各控制点的压力

管道系统各控制点的压力是指支管入口、配水干管（或分干管）的入口、输水主干管或干管入口和其他特殊点的测压管水头。在这些控制点处通常设有调节阀门和压力表，以保证系统正常运行。计算各控制点在各个轮灌编组时的压力水头，一方面是为了选择水泵，另一方面是为了给系统安全运行提供基础数据。

支管入口压力的计算是系统其他各控制点压力计算的基础，也是计算系统总扬程的基础。

支管入口压力计算是在保证支管上任意两个喷头间的工作压力不大于喷头设计工作

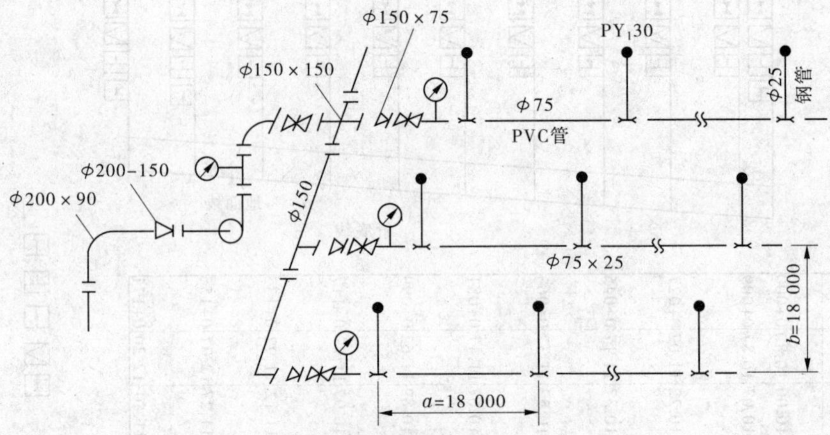

图 6-5　管道系统结构示意图　（单位：mm）

压力的 20%，也即两个喷头间的实际流量差不大于设计流量 10% 的情况下，使支管上所有喷头的平均流量接近喷头的设计流量，常用方法有降 $0.1h_p$ 法和降 $0.25h_{f支}$ 法。

（一）降 $0.1h_p$ 法

这种方法比较简单，它是假定末端喷头工作压力等于喷头设计工作压力，推算至支管入口压力，再减去设计喷头工作压力的 10%，用公式表示为

$$h_{支} = h_p + h_{f支} + \Delta z + h_{竖} - 0.1h_p = 0.9h_p + h_{f支} + \Delta z + h_{竖} \tag{6-5}$$

式中　$h_{支}$——支管入口压力水头，m；

$h_{f支}$——支管沿程水头损失，m；

Δz——支管首末端地形高差，m；

$h_{竖}$——竖管高，m；

h_p——设计喷头工作压力水头，m。

这种方法适用于喷头与支管入口压力差较大的情况。

（二）降 $0.25h_{f支}$ 法

这种方法是在假定末端喷头工作压力等于喷头设计工作压力，换算至支管入口压力水头后，减去首末喷头间支管水头损失的 25%，用公式表示为

$$h_{支} = h_p + h_{f支} + \Delta z + h_{竖} - 0.25h_{f支} = h_p + 0.75h_{f支} + \Delta z + h_{竖} \tag{6-6}$$

式中符号意义同前。

这种方法一般情况较前一种方法计算值稍大，实际设计中使用前一种方法的较多。

支管入口压力确定后，再计算分干管、干管入口压力，这时可根据系统在各轮灌编组时各管道中的实际流量分别计算沿程水头损失和局部水头损失，然后计算至各控制点的压力。

将各轮灌编组中各控制点的压力算得之后，应将计算结果按轮灌顺序列成表格，作为系统运行时的依据。与此同时，可以得到系统的流量范围和输水管入口的压力范围，这是选择水泵所依据的数据。使用流量范围和压力范围来选择水泵，较使用最大扬程或

最大流量选择水泵的方法更为合理，因为它反映了在系统的整个运行过程中，水泵是否能始终工作在高效区范围内。

第六节 系统参数确定及水泵选型

为了获得必要的压力进行喷灌，在一般情况下都需要水泵加压，因此必须适当地选择水泵及其配套动力。水泵选择是根据喷灌系统参数，即设计流量和设计扬程来进行的。

一、喷灌系统设计流量的推求

在喷灌工作制度及轮灌编组确定之后，同时工作的喷头数便为已知，而系统的设计流量，即为同时工作的喷头流量之和。同时，考虑一定数量的管道系统输水损失，可求得喷灌系统的设计流量，见式（6-1）。

在灌溉工作制度确定后，根据灌溉控制面积、灌水定额、轮灌周期和日工作时间也可以得到系统的总流量，即

$$Q' = \frac{Am_0}{Tt_d\eta} \tag{6-7}$$

式中 Q'——喷灌系统设计流量，m^3/h；

A——系统控制灌溉面积，亩；

m_0——设计灌水定额，m^3/亩；

T——设计灌水周期，d；

t_d——日工作时间，h；

η——灌溉水利用系数。

式（6-7）与式（6-1）计算出的设计流量应吻合。

二、喷灌系统设计扬程的推求

喷灌系统设计扬程的计算公式为

$$H = h_p + h_w + \Delta z \tag{6-8}$$

式中 H——喷灌系统的扬程，m；

h_p——典型喷点喷头的工作压力水头，m；

h_w——水泵进水口至典型喷点喷头入口各级管道之间的水头损失之和（包括沿程水头损失和局部水头损失，即 $h_w = h_f + h_j$），m；

Δz——典型喷点处喷头与水源水位的高差，m。

在支管入口压力确定的情况下，喷灌系统设计扬程也可写为

$$H = h_{支} + h'_w + \Delta z' \tag{6-9}$$

式中 $h_{支}$——支管入口压力水头，m；

h'_w——水泵进水口至支管入口的总水头损失，m；

$\Delta z'$——支管入口处与水源水位的高差，m。

另外，喷灌系统扬程还可以有其他多种表达形式。

典型点一般是选择最不利位置的喷点，往往是输水距离较远、地形位置较高或轮灌组流量较大的喷点位置，设计可能选择2~3条不利位置的路径进行水力计算，采用其中流量较大、系统扬程较高的计算值作为选择水泵的依据。当最不利点代表性较弱（只有很少的面积）时，为了降低系统投资、提高设备的效率，也可选择次不利点作为典型点进行水力计算，作为水泵选型依据。

第七节　山丘区喷灌系统设计

我国山丘区的耕地面积占全国总耕地面积的比重较大，但是受多种因素影响，这部分耕地的灌溉问题至今没有得到较好的解决。喷灌自身的特点决定了它是解决这部分耕地灌溉问题的好方法之一。

一、山丘区喷灌系统的类型与组合

山丘区地形起伏较大，不宜采用渠道输水灌溉的形式，但是山丘区有较大的自然水头，可以利用水头落差发展喷灌。

按照喷灌系统取得水压力的方式，可分为利用自然落差的自压喷灌和使用水泵加压的机压喷灌两种基本形式。另外，还可以将自压和机压结合组成喷灌系统。

（一）自压喷灌系统

自压喷灌指水源位置在灌区上方，水源来水流量和自然落差形成的水头均可满足喷灌的要求，可利用水源直接向压力管道供水进行喷灌。这类系统不需水泵加压，投资相对减少，运行费用很少，是山区最适宜发展的喷灌形式。当水源位置较远时，可通过引水管道或渠道将水引至灌区；当来水流量较小时，可在灌区上方适宜位置修建蓄水池进行调蓄。

（二）机压喷灌系统

水源的来水流量可以满足喷灌要求，但水源位置低于灌区，需要水泵提水和加压时，可在水源处修建泵站，提水加压。

机压喷灌系统也可以结合具体情况在水源地和灌区修建引水工程和蓄水工程，组成不同形式的引、蓄、提结合的喷灌系统。

（三）自压与机压结合的喷灌系统

水源位置高于灌区，但还不能完全满足灌区或部分地块喷灌对水压的要求，这时可利用自然落差的水头再用水泵增压；或在灌区低处利用自然水头、高处设置水泵增压。

上述几种类型的山区管道式喷灌系统，布置时各有其特点，但在系统设计时，可归纳为自压与机压两种基本类型。至于自压与机压结合的喷灌系统，也是综合两种方法进行设计，多是以一种方法为主，另一种方法进行补充。

二、自压喷灌系统设计要点

（一）自压喷灌系统设计的特点

自压喷灌系统中喷头的工作压力和各级管道的水力损失都靠地形落差提供和补偿，不需耗油或耗电，运行费用相当小。由于地形落差形成的压力有限制，故系统的压力控制较机压喷灌系统困难。所以，自压喷灌系统设计应在满足喷灌质量的前提下，重点保证系统的安全可靠，同时尽量使运行操作方便、利于管理。

1．对地形高差的基本要求

发展自压喷灌，要有一定的地形落差。为了满足喷头工作压力的要求，水源水位与灌区地面就应有足够大的高差。一般喷灌系统的喷头工作压力都不低于200 kPa，加上竖管高和各种水头损失，要求地形落差至少应有30 m。如果水源与灌区没有那么大的地形高差，就不能实现完全的自压喷灌，需用水泵补充加压。

2．地面坡度对各级管道的影响

竖管的高度取决于作物的高矮，一般应安装成铅垂状，如果地面倾斜，可允许竖管在一定限度内倾斜。国家标准《旋转式喷头试验方法》（GB 5670. 3—85）中规定，允许旋转式喷头的竖管与铅垂线夹角不超过10°。

支管尽可能地沿等高线布置，这时，地面坡度对其影响不大；少数情况下，顺坡布置支管，则管径可以小些，或管道可以长些。逆坡支管只在不得已时采用，这时支管长度应适当缩短。

分干管一般应顺坡向下布置，这时，可利用地形落差补偿水头损失，从而使管径减小。

干管通常沿等高线布置，这时地面坡度影响不大，有时沿山脊或缓坡向下布置，亦可利用地形落差补偿水头损失。

水源到灌区的输水主干管必须满足下一级管道所需的入口压力。由灌区设计可得到要求的输水主干管末端压力，而从水源到灌区亦即输水主干管首末端的地形高差扣除输水水头损失必须大于此值。在获得相同压力的情况下，如果地面坡度陡，则输水管较短，或可用较小的管径。所以，最理想的发展自压喷灌的地形是水源至灌区地面坡度较陡，而灌区内地面较平坦，即前陡后平的地形。

3．输水主干管设计

设输水主干管入口处的压力水头为零，在确定了输水主干管的管径、流量和已知地面坡度的情况下，则可按下式计算输水主干管长度

$$L = \frac{H_M}{\frac{i}{\sqrt{1+i^2}} - \frac{fQ^m}{D^b}} \tag{6-10}$$

式中　L——输水主干管长度，m；

H_M——管末端需要的压力水头，m；

i——沿管线地面坡度；

Q——输水主干管内通过的流量，m^3/h；

D——输水主干管内径，mm；

f、m、b——系数和指数，可查表 5-1。

根据输水主干管的长度 L，计算输水主干管的亩投资，通过分析确定在该地面坡度的情况下发展自压喷灌是否经济合理。同样，还可依据式（6-10）在确定输水主干管长度时推算管径，仅需变换公式的形式而已。

（二）自压喷灌系统的管道布置

1．布置原则

前述一般喷灌系统的管道布置原则，也适用于自压喷灌系统，但在布置自压系统的管道时，还应考虑以下几点：

（1）自压喷灌系统的管道布置应以地形、地势为主要因素，支管应尽量沿等高线布置，给支管配水的分干管或干管应尽量垂直等高线下坡布置。

（2）要充分利用落差造成的自然水头，在地势较高、喷灌压力不足的地方，可采用水泵增压或布置部分工作压力较低的微灌以扩大灌溉面积。

（3）各级管道，尤其是固定的地埋管道，应避免在滑坡地带或地基不稳定的地区通过。

（4）自压喷灌系统的形式以固定、半固定式为宜。

（5）有条件时，应结合农村生活用水、小水力发电站用水、乡镇工业副业用水等发展自压喷灌。

2．不同地形管道系统布置

山区地形地貌复杂，往往不能用单一的基本布置解决管道系统的布置问题。下面介绍几种典型地形地貌条件下的管系布置方法。

（1）河谷山坡地。山脊河谷的灌溉地块一般分布在两侧山坡上，其特点是地面坡度陡、相对高差大。管道系统应以山梁、山坡为单元考虑管系的布置和管道分级。

河谷山坡地的管道系统布置的一般规律是将输水主干管与干管沿山脊布置，配水干管垂直等高线或与等高线斜交，控制两侧山坡地。在山腰盘山渠道以下的灌面，可利用水渠与灌溉地块的落差，自成单元，解决灌溉问题。

（2）丘陵地。丘陵地的地块一般比较零碎，地形坡度变化较大，且多有沟槽切割。管道系统应以山脊为单元进行布置，输水干管沿山脊线布置，分干管斜插或顺坡布置。

（三）自压喷灌系统的压力分区

在灌溉地块大、管道长、坡度陡的自压喷灌系统中，顺坡的干管首末两端压力相差甚大，若按一种喷头工作压力设计，不能适应压力变化。若选用较小的工作压力，其控制面积大，但有部分水头需用人工消除，水头的利用率低；若选用较高的工作压力，水头利用率提高了，但控制面积小。因此，应进行压力分区，在不同的地段采用不同的工作压力，以充分利用自然水头，提高喷灌效益和降低设备投资。在确定压力分区时需要进行多方面比较，主要考虑以下几个方面：

（1）各压力区的设计水头需与喷头的工作压力相适应；在同一压力区内，应选同一工作参数的喷头。

（2）压力分区不宜过多，每区控制面积不宜过小，并需与喷灌作业区相协调。面积较大的灌区，以分 2 ~3 个压力区为宜。

（3）应尽量利用各区内的剩余水头，抵偿干管的水头损失，以减小干管管径。

（4）干管中水流的流速应有限制，以保证系统的安全。一般情况下，流速不应超过 3 m/s，输水主干管或承压能力较低的管道，流速不应超过 2.5 m/s。

（四）自压喷灌系统的减压设施

当自压喷灌系统输水或配水管道很长，沿管线的地形坡度又很陡时，管内的压力水头愈往下愈大，往往超过管道本身的承压能力，这时必须采取减压措施以保证安全。

国内目前采用比较广泛的方法是设减压池。根据配水方式的不同，分为减压续灌和减压轮灌两种措施。

1．减压续灌

减压续灌是由水源直接通过减压池同时向各小区供水，如图 6-6 所示。在水源位置和管系布置确定后，即可根据管道的允许压力、支管入口压力及地形条件，确定各小区的范围和减压池的位置。

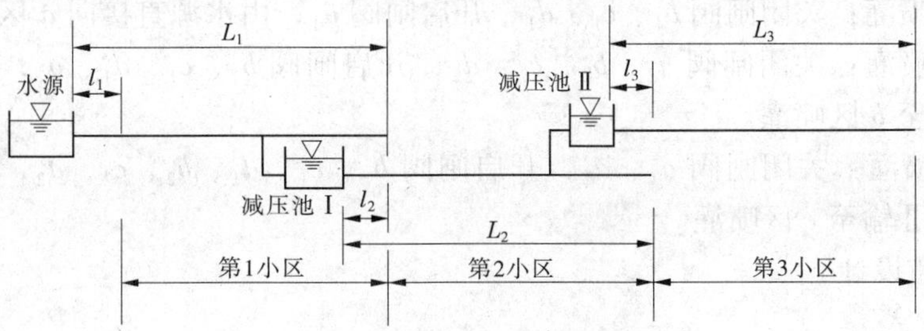

图 6-6　减压续灌示意图

设第 1 小区的上边界高程为 z_{1a}，下边界高程为 z_{1b}，则

$$z_{1a} = z_0 - H_{l1} - h_{w1} \tag{6-11}$$

式中　z_0——水源设计水位，m；

H_{l1}——第 1 小区要求的支管入口压力水头，m；

h_{w1}——水源到第 1 小区上边界干管的水头损失，m。

为充分利用自然水头，减少进入灌区之前的输水压力损失，同时避免较大地增大管径，本段管道水头损失以控制在支管入口压力的 5% ~15% 为宜，这样式（6-11）可改写为

$$z_{1a} = z_0 - (1.05 \sim 1.15) H_{l1} \tag{6-12}$$

设进入第 1 小区前的平均地面坡度为 i_{l1}，则进入第 1 小区前干管段的长度为

$$l_1 = \frac{z_0 - z_{1a}}{i_{l1}} \tag{6-13}$$

设管道的允许压力水头为 $[H_1]$，则第 1 小区下边界高程为

$$z_{1b} = z_0 - [H_1] \tag{6-14}$$

根据水源至第 1 小区末干管沿线的平均地面坡度 i_{l1}，可求得第 1 小区干管总长

$$L_1 = \frac{[H_1]}{i_{l1}} \tag{6-15}$$

同理，可求得以下各小区边界高程、干管长和减压池位置。

2. 减压轮灌

减压轮灌时，减压池位置和小区边界的确定与续灌时相同。减压轮灌的运行顺序如图 6-7 所示。

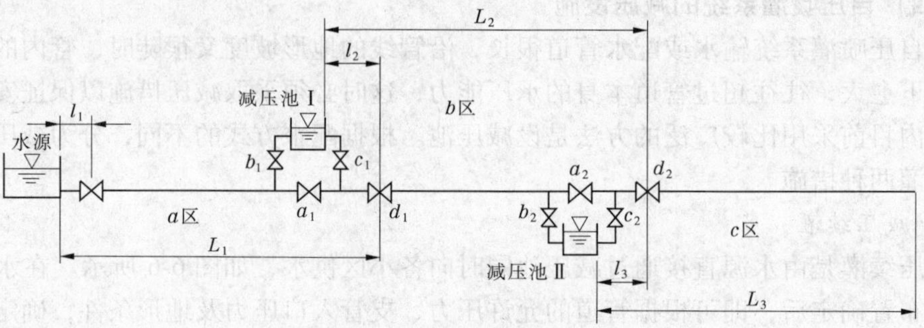

图 6-7　减压轮灌的运行顺序

（1）a 区喷灌：关闭闸阀 b_1、c_1、d_1，开启闸阀 a_1，由水源直接向 a 区供水喷灌。

（2）b 区喷灌：关闭闸阀 a_1、b_2、c_2、d_2，开启闸阀 b_1、c_1、d_1、a_2，水流自水源经减压池Ⅰ输至 b 区喷灌。

（3）c 区喷灌：关闭闸阀 a_1、a_2，开启闸阀 b_1、c_1、d_1、b_2、c_2、d_2，水流经减压池Ⅰ和减压池Ⅱ输至 c 区喷灌。

（五）管道设计

1. 灌水方式

在自压喷灌系统中，支管一般都是轮灌，而配水管则为续灌。当只有一个压力区、控制面积又比较小时，可以同时灌几条支管；当有两个或两个以上压力区时，应将其再分为几个作业区，各作业区的支管同时轮灌。作业区的划分应满足以下要求：

（1）作业区的范围在同一压力分区内；

（2）同一压力分区内的各作业区面积大致相等；

（3）作业区的划分避免与作物种植产生矛盾；

（4）作业区内的支管、喷头等设备的规格和性能参数相同。

2. 管道的设计压力

1）设计压力

设计压力是指管道按设计要求运行时的水压力。设计压力根据喷头工作压力和管道水头损失求出，是指导系统运行的水压力。

2）最大设计压力

最大设计压力是指管道系统充满水无流量时的静水压力，用来校核管道耐压能力和进行小区减压计算。

3）校核压力

校核压力是指开关阀门时产生的水锤压力，用以校核管道在产生水锤时是否安全。

3. 管径选择和水力计算

自压喷灌系统各级管道的管径选择，除支管外均与一般管道式喷灌系统有所区别，而且在自压喷灌系统中，同为顺坡向下铺设的管道，输水管和配水管的管径选择也不一样。自压喷灌系统的管道水力计算与一般管道式喷灌系统基本相同，只是自压喷灌系统的水力计算需要结合减压区、压力区和作业区的划分进行。

1）输水干管的管径选择

管径选择的原则是在满足干管末端压力要求的前提下使其设备亩投资最小。当地面坡度不大于30%时，其管径的计算可采用下式

$$D = K_D(Q^m/i)^{1/b} \tag{6-16}$$

式中　D——输水主干管的经济管径（内径），mm；

i——沿管线地面坡度；

K_D、m、b——系数和指数，见表6-1；

其余符号意义同前。

表6-1　管材的系数和指数

管材	K_D	K_P	m	b
钢筋混凝土管	20	14.7	2	5.33
铸铁管	19.2	13.7	1.9	5.1
硬塑料管	15.3	11.0	1.77	4.77

2）顺坡配水干管（或分干管）的管径选择

配水管要保证下一级管道的入口压力，所以对顺坡管来说，既需要利用地形落差抵偿水头损失，不使上级管道增加压力水头，又要不使下面的管道入口压力增高，因此最好的办法是使水力坡降与地面坡度相等，此时其管径即为经济管径，用公式表示为

$$D = K_p(Q^m/i)^{1/b} \tag{6-17}$$

式中　D——自压系统顺坡配水管的经济管径（内径），mm；

K_p——系数，可查表6-1；

其余符号意义同前。

3）配水管沿等高线布置时的管径选择

配水管沿等高线布置时，这一级管径选择应该与输水主干管一并考虑，目前习惯的做法是选择不同管径组合进行方案比较。当输水主干管末端压力受条件限制不能改变时，可根据管末端压力要求和输水主干管末端压力差反求管径。

三、山丘区机压喷灌系统设计要点

山丘区机压喷灌系统设计的内容、步骤和方法与平原区基本一样，但山丘区的机压系统除提供喷头工作压力外，很大程度上加压是用于克服水源和灌区间的地形高差，管道系统的布置也有所不同。

（一）单级提水加压

单级提水加压适用于地形高差不大、面积较小的坡地或局部高地。管系一般由干管、支管两级组成，泵站布置在水源处，一次提水加压向干管供水。

（二）分级提水加压

对于地形高差大，且超过管道承压能力的坡地，应将管系分区布置，划分的依据是高程和灌溉面积，如图 6-8 所示。由图中可以看出，水源泵站只起提水作用，一区、二区扬水站一方面需给本站的干管加压供水，另一方面还要向上面一级扬水站提水，而最后一区，也就是最上面的扬水站，则只对本区干管加压供水。对于兼顾提水和加压的扬水站，可以分泵各自专用；在提水高度和干管所需水头相近时亦可由同一水泵兼顾，但此时只能各区轮灌。

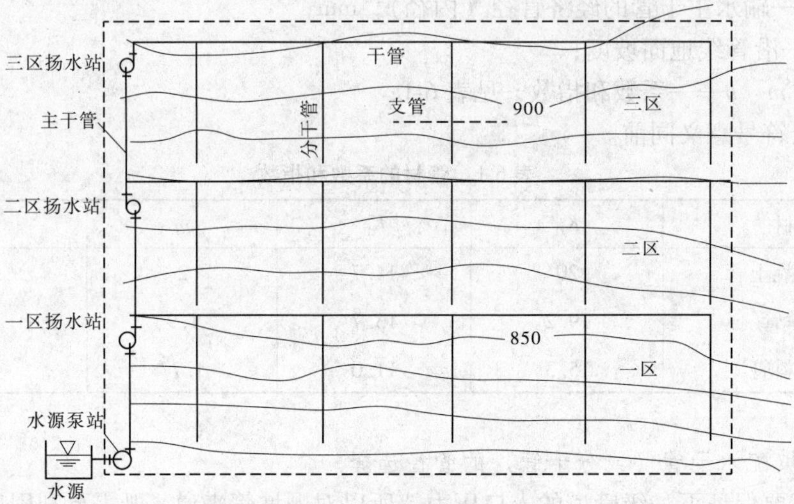

图 6-8　分级提水加压布置

（三）利用自然水头补充增压

利用自然水头补充增压适用于自压喷灌区以上的灌溉地块，其特点是水泵起补充增压的作用。这时常与自压系统共用干管，系统的布置与自压区一并考虑。

自压与机压结合的喷灌系统是山区常见的形式，其管道系统的布置比较复杂，但可充分利用自然水头，扩大喷灌面积，效益是明显的。

第七章　机组式喷灌系统设计

第一节　轻小型喷灌机组灌溉系统设计

轻小型喷灌机组一般适用于地块面积小、水源分散的地块灌溉。在地块面积较小、水源比较分散或坡度较大的地方，可采用手抬式喷灌机组；在地块面积稍大、水源较集中和充足，以及地面比较平坦的地方，可采用手推车式喷灌机或拖拉机配套的喷灌机组。

一、机组台数的确定

（一）单台机组的控制面积

单台机组的控制面积可按下式计算

$$A_0 = 1.5Tt_dQ\eta_p/m \tag{7-1}$$

式中　A_0——单台喷灌机组的控制面积，亩；

T——设计灌水周期，d；

t_d——喷灌机组每天净喷灌时间，一般取 8 ~ 10 h；

Q——喷灌机组流量，m^3/h，根据喷头的喷水量和所带喷头数计算得到；

η_p——喷洒水利用系数；

m——设计灌水定额，mm。

（二）机组台数

喷灌面积上所需喷灌机组的台数按下式计算

$$n = \frac{A}{A_0} \tag{7-2}$$

式中　n——机组台数，递进取整；

A——设计喷灌面积，亩。

二、喷洒方式

轻小型喷灌机组可带单喷头或多喷头。

（一）全圆喷洒

多喷头作业常采用全圆喷洒方式，喷头布置与管道式喷灌系统相同，一般在风向多变的情况下，采用正方形布置，在稳定主风向的情况下，采用矩形或等腰三角形布置。

（二）扇形喷灌

带单喷头的轻小型机组，为避免喷湿机行道，一般采用扇形喷洒方式。作业时，喷灌机若为单向灌溉，则喷头最好顺风向喷洒；喷灌机若为双向灌溉，则喷头应垂直风向喷洒。

（三）喷头组合形式

全圆喷洒时，喷头组合形式与管道式系统喷头组合形式相同。扇形喷洒矩形组合和扇形喷洒等腰三角形组合时，扇形中心角常取 $\alpha = 240° \sim 300°$；矩形组合时喷头布置间距理论计算值为 $a=(0.9 \sim 1.0)R$，$b=(1.1 \sim 1.3)R$；等腰三角形组合时喷头布置间距理论计算值 $a=(0.9 \sim 1.0)R$，$b=(1.2 \sim 1.4)R$。扇形喷洒的喷头组合形式示意图如图 7-1 所示。

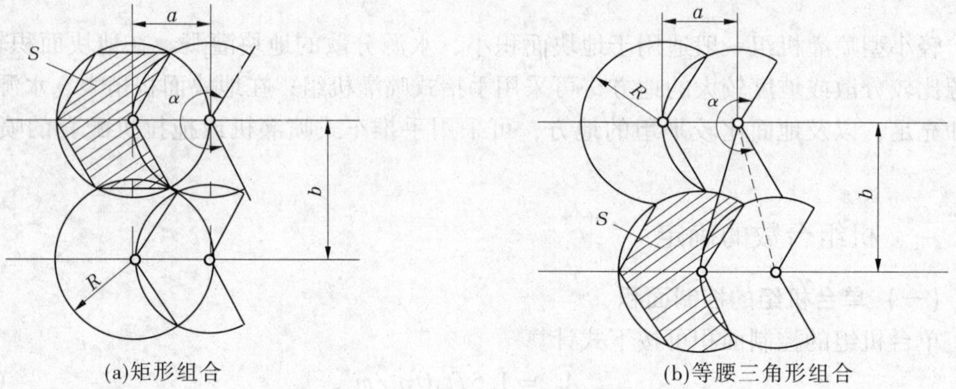

R—喷头射程；a—喷头间距；b—支管间距；S—喷头有效控制面积；α—扇形中心角

图 7-1 扇形喷洒的喷头组合形式示意图

三、田间布置

轻小型机组按配备喷头数量分为单喷头机组和多喷头机组，作业时喷头与水泵间常用涂塑软管或铝合金管道连接。按喷头间距和支管间距布置支管及干管（或渠道），并在干管或渠道上按支管间距布置给水栓或机组工作池，在一般情况下应尽可能使支管顺耕作方向布置，在坡地、梯田，支管应顺等高线布置。

（一）单喷头机组

单喷头机组不进入田间工作，仅沿田间渠道移动，喷头及管道在田间移动，如图7-2所示。当机组在位置 A_1 时，喷头随管道引出至 B_1 点进行扇形喷洒，当 B_1 点喷完后，退至 B_2 点喷洒，依次喷完此条工作条带，再将喷头连同管道移至渠道另一侧的 C_1、C_2 等点进行喷洒。当取水点 A_1 两边均喷洒完毕后，将机组移至位置 A_2，重复上述方式进行喷洒。

（二）多喷头机组

多喷头机组田间布置如图 7-3 ~ 图 7-5 所示。

四、喷灌强度与喷灌时间

（一）喷灌强度

喷灌强度的计算方法见第四章第二节相关内容，特别注意轻小型喷灌机组为了移机方便，在单喷头喷洒时，大多采用扇形喷洒。

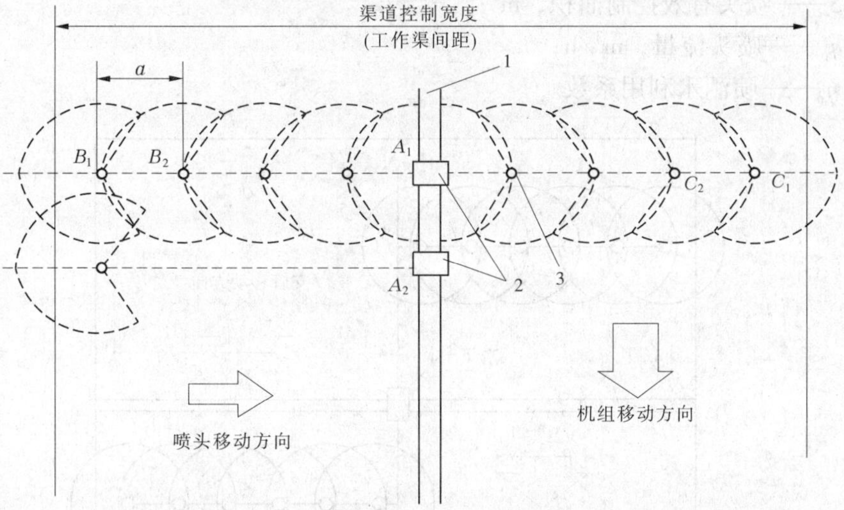

1—工作渠；2—机组；3—喷点

图 7-2　管引式单喷头机组田间布置示意图

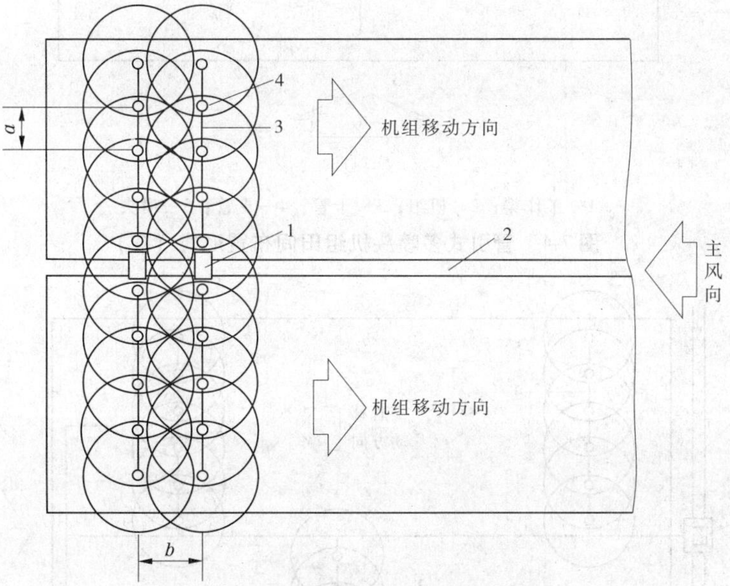

1—机组；2—工作渠；3—支管；4—喷头

图 7-3　管引式多喷头机组田间布置形式（一）

（二）喷灌时间

喷灌时间是指为达到设计灌水定额，喷头在每个位置上所需连续喷洒的时间，可按下式计算

$$t = \frac{mS}{1\ 000 q_{\mathrm{p}} \eta_{\mathrm{p}}} \tag{7-3}$$

式中　t——喷灌时间，h；

m——设计灌水定额，mm；

S——喷头有效控制面积，m^2；

q_p——喷头流量，m^3/h；

η_p——喷洒水利用系数。

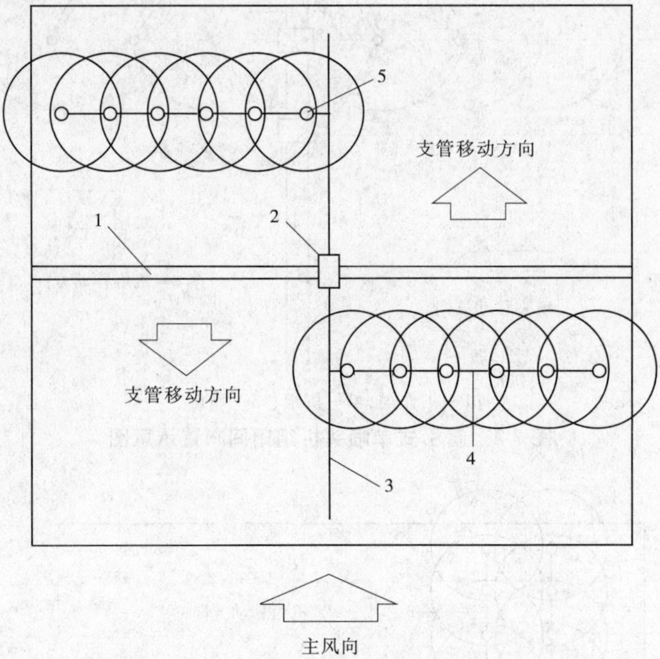

1—工作渠；2—机组；3—干管；4—支管；5—喷头

图 7-4　管引式多喷头机组田间布置形式（二）

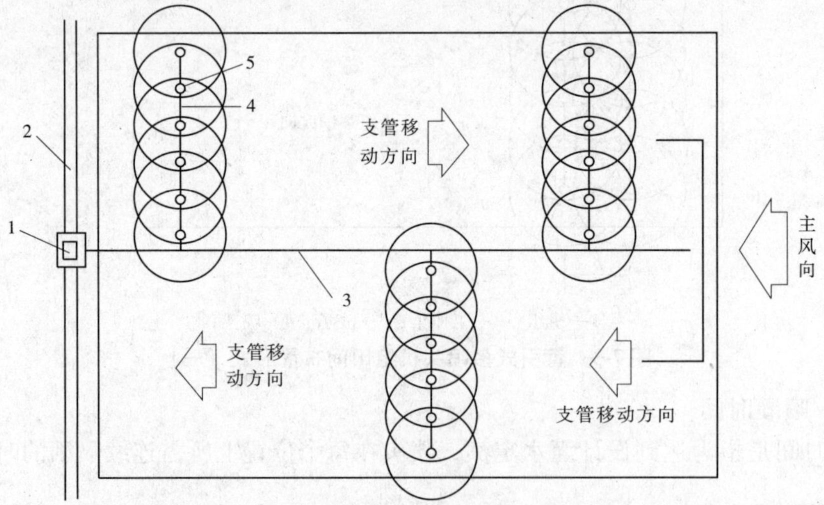

1—机组；2—工作渠；3—干管；4—支管；5—喷头

图 7-5　管引式多喷头机组田间布置形式（三）

五、田间工程设计

轻小型机组式喷灌系统田间工程设计的主要任务是设计输水明渠或输水暗管，确定工作池尺寸及布置机行道等。

（一）明渠

明渠的设计流量应根据从其中取水的喷灌机的设计流量，并考虑输水损失确定，明渠宜采取防渗措施，以减少输水损失，提高水的利用系数。

（二）暗管

暗管一般为无压或低压输水管道，其断面尺寸计算方法与一般排水管相同，埋设深度应考虑机耕和冬季防冻要求，埋深一般不小于0.6 m。为防止堵塞，输水管从明渠或暗管引水时，进口应设置拦污栅。

（三）工作池

工作池是喷灌机组的取水点，由于水泵吸水管进口要求有一定的淹没水深，所以机组从明渠或暗管取水时，一般应设置工作池，工作池中的水深一般不小于0.5 m。如果明渠水深超过此值，可不设工作池。

（四）机行道

在明渠或暗管一侧，应设机行道，机行道的宽度应大于机组的宽度，以确保机组能方便地移动。

第二节　绞盘式喷灌机灌溉系统设计

绞盘式喷灌机是由软管供水，通过绞盘缠绕软管或钢索，牵引一个单喷头的喷头车或若干个折射式喷头的桁架车，在移动过程中进行喷灌作业。本节主要介绍单喷头的软管牵引绞盘式喷灌机灌溉系统设计。

一、机组选型及技术参数选择

机型的选择，应综合分析下列因素进行确定：

（1）设计灌溉面积大小及地形、地块形状等。

（2）作物种类、根系深度、高峰需水量。

（3）土壤类型及持水能力。

（4）水源水质、水量。

（5）风速、风向等。

（6）对已建供水系统，还应考虑已建系统的扬程或给水栓处所能提供的压力水头。

喷灌机型号选择后，应对喷嘴型号、连接压力等参数进行选择，并确定喷灌机在选定参数下的工作流量。

二、喷灌强度校核

喷灌机型号确定后，应进行喷灌强度校核，喷灌强度不应超过灌溉地块土壤的允许喷灌强度。一般高压远射程喷头以240°~300°的扇形角喷洒，从横向喷洒均匀度考虑，扇形角以270°为好。

绞盘式喷灌机的平均喷灌强度可由下式计算

$$\rho_p = \frac{3.6 \times 10^5 K q_p}{\pi R^2 \beta} \tag{7-4}$$

式中 ρ_p——平均喷灌强度，mm/h；

q_p——喷头喷水量，m^3/h；

R——喷头射程，m；

β——扇形喷洒角，240°~300°；

K——折减系数，$K=0.67\sim0.9$，按运行速度的快慢选取，速度快时取小值。

三、估算系统总流量和喷灌机数量

（一）系统总流量估算

$$Q = \frac{ET_a A}{1.5 t_d \eta_p} \tag{7-5}$$

式中 Q——系统总流量，m^3/h；

A——系统控制的总灌溉面积，亩；

ET_a——高峰期日需水量，mm/d；

t_d——机组日净工作小时数，h；

η_p——喷洒水利用系数。

（二）喷灌机数量估算

喷灌机台数按下式确定

$$N = \frac{Q}{q} \tag{7-6}$$

式中 N——所需喷灌机台数，四舍五入取整；

q——单台喷灌机额定流量，m^3/h。

四、田间布置

绞盘式喷灌机系统的田间布置应考虑以下因素：

（1）在布置主管道时，应考虑作物种植方向、水源位置、地形坡度等因素，确定供水主管道布置走向。根据从主管道取水的喷灌机台数和单台喷灌机流量等因素确定管径大小。

（2）垂直于主管道方向将田块分成长条形地块，给水栓沿主管道布置，给水栓间距根据喷洒宽度来确定。喷灌机沿主管道双侧灌溉时，长条地块最大长度可略大于2倍管长；喷灌机沿主管道单侧灌溉时，长条地块最大长度可略大于管长。对于不规则地块，亦可分成长度不等的条形地块来灌溉。考虑风向，条形地块的轴线宜垂直于主风向。

（3）在地块中央布设喷头车行走通道，宽度根据喷头车轮距确定，一般为2.4~3.6 m。灌溉低矮作物时，可不设专用通道。

（4）绞盘式喷灌机可在坡度低于11°的地面上运行，布置喷头车行走通道时均应考虑地面坡度。

（5）为提高灌水均匀度，喷洒湿润带要搭接一部分，确定条形地块宽度时可参考下式

$$B = k_s R \tag{7-7}$$

式中　B——条形地块宽度，m；

k_s——条形地块宽度设计系数，可参见表7-1；

R——喷头射程，m。

表7-1　条形地块宽度设计系数 k_s

风速（m/s）	无风	<2	2～4.5
宽度设计系数 k_s	1.6	1.4～1.5	1.2～1.3

注：宽度设计系数是指条形地块宽度与喷头射程的比值。

五、轮灌设计

（一）确定机组牵引速度

可以根据厂家提供的喷灌机工作参数表，按流量、条形地块宽度、灌水定额等参数选定牵引速度，也可根据下式计算

$$v = 1\,000 \frac{q\eta_p}{Bm} \tag{7-8}$$

式中　v——机组牵引速度，m/h；

q——喷灌机的流量，m^3/h；

B——条形地块宽度，m；

其余符号意义同前。

（二）一块条形地块所需的灌水时间

一块条形地块所需的灌水时间按下式计算

$$t = \frac{L}{v} \tag{7-9}$$

式中　t——一块条形地块所需的灌水时间，h；

L——条形地块长度，m；

其余符号意义同前。

（三）轮灌周期

轮灌周期按下式计算

$$T = \frac{m}{ET_a} \tag{7-10}$$

式中　T——轮灌周期，d；

其余符号意义同前。

（四）一台机组可控制条形地块数目

一台机组可控制条形地块数目按下式计算

$$n = \frac{t_d T}{t} \tag{7-11}$$

式中　n——一台机组可控制的条形地块数目；

其余符号意义同前。

（五）确定所需机组的台数

设计灌溉面积内需要机组的台数可用总条形地块数除以一台机组可灌溉的条形地块数得到。当条形地块长度不等时，也可在轮灌排序后，再确定所需机组台数。若最终确定的喷灌机台数与估算的喷灌机台数不一致，则系统估算总流量将与同时工作的喷灌机流量之和不一致，应重新校核系统总流量，也可通过调整日工作时间使系统流量与工作台数相匹配。

第三节　大型喷灌机喷灌工程设计

大型喷灌机包括中心支轴式喷灌机和平移式喷灌机两种，一般由数个至十几个塔架组合而成，并由驱动机构驱动行走。

大型喷灌机组一般由标准设备组成，喷灌机的性能参数、设备配套和材料选用在出厂前已经确定。在大型喷灌机组喷灌工程的规划设计中，规划设计的重点包括：水源工程的规划设计，灌溉制度的制定，机组控制面积的计算，机组布置方式、位置和台数的确定，根据喷灌机性能参数校核系统在运行状况下是否满足喷洒质量要求等。

一、中心支轴式喷灌机灌溉系统设计

（一）田间工程布置

中心支轴式喷灌机，都是在中心支轴处集中取水并向整个喷洒系统供水，取水方式一般有以下三种：

（1）抽取地下水。在中心支轴附近打井，由喷灌机的自备水泵机组抽取地下水。这要求灌区内有丰富的浅层地下水源及较大的给水度，单井出水量一般为 80～200 m^3/h。目前，最常采用这种取水方式。

（2）由高压管网供水。在田间布置地下高压管网将有压水送到喷灌机的中心支轴处，无须自备加压水泵机组。供水点应能完全满足喷灌机对水压力与流量的要求，压力一般应达到 500～600 kPa。

（3）由低压管网供水。是一种介于前两种取水方式之间的供（取）水方式，将低压水通过管网输送到喷灌机的中心支轴处，再由每台喷灌机的自备水泵机组加压。对供水管网的抗压强度要求较低，但需增加加压机组。

中心支轴式喷灌机田间工程的布置方式如图 7-6 和图 7-7 所示。当整个系统布置有多台机组时，以喷灌管道长度为半径画出的圆相切，布置方式有方形和三角形两种。方形布置时漏灌面积占 21.46%，三角形布置时漏灌面积占 9.33%，如果采用带有角臂的中心支轴式喷灌机喷灌，则可以解决漏喷问题，提高灌溉土地利用率，但造价也相应提高。

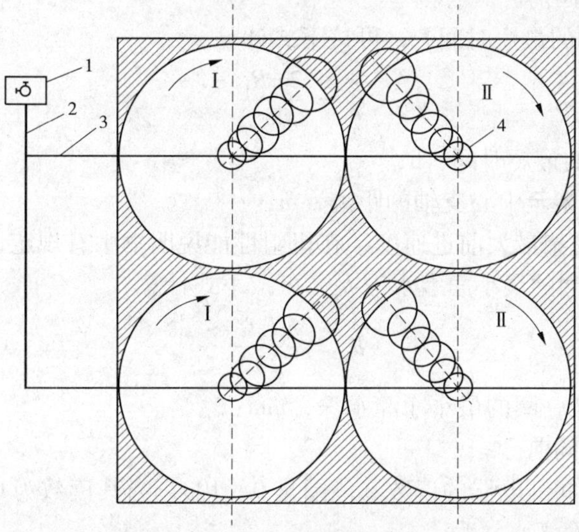

1—泵站；2—干管；3—分干管；4—中心塔架

图 7-6　中心支轴式喷灌机方形配置时的田间工程布置

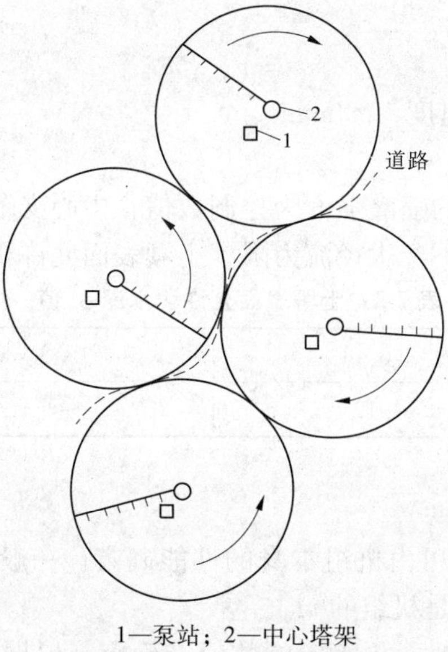

1—泵站；2—中心塔架

图 7-7　中心支轴式喷灌机三角形配置时的田间工程布置

（二）有关参数的确定

（1）确定湿润圆半径 R（m）及相应湿润圆面积 A（亩）。

（2）确定灌水临界期作物需水量 ET_a（mm/d）和喷洒水利用系数 η_p。

（3）确定支管总流量 Q_0（m^3/h），可按下式计算

$$Q_0 = \frac{ET_a A}{36\eta_p} \tag{7-12}$$

式中　Q_0——按 24 h 连续工作时计算的流量，m^3/h；

其余符号意义同前。

（4）确定转一圈的最短时间 t_1，可按下式计算

$$t_1 = \frac{2\pi R_L}{60v_{max}} \tag{7-13}$$

式中　t_1——转一圈的最短时间，h；

R_L——末端塔架至中心支轴的距离，m；

v_{max}——末端塔架最大前进速度，在机组性能说明书中有规定，m/min。

（5）按 v_{max} 转一圈的最小净灌水深 h_j，可按下式计算

$$h_j = \frac{ET_a t_1}{24} \tag{7-14}$$

式中　h_j——按 v_{max} 转一圈的最小净灌水深，mm；

其余符号意义同前。

此时，百分率时间继电器的读数 x 范围是 0 ~ 100，当其读数为 0 ~ 100 内的任一数 x 时，转一圈的最小净灌水深为

$$h_j = \frac{ET_a t_1}{24x\%} \tag{7-15}$$

相应末端塔架前进速度 v_x 为

$$v_x = v_{max} x\% \tag{7-16}$$

式中　v_x——末端塔架前进速度，m/min。

（6）喷灌强度的校核。

在设计中常以末端喷头的喷灌强度为控制数值，中心支轴式喷灌机喷灌时，允许土壤表面局部积水成洼，但以不产生径流为限。土壤表面允许积水深 β_a 值可参见表 7-2。

表 7-2　土壤表面允许积水深 β_a 值

地面坡度（%）	0 ~ 1	1 ~ 3	3 ~ 5
β_a（mm）	12	8	5

（7）确定运行的最小速度 v_{min}。

当土壤透水性大时，v_{min} 可由机组本身的性能确定。一般可调至略大于百分率时间继电器的 10% 运行，此时即是机组的 v_{min}。

当土壤黏重时，由允许地面积水深的数值来确定。根据试验资料，画出积水深 β_a 和受水时间 t 的关系曲线，根据允许积水深可查得最长受水时间 t，再根据 t 求出末端塔架的最小运行速度。

末端塔架运行的最小速度 v_{min}（m/min）可按下式计算

$$v_{min} = \frac{2r}{60t} \tag{7-17}$$

式中　r——末端喷头射程，m；

t——受水时间，h。

以 v_{min} 运行一圈相应所需时间 t_2（h）为

$$t_2 = \frac{2\pi R_L}{60v_{min}} = \frac{\pi R_L t}{r} \tag{7-18}$$

喷灌机运行一圈的时间可在 $t_1 \sim t_2$ 内调节，t_2 相应的灌水深 h_j（mm）为

$$h_j = ET_a t_2/24$$

实际末端塔架运行速度应在 v_{max} 和 v_{min} 之间。

（8）灌水周期 T。

$$T = m_j/ET_a \tag{7-19}$$

式中　m_j——净灌水定额，mm。

喷灌机中心支轴处的压力和流量及支管的压力分布可查厂家提供的手册。

二、平移式喷灌机系统设计

（一）田间工程布置

平移式喷灌机管道的最大长度一般为400 m左右，田间供水明渠或给水栓的间距为1倍或2倍管道长。单向行程可达2 000 ~ 3 000 m，单机控制面积可达3 000亩左右。如果考虑到作物的轮灌周期，单向行程不宜过长，双向行走时间不应超过最大的灌水间隔时间。一般控制面积达1 000亩，单向行程达1 600 m左右。

由于平移式喷灌机的喷水量大，而且是边走边喷，为保证吸水滤网淹没深度，要求供水渠道必须有足够的深度。供水明渠一般要衬砌，必要时应加装拦污设备，并及时清污。对于带软管的机组还应考虑留有软管拖道。为确保整个机组平直移动，一般还要在地面上安装导向索或开导向沟。

（二）有关参数的确定

当田块大小已确定时，即可确定有关参数。

（1）灌水临界期需水量 ET_a 的确定可参考第四章相关内容。

（2）系统总流量 Q_0 可按式（7-12）进行确定。

（3）确定灌一次水的最短时间 t_1（h）。其可按下式计算

$$t_1 = \frac{L}{60v_{max}} \tag{7-20}$$

式中　L——地块长度，m；

v_{max}——机组最大行速，m/min。

（4）最小净灌水深 h_j（mm）可按式（7-15）计算。

（5）确定喷灌强度。

在机长确定后，喷灌强度决定了该机控制灌溉面积的能力，喷灌强度 ρ（mm/h）由下式确定

$$\rho = \frac{1\,000Q_0}{2rB_1} \tag{7-21}$$

式中　r——喷头射程，m；

B_1——喷幅宽度（即沿平移式喷灌机长度方向的湿润宽度），m。

当选定喷头后，r 即可确定，将土壤允许喷灌强度 $\rho_{允}$ 代入式（7-21），则可反求出

机组最大流量值 Q_{max}（m^3/h）为

$$Q_{max} = \frac{2r\rho_{允}}{1\,000}B_1 \tag{7-22}$$

当土壤较黏重时，亦可根据允许积水深确定田块长度，其原理与中心支轴式喷灌机相同。

（6）确定最小行进速度 v_{min}。其步骤如下：

①求最大喷灌强度 ρ_{max}（mm/h）。假定垂直支管方向的降水分布呈椭圆形，可按下式计算

$$\rho_{max} = \frac{637Q_0}{B_t r} \tag{7-23}$$

式中　B_t——田块宽度，m；

r——喷头射程，m。

②求通过某点所需时间 t（方法同中心支轴式喷灌机）。

③求最小行进速度 v_{min}（m/min）。其可按下式计算

$$v_{min} = \frac{2r}{60t}$$

则灌一次水最长时间 t_2（h）为

$$t_2 = \frac{L}{60v_{min}}$$

相应地，h_j（mm）为

$$h_j = ET_a t_2/24$$

实际行进速度应在 v_{max} 和 v_{min} 之间。

（7）确定灌水周期 T（方法同中心支轴式喷灌机）。

喷灌机入口压力及支管的压力分布可查厂家提供的手册。

第八章 园林喷灌系统设计

20 世纪 90 年代中期以来，我国城乡园林绿化灌溉发展迅速，园林绿地绿化主要包括：①城乡公共绿地。道路两侧、街心公园、河道（渠道）两侧、公路绿化带等。②单位绿地。办公区、校园、厂（场）区、酒店及度假村等绿地。③运动场及公园等绿地。④庭院绿地。园林绿化灌溉多采用喷灌与微灌结合的方式，本书主要讲喷灌。

绿地面积的快速增长使园林绿化用水很快成为城市用水大户。提高园林绿化用水的效率，综合开发利用中水、再生水等多种水源，节约使用有限的城乡水资源，对于改善我国城乡生态环境及经济可持续发展意义重大。

第一节 园林喷灌系统设计要点

园林喷灌系统设计与农业喷灌系统设计的基础理论和基本原理相同。但由于园林植物的需水特性、布局、地形地貌、水源等往往与农业灌溉作物不同，对灌溉设计保证率和自动化程度要求更高，因此具体设计的方法和考虑因素有所不同。

一、资料收集

（1）水源资料。园林灌溉的水源包括河水、湖水、井水、中水、再生水、自来水等。需要收集的资料有取水点位置、管径、材质、水压、流量、水质等。若无资料可查，应当实测。

（2）土壤资料。土壤资料收集方法与农业灌溉相同，但需注意园林土壤许多情况下为客土，客土的土壤特性（如入渗率、持水率等）与母土不同。

（3）气象资料。主要调查项目所在区域的蒸发量、降雨量、风速、风向等。

（4）植物资料。植物种类、布局、需水量、株高、株距等。

（5）地形地貌资料。喷灌区域的地形图、现状或规划平面图等。图纸比例尺依据绿化面积的大小可取 1∶100～1∶2 000。若无现成图纸，应现场测绘。

（6）动力资料。园林喷灌一般以电为动力，应了解电源位置和供电可靠性。

（7）社会经济资料。当地的材料设备价格、劳动力价格、水价、电价等。

二、水源选择

应优先选用天然水、中水和再生水为水源。中水和再生水应重点考虑是否符合灌溉水质标准。河湖水必须过滤；以管道来水为水源时，若压力不能满足喷灌要求，应二次加压；以自来水为水源时，不得影响原管网压力，严防对自来水系统造成污染；以井为水源时，应获得主管部门的批准。

三、灌溉制度确定

园林植物需水参数可参考有关文献资料，也可按以下方法确定

$$ET_d = K_c ET_0 \tag{8-1}$$

式中　ET_d——植物日腾发量，mm；

ET_0——参考作物腾发量，可参考表 8-1 选取，mm；

K_c——综合植物系数。

表 8-1　ET_0 参考值

气象条件	湿冷	干冷	温暖	干暖	湿热	干热
正午时温度（℃）	<21	>21	21~22	21~22	>22	>22
相对湿度（RH）	>50%	<50%	>50%	<50%	>50%	<50%
ET_0（mm）	2.54~2.81	2.81~5.05	2.81~5.08	5.08~6.25	5.08~7.62	7.02~11.42

K_c 可按下述方法计算

$$K_c = K_s K_{mc} K_d \tag{8-2}$$

式中　K_s——植物种类特征调整系数；

K_{mc}——植物微气候调整系数；

K_d——植物密度调整系数。

K_s、K_{mc} 和 K_d 可参考表 8-2 选取。

表 8-2　植物调整系数

植物	K_s	K_{mc}	K_d
乔木	0.2~0.9	0.5~1.4	0.5~1.2
灌木	0.2~0.7	0.5~1.2	0.5~1.1
裸地	0.2~0.9	0.5~1.2	0.5~1.1
乔、灌木混合	0.2~0.9	0.5~1.4	0.6~1.4
冷季型草	0.8	0.5~1.2	0.6~1.0
暖季型草	0.6	0.5~1.2	0.6~1.0

计算灌水定额和确定轮灌周期的方法与农业喷灌基本相同。在计算灌水定额时，乔木、灌木的计划湿润层可取 40~100 cm，草坪的计划湿润层可取 10~20 cm。

园林喷灌常采用浅浇勤灌，轮灌周期较短，多为 1~3 d，所以也可以先确定轮灌周期，再根据 ET_d 直接算出灌水定额，即 $m = ET_d T$。

四、喷头、支管间距选择

园林喷灌喷头及支管布置间距原则与大田喷灌基本相同。平地布置时，为保证喷洒质量，一般喷头间距不大于喷头射程。坡地喷洒时的湿润图形为椭圆形。布置喷头时，喷头间距应当小于支管间距。为了提高均匀度，支管最好沿等高线布置，若必须垂直于等高线布置，应当在入口处或阀门上安装调压阀。

五、轮灌组划分

由于园林绿化项目植物繁杂，轮灌组划分及末级管道布置应充分考虑不同植物的不同需水规律，不应将需水差异大的植物划分在同一个轮灌组中。例如，乔木与草坪的需水要求差异很大，划分在同一个轮灌组，会导致植物不能健康生长。

六、喷头布置要点

园林喷头布置原则基本同农业喷灌，需要强调的问题如下：

（1）不同类型或单喷头喷灌强度不同的喷头不宜布置在同一支管上。

（2）同一灌溉小区喷灌和微灌设计有交叉时，应注意压力和喷灌强度的匹配。

（3）埋藏升降式喷头出地高度较低，喷洒仰角也较小，在坡地时可垂直坡面安装。

（4）为防止阀门关闭时管网中的水从低处喷头溢出，应在这些位置布置止溢喷头。

（5）对于地块的边角处和不规则的地块，应布置可调喷洒角度的喷头，避免喷洒到灌溉范围以外。

七、控制方法选择

（1）灌溉控制方式可分为手动、半自动、全自动。根据灌溉规模和经济条件可选用不同灌溉控制方式。

（2）规模较小的绿地可以采用手动控制或半自动控制，规模较大的绿地可以采用半自动控制或全自动控制。

第二节 园林喷灌设计参数

一、基本参数

（一）灌溉保证率

园林喷灌工程设计保证率应根据植物种植情况、当地自然条件和经济条件等因素确定，一般应不低于85%。

（二）设计耗水强度

设计耗水强度应按照当地试验资料确定。在无试验资料时，可在考虑植物种类、小气候、植物密度等因素的基础上，利用气象等资料通过技术确定或参照表8-3选取。

表 8-3 园林绿地喷灌设计植物耗水强度参考值 （单位：mm）

植物类别	喷灌	微喷灌
灌木	4 ~ 7	4 ~ 6
冷季型草	5 ~ 8	5 ~ 8
暖季型草	3 ~ 5	3 ~ 5

（三）设计土壤湿润比

土壤湿润比是局部灌溉的一种特有参数，设计土壤湿润比应根据植物种类、种植方式、自然条件及灌溉的形式并结合当地试验资料确定。无实测资料的可按表 8-4 选取。需要注意的是，一般喷灌属全部湿润灌溉，故不需要计算土壤湿润比。

表 8-4 设计土壤湿润比 （%）

植物	微喷灌	喷灌
大乔木	40 ~ 60	—
草坪、地被植物	100	100
小乔木和灌木	40 ~ 70	100

注：表中“—”表示不适宜此种灌水方式。

（四）喷灌水利用系数

一般规定，管道系统输水利用系数设计值应不低于 0.95，微喷灌灌溉水利用系数不低于 0.85，地埋式旋转喷头灌溉水利用系数可取 0.7 ~ 0.8。

（五）设计风速

喷灌作业时，风向和风速的大小会直接影响到喷灌的质量和灌水均匀度，故风力大于 3 ~ 4 级时一般不宜进行喷洒作业。

二、质量控制参数

（一）设计喷洒强度

喷灌系统的设计喷洒强度不得大于土壤的允许喷灌强度，其值见表 8-5。

表 8-5 各类土壤的允许喷灌强度 （单位：mm/h）

土壤类别	地面坡度（%）				
	<5	5 ~ 8	9 ~ 12	13 ~ 20	>20
砂土	24	20	14.4	9.6	6
砂壤土	18	15	10.8	7.2	4.5
壤土	14	12	8.6	5.8	2.6
壤黏土	12	10	7.2	4.8	2
黏土	10	8	5.8	2.8	2.4

（二）喷灌均匀系数

喷灌均匀系数 C_u 不应低于 0.75，实际测算时可按式（4-4）计算。

（三）喷灌系统中喷头的工作压力要求

（1）设计时，选用任何喷头都必须在有关标准对该种喷头所规定的压力范围内工作。

（2）选用任何喷头的实际工作压力都不得低于设计喷头工作压力的90%。

（3）同一条支管上任意两个喷头之间的工作压力差应在设计喷头工作压力的20%以内。

（四）喷头的组合间距

喷头的组合间距可按表4-4确定。

（五）设计灌溉定额

设计灌溉定额应依据设计代表年的灌溉试验资料或按水量平衡原理确定。灌水定额可按式（4-7）计算。

（六）设计灌水周期

设计灌水周期 T 可按式（4-9）确定，设计日灌水时间 t_d 可按表4-7确定。

三、工作参数

（1）灌溉系统设计日工作小时数应根据植物需水及周围环境限制条件等调查后确定。一般园林绿地喷灌设计日工作小时数取6～12 h，高尔夫场地喷灌设计日工作小时数取6～8 h。

（2）微灌一次灌水延续时间可按《微灌工程技术规范》（GB/T 50485—2009）的有关规定执行。

（3）喷灌系统的一个工作位置点的灌水时间、一天的工作位置数、同时工作喷头数可按《喷灌工程技术规范》（GB/T 50085—2007）的有关规定执行。

（4）当喷灌强度大于土壤的允许喷灌强度时，应分多次进行间歇灌溉，每次灌水的间隔时间应根据土壤的入渗能力并结合观测来确定。

第九章　喷灌自动控制系统

喷灌自动控制系统包括半自动控制系统和全自动控制系统。半自动控制系统采用人机对话模式，如人为设定灌水时间、灌水延续时间、灌水周期等，对喷灌系统进行控制。半自动控制系统模拟了灌溉管理者的灌溉行为，系统合理与否取决于编程人员的知识与经验等。目前，用的较多的是以泵站控制为主的半自动控制系统，即通过对泵站的输出压力和流量的调节，在满足用水流量要求的同时，维持压力相对稳定，简称恒压喷灌系统。典型的控制方式有变频调速控制、恒压泵控制和调压罐控制等。全自动控制系统正常控制过程中无须人员参与，由自动气象站、流量传感器、土壤水分传感器、温度传感器、雨量传感器、电导率传感器、pH 传感器等将植物生长各种环境信息反馈给中央计算机，计算机通过计算、判断，选定适宜的灌溉制度，实施灌溉。全自动控制系统的特点是：使用方便，系统运行的可靠度高；可依植物需水而供水，利于改善作物品质，增加产量，提高用水效率；可将多个系统集中控制，但要求管理人员高素质，建设投资大。

第一节　水泵变频调节

水泵变频调节原理是：通过变频调节装置调节电机供电频率大小，从而改变电机转速，达到改变水泵转速、调节水泵的流量和扬程，以使系统保持恒压运行。其通常应用在随机灌溉的场合。

一、变频调节原理与方式

（一）变频调节原理

变频器调节是通过变频器改变供电输出频率，即改变驱动电动机的供电频率，从而改变电动机的转速来调整水泵转速的一种方法。水泵的特性与转速存在着一定的相关关系，水泵的转速（n）一旦改变，其流量（Q）、总扬程（H）和轴功率（P）将发生变化。若水泵转速下降 5%，则轴功率约下降 14%，电动机输入功率也随之减小。

（二）变频调节器的基本组成

在变频调速中使用最多的变频调节器是电压型变频调速器，其由整流器、滤波系统和逆变器三部分组成。通过变频器可任意改变电源输出频率，从而实现电机平滑的无级调速。

二、影响变频调速的因素

（一）水泵机组的特性

随着转速的下降，水泵轴功率会随之下降，但电机输出功率过度下降，会影响电机效率和运行安全。另外，水泵本身也存在一个合理的调速范围，一般认为，变频调速范围最好为设备额定转速的75%～110%，不宜低于额定转速的50%，并应结合实际确定。

在恒压喷灌系统中，一般配置1～3台水泵，但只要对其中1台进行变频调速，就可以达到使整个系统恒压给水的目的。当1台变频器控制多台水泵时，水泵与变频控制柜应控制在适当距离内。

选择变频器时须注意变频器的容量应与电动机相匹配。在电源容量受限时，采用变频器供电可能导致系统运行不稳定，应采取必要的措施。

（二）管路特性

改变水泵性能曲线是水泵节能的主要方式。在不同的管路特性曲线中，调速节能的效果差别很大。为了直观起见，采用图9-1来说明。若采用阀门调节，当流量由 Q_1 变为 Q_2 时，工况点由 A_1 变为 A_2，浪费扬程 $\Delta H = H_2 - H_3 = \Delta H_1 + \Delta H_2$。若采用变频恒压供水，则自动将转速调至 n_2，工况点处于 B_2 点，水泵扬程为 H_3，没有扬程的浪费。由于变频调速是无级变速，因此可以实现流量的连续调节和机组的稳定运行。

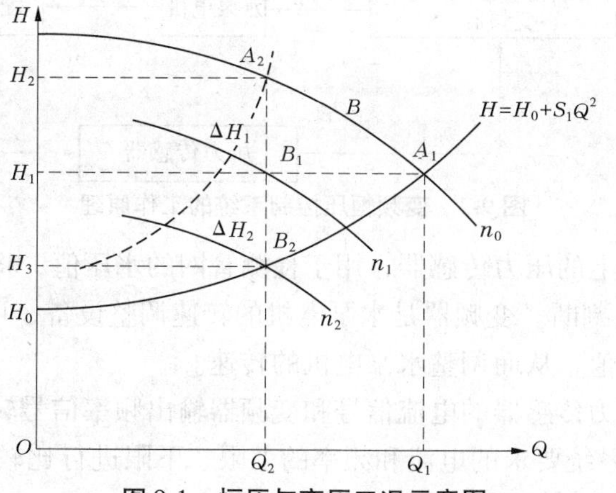

图9-1　恒压与变压工况示意图

三、变频器的选择

（一）变频调节的主要功能

1. 压力调整，按需设定

可依水泵的性能和灌溉要求进行压力设定，并由调压控制钮来完成。系统要求的压力范围设定后，运行中压力不得超出设定的压力范围；在正常灌溉情况下，当系统压力低于设定压力下限时，控制器通过调频改变水泵转速，将压力升至设定值。

2. 保护功能

在水源无水或水泵出现故障时，控制器会强制电动机停止运转；在管路漏水时，控制器将会发出漏水信号；过载保护、高低电压保护、瞬间跳电保护、逆转保护、过热保护、漏电保护、欠相保护等发生时，自动显示故障信号。

3. 停机功能

具有故障停机和正常停机功能。

（二）变频器容量

选择适宜的变频器容量，对充分发挥变频性能和系统的安全运行至关重要。如果选用的变频器容量偏小，则变频器的运行效率低且不能稳定运行。

变频器的容量选择应考虑如下因素：变频器额定容量应大于电机额定容量，变频器额定电流应大于电机额定电流，并考虑电机启动时对变频器容量和电流的要求。变频器选型时还应充分考虑到所应用场合工况条件的最恶劣情况，留有足够的设计余量，并采取必要的保护措施。

四、变频恒压控制系统的组成

常见的变频恒压控制系统由压力传感器、可编程序控制器（PLC）和变频器等构成，组成一套中心控制装置，实现所需功能。其工作原理见图 9-2。

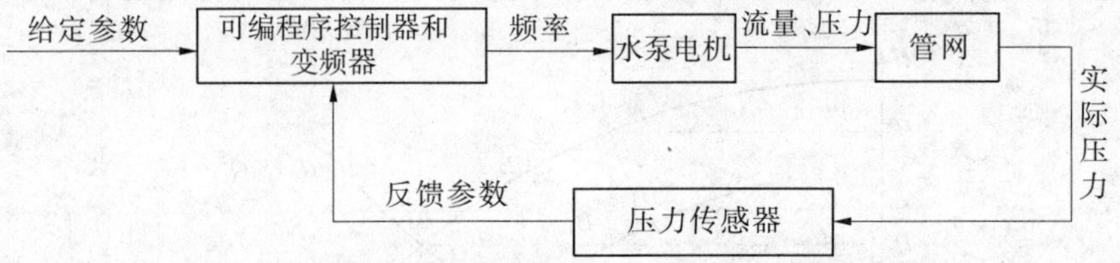

图 9-2　变频恒压控制系统的工作原理

安装在管网干线上的压力传感器，用于检测管网的水压值，将水压值转化为电流信号，提供给 PLC 进行判断。变频器是水泵电机的转速调整设备，可按照 PLC 输出信号，将供电频率变至相应值，从而调整水泵电机的转速。

通过变频器将压力传感器的电流信号和变频器输出频率信号转换为数字量，提供给 PLC，与对应的恒压系统要求的电流和频率的上限、下限进行比较，由预设的程序实现水泵与转速的变化或水泵机组的切换。

在设计中，为保证供水的连续性，水压波动尽可能小，应在电器元件许可的动作周期内，使水泵在变频器和工频电网之间快速切换。此外，为防止故障发生时造成破坏，硬件上须设置闭锁保护装置。

第二节　调压罐恒压调节

调压罐恒压调节系统是在常规喷灌系统中的管网首部增加调压罐及相应的控制设备，用以调节系统压力和流量并控制水泵运行组合，实现恒压喷灌。这种恒压喷灌系统通常由水泵机组、调压罐、控制设备、闸阀、减压设施、管道及喷头等组成，如图 9-3 所示。调压罐与总干管的连接方式可分为串联与并联两种，调压罐的安放方式可分为立式和卧式两种。

调压罐恒压调节系统是通过调压罐与水泵的共同调节，使供用水的流量和压力达到

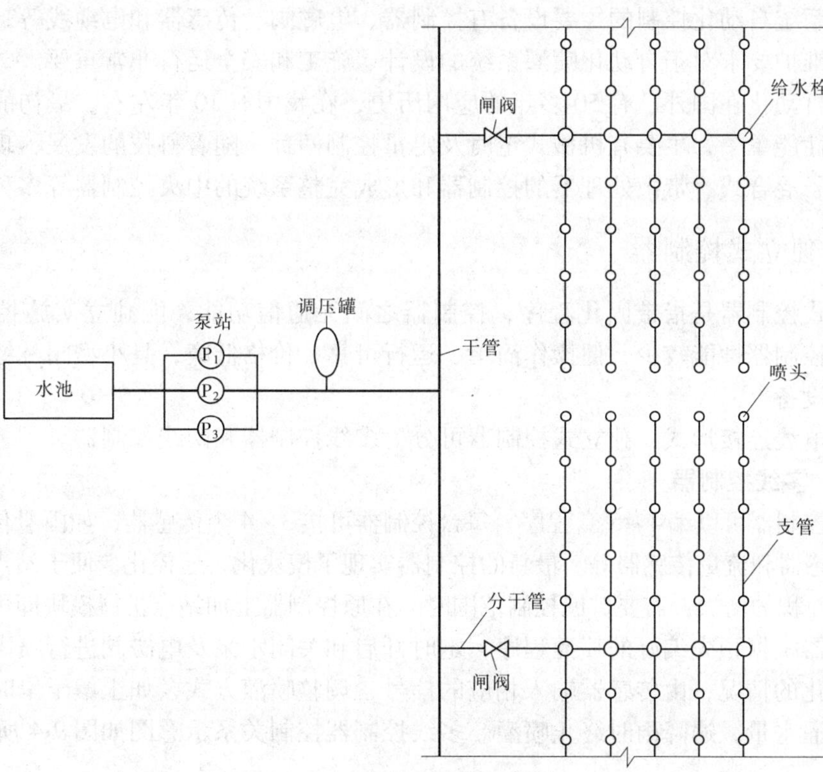

图 9-3　调压罐调节系统示意图

动态平衡。在泵站供水与田间用水的动态响应过程中，系统的工作压力在一定范围内波动，根据计算，设置调压罐设定压力上、下限 $P_{\max}$、$P_{\min}$。当系统用水量增加时，系统压力降低，调压罐向系统补水、补压。当系统用水量继续增加，压力下降到设定压力下限时，压力控制器动作，调整水泵运行组合，启动另一台泵或将小泵切换成大泵运行，增加供水量，达到供用水平衡和压力平衡，并开始向调压罐充水。当系统用水量减少时，系统压力上升，达到设定压力上限时，压力控制器动作调整水泵运行组合，减少供水量，达到供用水平衡和压力平衡。调压罐恒压调节系统中，水泵经常处于一种动停运行状态，系统首端压力是在设定的上、下限压力间变动，相应的管网压力、流量和田间用水的压力及流量也处于经常性变动中，但上述变化均控制在允许的压力范围内，因而调压罐恒压调节是一种动态的、维持系统压力相对恒定的技术。

由于调压罐恒压调节系统设计较复杂、稳定性较差、设备安装需要较大空间、维护管理技术要求较高，在生产应用中逐步被水泵变频调节所替代，故不再详述。在需要采用调压罐恒压调节系统时可参考有关技术资料。

第三节　喷灌系统自动化控制技术及设备

喷灌自动化既可以实现精细灌溉，提高水的利用效率，节约水资源，还可以减轻劳动强度，节省人工，降低运行管理成本。

喷灌系统自动化控制的主要设备有控制器、电磁阀、传感器和电缆线等，了解其性能及安装维护要求对于自动化喷灌系统的设计、施工和安全运行非常重要。

喷灌自动化在国外已有 50 多年的应用历史，在我国有 10 年左右。最初的控制器结构简单、性能单一，主要有机械式定时及定量控制两种，随着科技的发展，现已开发出机械、电子混合式、带微处理器的控制器和形成完整系统的中央控制器等多种形式。

一、独立式控制器

独立式控制器是指带固化程序，控制器之间无通信功能，能独立实施控制的控制器。独立控制器性能较少，但操作简单、运行可靠、价格低廉，是小型园林绿地喷灌项目的常用设备。

根据电线连接形式，独立式控制器可分为多线控制器和两线控制器。

（一）多线控制器

多线控制器可以编 4 ~5 套程序，每台控制器可接 3 ~4 个传感器，如雨量传感器、土壤水分传感器和流量传感器等。最新的控制器实现了模块化、遥控化，便于站点扩展，当随着灌溉面积的增加，需要扩展控制范围时，在原控制器上加站点扩展模块即可。

控制器根据预先编好的喷灌程序，定时开启和关闭水泵及电磁阀进行喷灌；根据喷灌条件变化的情况，由传感器输入相应的信号，调整喷灌方式，如土壤干旱时增加喷灌次数和喷灌水量，遇降雨时终止喷灌。多线控制器控制关系示意图如图 9-4 所示。

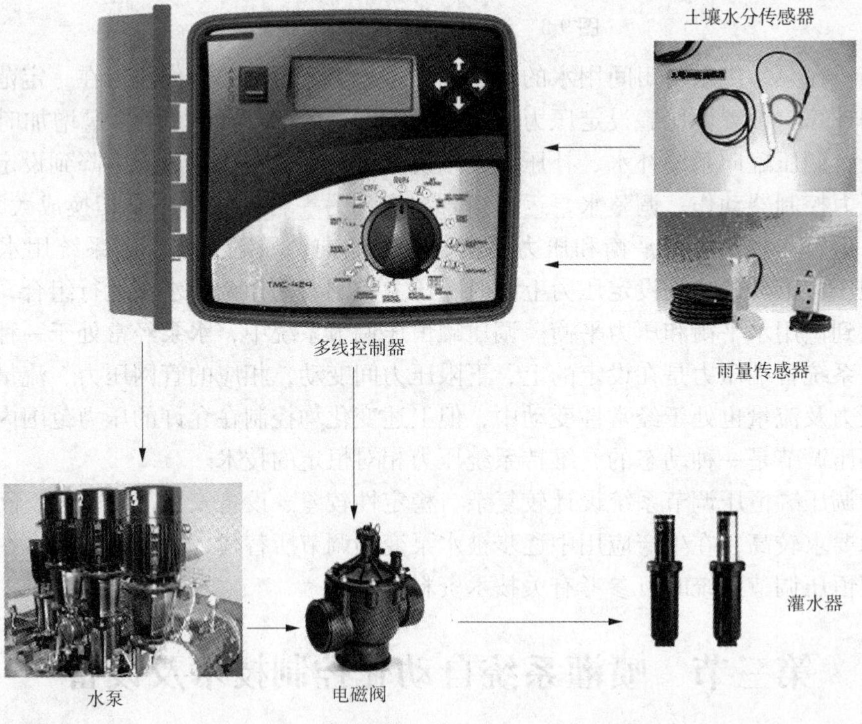

图 9-4　多线控制器控制关系示意图

采用多线控制器时，每个电磁阀上的一根线（火线）必须接回控制器，这种系统的缺陷是电线需求量大。

多线控制器有交流式，也有直流式。交流式时间控制器的输入电压为220 V，输出电压为24 V。直流式时间控制器的电压一般为10 V。

（二）两线控制器

两线控制器又称解码器系统，其控制部件有控制器、解码器和电磁阀。

1. 控制器

两线控制器的输出信号为直流（DC）信号或交流（AC）信号。相应电磁阀应选直流电磁头或交流电磁头。有关控制器性能，可参见厂家产品目录。

2. 解码器

解码器是一个带微处理器的控制单元，既可传输、反馈电信号，也可传输、反馈数字信号，是两线控制器的重要部件。解码器通常有1、2、4、6等站数，规格较大的电磁阀不宜选择大站数解码器，小电磁阀可选大站数解码器。

3. 两线控制系统连接

单站解码器两线控制系统连接如图9-5所示。多站解码器两线控制系统连接如图9-6所示。

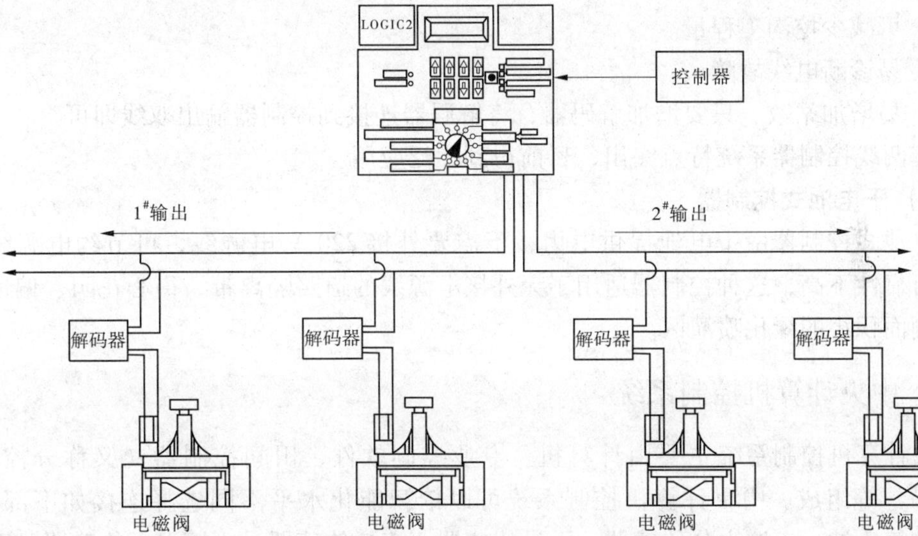

图9-5　单站解码器两线控制系统连接

控制器输出线的长度取决于控制器输出参数，设计时取厂家推荐值。

两线控制器的工作原理为：当控制器打开一站时，通过两条线将电信号及数字信号发送到解码器上。每个解码器有自己的地址。当某个解码器解读到发给自己的控制信号时，给所接相应站电磁阀通电或断电。

两线控制系统有如下优点：

（1）可节省电线。由于电磁阀只接在解码器上，不需接回控制器，因此电线用量可大幅度下降。

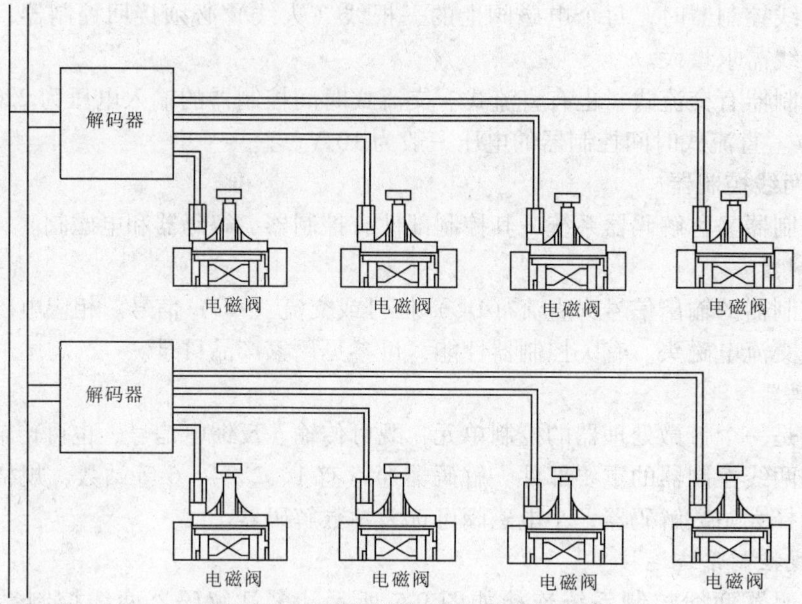

图 9-6 多站解码器两线控制系统连接

(2) 可节约控制器数量。一个控制器可接数百个电磁阀。

(3) 可减少挖沟工程量。

(4) 易诊断电线故障。

(5) 易增加站数。只要增加解码器，将解码器连接到控制器输出双线即可。

由于两线控制器系统特点突出，目前得到广泛应用。

(三) 干电池式控制器

干电池式控制器由于电池提供电力，不需要外接 220 V 电源线，可节约电源线投资，但可靠性不高，这种控制器适用于无外接电源线的道路隔离带、街心花园、偏远地区或控制面积小的绿化喷灌区。

二、中央计算机控制系统

中央计算机控制系统主要由计算机、专业控制软件、田间控制器（又称分控箱、卫星站等）等组成。中央计算机控制系统可以依智能化水平不同选择连接如下部件：自动采集气象站、土壤水分传感器、雨量传感器、流量传感器、土壤温度传感器、田间卫星站以至单个电磁阀等。

中央计算机控制系统的控制原理为：在计算机上使用专业控制软件编制灌溉控制程序（人工或自动），计算机将编好的程序通过数据电缆、电话线、无线发射、光缆、互联网等不同通信传输方式将程序指令发给田间控制器（或解码器），控制器根据程序指令启闭水泵、电磁阀实施灌溉、施肥、过滤器冲洗等。

中央计算机控制系统一般具有如下优点：

(1) 可集中控制。全部指令都由中央计算机处理发出。

(2) 可精确灌溉。由于采用集中控制方式，所以可根据植物需水要求实施灌溉，提高灌水精准度。

（3）可实施智能化控制。系统可以根据外界条件变化，全系统实现自动运行。高性能的中央计算机控制系统具有流量优化管理功能（必须接流量传感器），可自动编配轮灌组，使泵在高效区运行。

（4）可提高系统安全性。中央计算机控制系统具有警示功能，可在系统流量超过或少于程序预定允许范围时，关闭系统，并发出警示。

（5）可自动记录、显示、储存各灌溉站的运行时间。自动记录、显示、储存传感器反馈数据，以积累资料，修改程序，修改系统等。

（6）具有方便的手动功能。既可手动启、闭电磁阀的田间卫星站，也可由中央计算机启、闭任一电磁阀或卫星站。

中央计算机控制系统的缺点主要是管理难度大，需要素质高的管理人员，初始投资也比独立式控制器系统高。因此，对于面积较大、地形地貌复杂的喷灌工程，可以采用中央计算机控制系统，如高尔夫球场喷灌系统。中央计算机控制系统的控制关系如图 9-7所示。

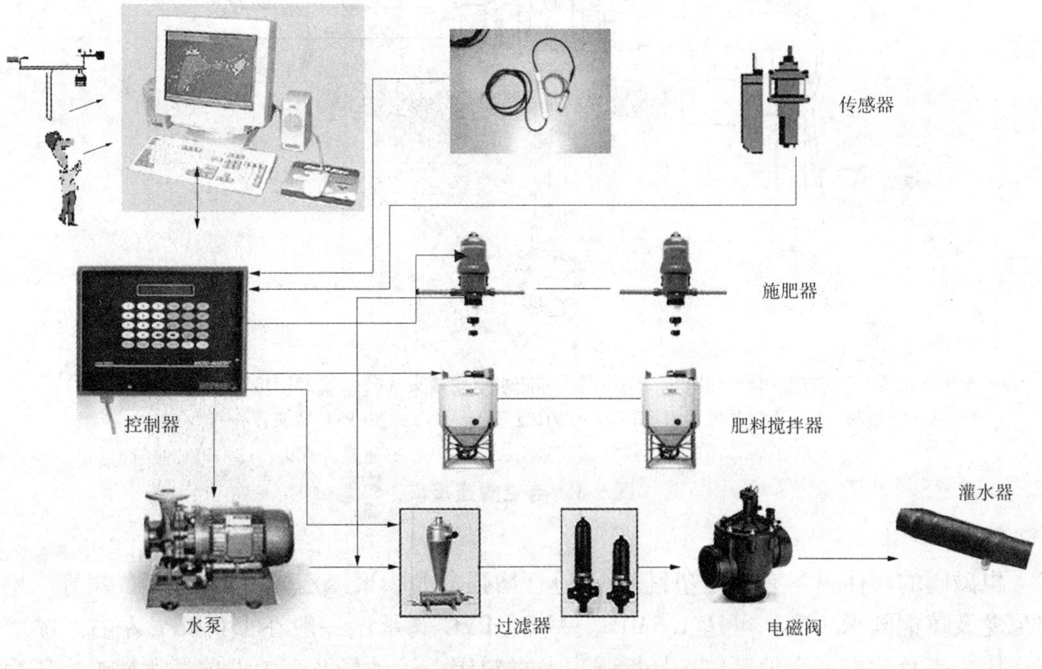

图 9-7　中央计算机控制系统的控制关系

近年来，出现了全无线控制系统。控制器、电磁阀电源均来自太阳能电池。太阳能板将接收到的太阳能转换成电能储存在蓄电池中，供控制器使用。电磁阀上的太阳能装置与控制器上的类似。

三、电磁阀选择

电磁阀的额定工作电压有 10 V、12 V、24 V 等，可以是 AV 电磁阀，也可以是 DV

电磁阀，这取决于控制器的要求。电磁阀的主要部件有阀底、阀盖、隔膜、电磁头、调压手柄、进水孔过滤网。

电磁阀的工作原理为：灌溉时，自动控制器将水泵打开，水顺着管道抵达电磁阀下腔，然后通过进水孔进入上腔。控制器给电磁阀一个电信号，在电磁作用下，将电磁头活塞提起，上腔的水经泄水孔泄到阀下游。此时，上腔压力降低，下腔水将隔膜顶起，阀门打开。灌到控制器设定的时间，控制器电流中断，电磁消失。在电磁头弹簧的作用下，活塞向下运动，顶住泄水孔。此时，上、下腔压强平衡。由于隔膜上腔面积大、压力大，隔膜被压差向下推动，堵死阀门，终止水流，灌溉结束。电磁阀连接参见图 9-8。

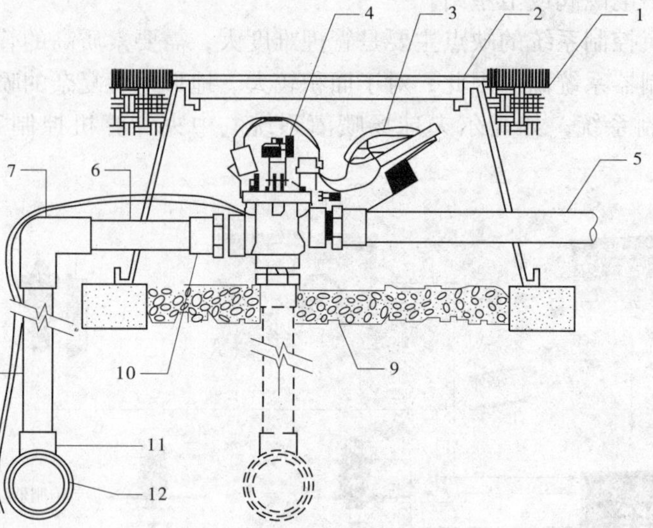

1—整平的地面；2—方形阀箱和阀盖；3—控制线和防水电线接头（公用端 3M DBY，控制端 3M DBR）；4—电磁阀；5—PVC 支管（出口）；6—PVC 支管（入口）；7—PVC 弯头；8—砖块支撑；9—砂粒层（厚 10 cm）；10—PVC 外螺纹接头；11—PVC 三通或者弯头；12—PVC 主管

图 9-8　电磁阀连接

电磁阀的阀体材料有工程塑料（ABS）、增强尼龙、聚氯乙烯（PVC）、黄铜等。增强尼龙及黄铜阀承压高，可达 1.5MPa。ABS、PVC 阀承压一般在 1.0 MPa 左右。喷灌工作压力高及北方高寒地区应选择增强尼龙材料阀。运动场及高尔夫球场喷灌工作压力高，通常采用增强尼龙阀及黄铜阀。园林小射程喷灌项目区可以考虑选择 ABS 阀或 PVC 阀。

压力变化大的项目区，应当考虑在电磁阀上加调压阀。

园林绿化灌溉具有植物多样化及地形复杂化的特点，为充分满足各种植物不同需水要求，应当尽量采用小口径电磁阀。一个电磁阀控制面积越大，均匀度越差。

电磁阀应安装在阀门井或专业阀门箱中，不要埋入土中，否则会引起堵塞，影响开、关，阻碍电磁阀手动操作及维修、维护。

四、电缆线选择

电缆线可按下述步骤选择：

（1）确定允许的电压损失值，若无厂家确切数据，则通常可估算为3 V。

（2）计算允许最大电阻值，计算公式如下

$$R = U_0/I \tag{9-1}$$

式中　R——允许最大电阻值，Ω；

U_0——允许电压损失值，V；

I——电磁阀启动电流，A。

（3）计算出单位长度（如每100 m）允许电阻值。

（4）确定适宜的电缆线型号。选定电缆线的电阻值应当小于计算的单位长度允许电阻值。电磁阀用电缆线有效长度选用可参考表9-1进行。

表9-1　电磁阀用电缆线有效长度选用参考值　（单位：m）

零线（公用线）线径（mm^2）	火线（控制线）线径（mm^2）						
	0.5	1.0	1.5	2.5	4.0	6.0	10.0
0.5	180	240	250	300	310	320	320
1.0	240	370	400	520	550	570	600
1.5	250	400	500	620	730	800	870
2.5	300	520	620	910	1 120	1 290	1 330
4.0	310	550	730	1 120	1 500	1 780	1 900
6.0	320	570	800	1 290	1 780	2 220	2 500
10.6	320	600	870	1 330	1 900	2 500	3 330

第十章　喷灌工程施工和试运行

第一节　工程施工

喷灌工程施工包括施工准备、施工组织设计、材料采购和现场施工等方面的内容，是喷灌工程建设的关键阶段之一，施工质量的好坏是工程建成后能否充分发挥喷灌效益的重要条件，因此对施工有严格的要求。

不同形式喷灌工程的施工内容不同，难易程度差别很大。一般而言，喷灌工程施工的重点是地埋管道和泵站。除轻小型喷灌机组和移动管道式喷灌系统因工程简单，可依据产品使用说明书自行安装外，其他类型的喷灌工程均应组织专业队伍施工，并进行必要的技术培训，以保证施工质量。施工应严格按已批准的设计进行，修改设计要经过设计部门的同意；设计人员应到现场指导施工，及时解决出现的技术问题。施工应进行严格的质量管理，对原材料和购入的设备必须有质量检验制度，杜绝使用不合格的材料和设备；施工中应有专职或兼职的质检人员监督每道工序的施工质量，工程规模较大时应采用施工监理制，以确保施工质量。喷灌工程的管理人员和受益地区的业务主管人员或业主应参与施工管理，一方面监督施工质量，另一方面熟悉工程情况，以便于工程运行管理和维护。

施工队伍应在施工前熟悉工程的设计图纸、设计说明、施工技术要求、质量检验标准等技术文件；施工队伍应该认真阅读工程所用设备的安装使用说明书，掌握其安装技术要求。施工队伍还应根据施工特点和施工要求制定施工管理办法，编制施工进度计划，明确分工和职责。

一、施工准备

（一）熟悉设计文件和施工现场踏勘

1．认真阅读设计文件

认真阅读工程设计文件，包括设计说明书、设计图纸、工程投资预算、施工进度要求等，掌握工程的特点、关键技术和设备，明确工程的重点和难点，为组织施工做好准备。

2．施工现场踏勘

施工现场踏勘的目的在于了解施工现场的具体情况和条件，为施工组织设计做好准备。包括了解施工现场的地形地貌、位置和离交通主干道的距离，了解施工现场距附近动力线的距离和位置，了解施工现场的水源状况等。

在施工准备阶段还应自国家水准点把高程点引向施工现场。

（二）施工组织设计

施工组织设计是研究施工条件、选择施工方案，对喷灌工程的施工全过程实施组织和管理的指导性文件，是编制喷灌工程投资估算、设计概（预）算和招标文件的主要依据。施工组织设计包括以下内容。

1. 施工条件分析

施工条件分析包括对工程条件、自然条件、物资供应条件及社会经济条件等内容的分析。

2. 喷灌主体工程施工

应根据施工条件，对施工程序、施工方法、施工强度、施工布置、施工进度和施工机械等问题进行分析比较和选择，对其中的关键技术作出专门的论证。

3. 交通运输

应对喷灌工程施工中对外交通运输和场内交通运输进行设计。

4. 施工设施和临建工程

工程施工中的主要施工设施有砂石料加工系统、混凝土拌和系统、钢筋加工系统等，临建工程主要为工程施工所用的临时建筑工程。

5. 施工总布置

施工总布置的主要任务是根据施工场区的地形地貌、建筑物的施工方案、临建工程和现场临时设施的布置要求，对施工场区进行规划，并估计施工占地，提出占地计划。

6. 施工进度

施工进度主要是拟定整个工程的施工总进度，确定各项目的起讫日和相互间的衔接关系，分析工期和工程费用的关系，提出合理工期的推荐意见。

7. 材料设备供应计划

应根据施工进度安排和定额分析，对主要材料和主要施工机械设备列出总需要量和分期需要量计划。

在完成以上设计内容时，还应提出相应的附图、土石方施工程序、施工方法及施工布置示意图等。

（三）施工现场准备工作

施工现场准备工作主要有通水、通电、交通通畅及平整现场，简称“三通一平”。此外，还有通信、排水、施工机械、施工临建等准备工作。

通水，主要解决施工用水及饮用水。通电，主要解决施工用电和办公、生活用电。交通，其中场外交通是连接主干道和场内交通，并把施工所需设备物资运往施工工地的通道；场内交通是施工场内运输的道路。平整现场包括料场、预制件场等临建场地的平整及建设等工作。

二、材料设备的采购、现场验收及保管

（一）材料设备采购的基本要求

喷灌工程所需要的材料设备，应由熟悉工程、了解材料设备技术性能的人员负责采购。

(1) 材料设备应选用国家定点厂的定型产品，优先选用国家提倡的节能产品。

(2) 管材连接件、附属设备所用的非定型产品，必须选用经过技术鉴定并严格按技术要求生产的产品，具有出厂合格证。

(3) 机电设备应按设计要求的型号、规格采购。

(4) 应严格按照设计说明书提供的材料设备规格、数量、型号等进行采购，对于管材、管件、水泥、砂石等，数量可增加5%～10%。

(二) 主要材料设备的现场验收

材料设备的现场验收包括数量验收和质量验收两个方面。

1. 水泵

水泵的现场验收主要包括外观形状（包括标牌参数、出厂合格证、外观及喷漆等）和尺寸检查、试运行阶段的运行观测和性能检测等内容。

2. 电动机

电动机的现场验收主要包括外观形状和结构检查（包括标牌参数、出厂合格证、接地、电缆、外观及喷漆、相关尺寸等）、空载试验和温升试验等内容。

3. 变压器

变压器的现场验收主要有外观检查（包括标牌参数、出厂合格证、外观及喷漆、无渗漏油、油温正常、阀门操作正确等内容）、储油柜和充油套管检查、接线和保护检查、试运行噪声、风扇、油温等内容。

4. 塑料管材及管件

首先，核对品种、规格、数量是否与订单相符。

其次，外观质量检查，包括管材内、外壁光滑平整，管材两端的切割平整，承插口合格，管材平均外径、壁厚符合规范，管件外观完整、平整。

再次，安装后的耐水压试验、渗水量试验符合规范要求，无渗漏、变形、脱落现象。

管材使用量较大时，可在每批管材、管件到场安装前，做打压试验和承插口连接密封试验。

5. 金属管材、管件

金属管材、管件要认真验收品种、型号、规格和数量，此外还应作好外观检查和质量检测。移动管材、管件连接紧密，不漏水且拆装方便。管件必须附有化学成分和机械性能证明书。焊接钢管技术要求符合规范。

6. 喷头

(1) 清点。应认真清点喷头的型号、数量，并应有喷头的生产使用说明书。

(2) 基本要求。转动部分灵活，换向可靠，部件齐全、牢固，喷嘴规格无误，弹簧松紧适度。

(3) 检查内容。抽查数量不少于3个喷头，若检查不合格，再随机抽取2倍数量试样进行复测，复测结果若仍有一件不合格，则全批不合格。检测内容包括工艺质量检查和运行检查。

工艺质量检查包括以下内容：

①喷头铸件不得有明显气孔、裂纹、夹砂等缺陷，流道光滑、平整。

②塑料零件应塑化均匀、无气泡，不允许混进杂质和分解变质料，表面光洁，外形完整，无溢边毛刺。暴露在光线中的塑料应不透光和耐紫外线照射。

③金属喷头和连接件的螺纹应符合《普通螺纹公差与配合》（GB 197—81）中的精度要求，并不得有变形。

运行检查包括以下内容：

①转动均匀，喷头每转动 1/4 圈旋转所需时间相对于 5 次平均值的最大偏差不超过 ±12%。

②流量均匀，在规定的试验压力下，流量大于 $0.25\ m^3/h$ 的喷头，流量变化不应大于 ±7%；流量不大于 $0.25\ m^3/h$ 的喷头，流量变化不应大于 ±5%。

③旋转式喷头的射程降低值不应大于 5%。

④在最大和最小压力范围内，喷头始终能正常旋转。

（三）材料设备保管

（1）材料设备应由专职保管员保管。

（2）材料设备应入库保管，并有完整的入出库管理制度。不同品种、规格、型号的材料设备应分门别类存放。管材码放高度不超过 1.5 m，且搬放方便。出库时应按顺序取用，不得随意抽取。

三、水源工程施工与水泵安装

喷灌工程的水源工程包括蓄水、引水或提水工程等，这里主要介绍其中的泵站工程和蓄水工程的施工。

（一）泵站工程

泵站是喷灌工程的首部工程，其施工质量的好坏直接关系到工程运行和效益的发挥。其施工内容主要有以下几个方面。

1. 施工放线、开挖

泵站施工现场应设置测量控制网，进行方位控制和高程控制，并保存到施工验收完毕。通过施工测量，定出建筑物的纵横轴线、基坑开挖线与建筑物的轮廓线，标明建筑物的主要部位和基坑开挖高程。

基坑开挖必须保证边坡稳定，根据不同土质情况采用不同的边坡系数（见表 10-1）。基坑开挖后不能进行下道工序时，应保留 15～30 cm 土层，待下道工序开始前挖至设计高程，泵站机组基础必须浇筑在未经松动的原状土上，当地基承载力小于 0.05 MPa 时，应按设计要求进行加固处理。

表 10-1　基坑开挖边坡系数

土质类别	挖深小于 3 m	挖深 3～5 m	土质类别	挖深小于 3 m	挖深 3～5 m
黏土	1∶0.25	1∶0.33	砂土	1∶0.75	1∶1.00
壤黏土	1∶0.33	1∶0.50	淤土	1∶3.00	1∶4.00
壤土	1∶0.50	1∶0.75	岩石	1∶0	1∶0
砂壤土	1∶0.60	1∶0.85			

基坑应设置明沟或井等排水系统，将基坑积水排走，以免影响施工。

2. 泵站施工

喷灌工程所用泵站一般采用分基型机房，即泵房墙体与机组基础是分开的。水泵与动力机应安装在同一块基础上，机组和基础的公共重心与基础底面形心应位于同一条垂直线上。基础底面积要足够大，保证地基应力不超过地基允许承载力。基础上顶面要高出机房地板一定高度，基础底面应处于冻层以下。

为保证运行时机组的位置不变，并能承受机组的静荷载和振动荷载，基础应有足够的强度，为此基础通常用 C19 混凝土浇筑，并按上述要求浇筑在未松动的原状土上。此外，还应符合以下要求：基础的轴线及需要预埋的地脚螺栓或二期混凝土预留孔位置应正确无误，为此应制作木制或铁制模板，按水泵和动力机的安装尺寸要求打孔，然后将地脚螺栓穿在模板上再进行浇筑，浇筑时应保持地脚螺栓轴线垂直。若因施工条件所限，难以保证预埋地脚螺栓的位置精度，也可预留较大的孔，待水泵和动力机吊装到位后，二次浇筑固定地脚螺栓，预留孔必须呈楔形，口小底大，尺寸符合设备安装要求。水泵和动力机的安装面高程往往不同，浇筑时应严格控制两个安装面的高差。基础浇筑完毕拆模后，应用水平尺校平，其顶部高程应正确无误。

泵站建筑物的砌筑应符合《砌体工程施工质量验收规范》（GB 50230—2002）、《混凝土结构工程施工质量及验收规范》（GB 50204—2002）、《地下防水工程施工及验收规范》（GBJ 208—83）、《建筑地面工程施工质量验收规范》（GB 50209—2002）等有关规范的规定。

泵站基础与泵房砌筑完毕后应进行检查验收，并待砌体砂浆或混凝土凝固达到设计强度后回填，回填土应干湿适宜，分层夯实，与砌体接触密实。

3. 机电设备安装

一般要求如下：

(1) 设备安装人员在安装前应了解设备性能，熟悉其安装要求，应具备安装的必要知识和实际操作能力，熟悉安全操作规程。

(2) 设备安装所需工具、材料准备齐全，安装用的机具应预先确认安全可靠。

(3) 与设备安装有关的土建工程应验收合格。

(4) 待安装的设备按设计核对无误，检验合格，内部清理干净，不存杂物。

机电设备安装的安装顺序为：水泵→动力机→主阀门→压力表→水表→各轮灌区阀门。喷灌用施肥罐、过滤器应安装在压力表与水表之间。

机电设备安装应符合下列要求：

(1) 动力机以直联方式拖动水泵时，应严格保证动力机和水泵同轴，为此应用楔形铁先将其中之一调整水平，然后利用楔形铁调整另一个设备的前后高度，使轴联器端面间隙上下、左右一致，外缘母线平行，距离均匀。调整时，要随时保持地脚螺栓的旋紧程度，不得以旋松地脚螺栓的办法调整同轴度；应按一个方向盘动水泵或动力机，避免加工误差的不良影响；楔形铁应靠近地脚螺栓均匀垫放，保证设备底座与基座有较大的支承面。

(2) 动力机以皮带传动方式拖动水泵时，应保证动力机和水泵的轴线平行，皮带轮在同一垂直平面内。动力机和水泵均应用地脚螺栓可靠固定，中心距符合设计规定。

（3）柴油机的排气管应通向室外，且不宜过长。电动机的外壳应接地，绝缘应符合标准。

（4）各部件与管道的连接可用法兰或丝扣，应保持同轴、平行，螺栓自由穿入，不得用强紧螺栓的方法消除歪斜。法兰连接时，需装止水垫。

（5）电器设备应由具有低压电器安装资格的专业人员按电器接线图的要求进行安装。安装后应检查接线是否正确并进行试运行，检查电器设备工作是否正常，三相供电线端子上的电压是否符合规定，若有异常应立即切断电源，排除故障。检查水泵接线相序是否正确时，应尽可能缩短运转时间，若发现水泵转向与说明书要求的方向不符，应调换接线，使相序符合要求。

4．水泵安装

1）井用潜水电泵

井用潜水电泵安装前应检查井筒是否顺直，井管是否完整，并准确定位水泵安装深度。安装时输水管与水泵及输水管之间的连接必须牢固，吊装水泵下井必须使用钢丝绳套和专用的起吊设备，严禁使用电缆线承吊潜水泵和井管。安装完成后井口应封盖，井口盖应坐在井口的混凝土基座上。定位后潜水电泵距井底的距离应保证机组的正常运行。井用潜水电泵的外形结构及安装示意图如图 10-1 所示。

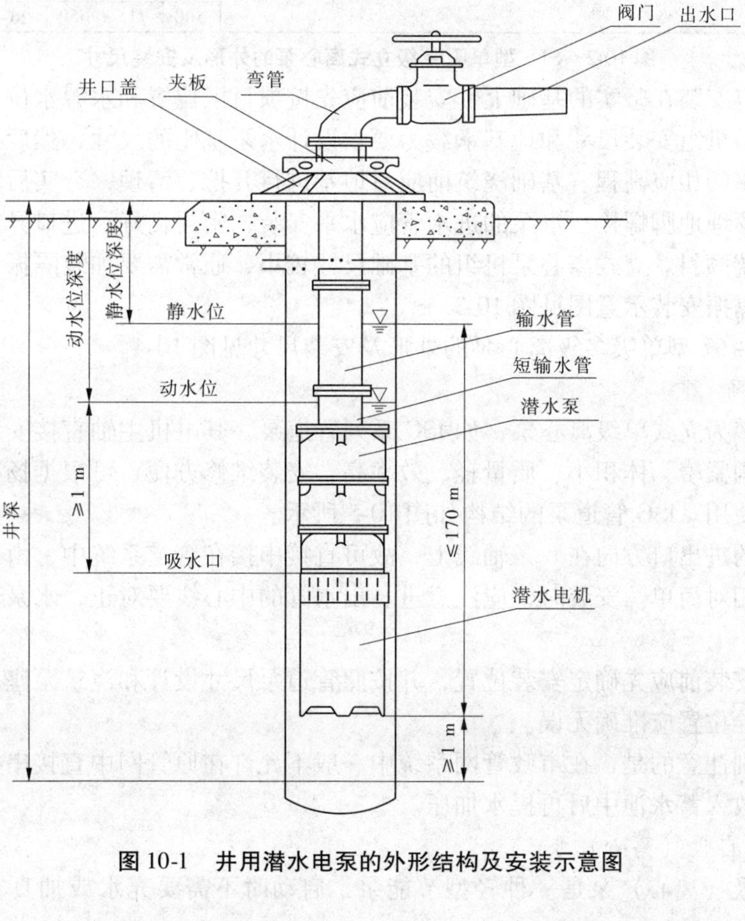

图 10-1　井用潜水电泵的外形结构及安装示意图

2）离心泵（单吸单级、单吸多级）

SLS 型单吸单级立式离心泵和 SLD 型单吸多级离心泵是常规产品的新型离心泵，通常已经由厂家选配好电机和联轴器。SLS 型单吸单级立式离心泵的外形及安装尺寸见图 10-2。

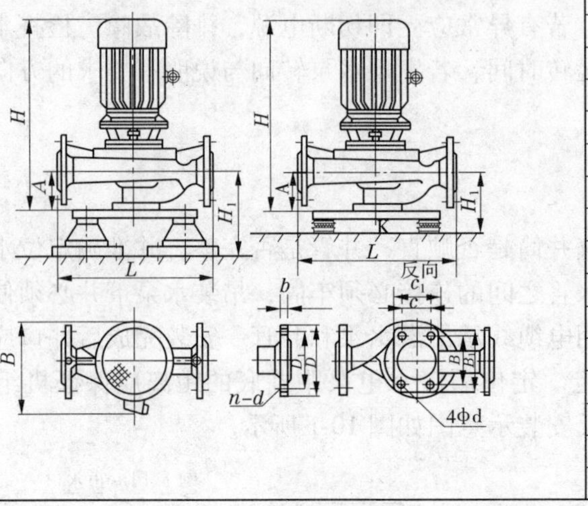

法兰尺寸(mm)				
DN	*D*	D_1	*n-d*	*b*
25	115	85	4-14	16
32	140	100	4-14	18
40	150	110	4-14	18
50	165	125	4-18	20
65	185	145	4-18	20
80	200	160	8-18	22
100	220	180	8-18	24
125	250	210	8-18	26
150	285	240	8-18	26
200	340	295	12-22	30
250	405	355	12-26	30
300	460	410	12-26	32
350	520	470	16-26	34
400	580	525	16-26	38
500	715	650	20-30	44

图 10-2　SLS 型单吸单级立式离心泵的外形及安装尺寸

离心泵应安装在坚实的基础上，安装前应先按项目区位置和水源水位确定水泵的安装高程，根据机组安装尺寸和地基承载力要求设计水泵基座的尺寸，然后根据安装高程确定水泵基座的相应高程。基础浇筑前应对地基进行开挖、清理，夯实后填好垫层，基础浇筑时应预埋地脚螺栓。水泵的进水管应水平安装，密封良好；进口异径管安装时上端水平、下端倾斜。立式离心泵机组的基础尺寸较小，通常需要加装隔振装置。立式水泵机组管道隔振安装示意图见图 10-3。

SLD155－67 型单吸多级离心泵的外形及安装尺寸见图 10-4。

3）管道泵

管道泵多为立式单级离心泵，如 ISG 系列管道泵，其电机主轴直接安装叶轮，密封性能好、结构紧凑、体积小、质量轻、效率高，安装维修方便，可根据扬程与流量的需要采用串联使用。ISG 管道泵的结构如图 10-5 所示。

管道泵的进出口方向在一条轴线上，故可直接串接在管道系统中，由于体积小、质量轻，安装相对简单。安装时，应注意进、出水管的中心线要对正，水泵轴线应垂直于水平面。

管道泵安装前应先确定安装位置，并按照管道泵尺寸设计和浇筑泵座基础，预埋地脚螺栓，螺栓位置应准确无误。

需要特别注意的是，在市政管网系统中一般不允许在原管网中直接串接管道泵，而应将管网水放入蓄水池中后再提水加压。

4）喷灌自吸（离心）泵

喷灌自吸（离心）泵是一种轻型节能泵，启动时不需要充水或抽真空，主要与喷

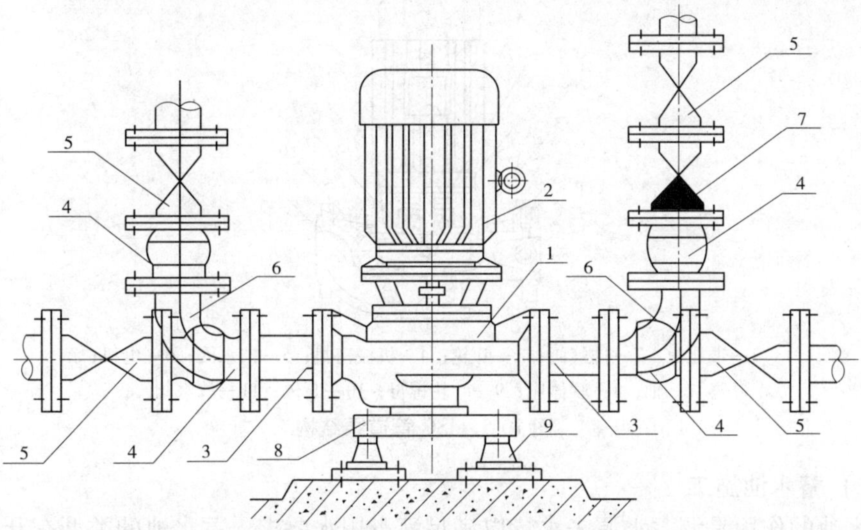

1—水泵；2—电机；3—钢制异径管（或直管）；4—可曲挠橡胶接头；5—阀门；
6—钢制90°弯头；7—消声止回阀；8—连接板；9—隔振器

图 10-3　立式水泵机组管道隔振安装示意图

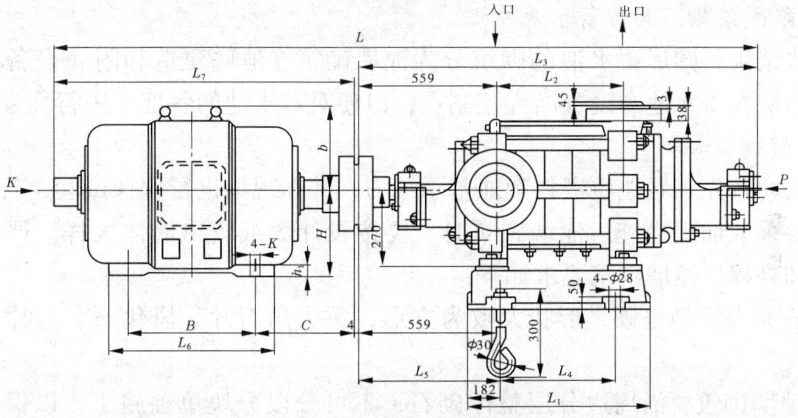

图 10-4　SLD155－67 型单吸多级离心泵的外形及安装尺寸　（单位：mm）

灌机组配套使用。具有结构简单、搬运轻便、使用维护方便、汽蚀性能好等特点，广泛应用于缓坡地和扬程较高地区的农田、菜地、果园、茶园、苗圃等经济作物的灌溉及城镇工矿、建筑施工等的给水排水。

在野外使用时，喷灌自吸泵应安放在坚实的基础上，或与配套的驱动装置固定在牢靠的设备上，若地面不平，应铲平、加垫板。喷灌自吸泵若用于移动泵站，应安装在牢靠的基础上。水泵的吸水管应固定牢靠，吸水笼头应垂直放于水中，距岸（池）边和池底均应大于0.3 m，吸水管与水泵进口的连接处应密封良好，出水管应与出水口平顺接牢。喷灌自吸泵安装时还应注意进、出水口中心线距水面的高度不能大于水泵的最大吸上高度，否则应降低基础高程。

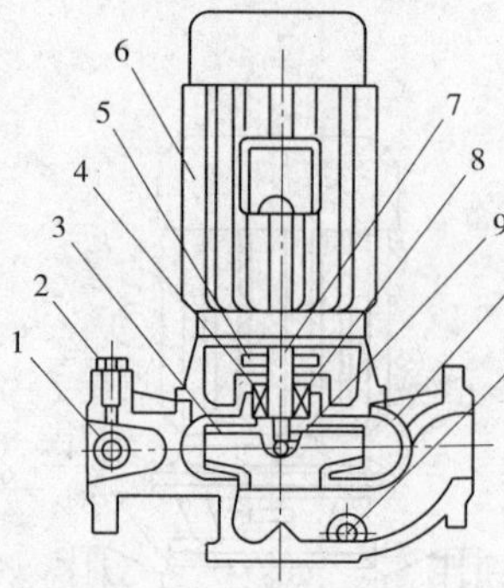

1—取压塞；2—排气阀；3—叶轮；4—机械密封；5—挡水圈；6—电机；
7—轴；8—联体座；9—叶轮螺母；10—泵体；11—放水阀

图 10-5　ISG 管道泵结构

（二）蓄水池施工

蓄水池的作用是调蓄水源来水量以满足灌溉用水要求。蓄水池的类型有开敞式、封闭式，形状有圆形和矩形等。修建蓄水池应就地取材、因地制宜，以降低工程造价。对蓄水池工程的要求包括池墙体稳定，池底牢固，不漏水。这里介绍最常见的两种蓄水池的施工，其他形式可参见有关资料。

1. *开敞式浆砌石圆形蓄水池*

开敞式浆砌石圆形蓄水池的砌筑分为池墙砌筑、池底建造和附属设备安装等三部分。施工前应在蓄水池旁设置高程控制点，以便对蓄水池的各部分进行高程控制。

1） *池墙砌筑*

施工前应首先查看地质资料和地基承载力，并在现场进行坑探试验，若土基承载力不够，则要采取加固措施。池墙砌筑时，要按设计图纸放出墙体大样。严格掌握垂直度、坡度和高程。池墙砌筑要求如下：

（1）石料要质地坚硬，形状大致为方形，无尖角石片。风化石、薄片石料不宜选用。

（2）池墙砌筑要沿周边分层整体砌石，不可分段分块单独施工，以保证池墙的整体性。

（3）浆砌块石一般用灌浆法砌筑，墙两侧临空面用坐浆法砌筑密实，中间部分用灌浆法，灌浆时应插入钢钎摇动，促使灌浆密实。墙内侧块石临池面要求规则整齐，经铲凿修理后方可使用。

（4）水泥砂浆强度等级应符合设计要求，并按设计要求控制砂浆用量。砂浆应随拌随用，不得留置过久，一般不宜超过 45 min。

（5）浆砌石在外露的（地面以上部分）外侧面进行勾缝。勾缝前须将砌缝刷洗干净，并用水湿润。

（6）池墙内壁用 M10 水泥砂浆抹面 3 cm 厚，砂浆中加入防渗粉，其用量为水泥用量的 3% ~5% 。

（7）池墙砌筑时要预留（预埋）进、出水孔（管），出水孔（管）与墙体结合处作好防渗处理。当选用硬塑管或钢管作为出水口时，在池墙内设 2～3 道橡胶止水环，或用沥青油麻绑扎管壁，然后用水泥砂浆将四周空隙筑实。出水口闸阀处要砌镇墩，以防管道晃动，北方寒冷地区，冬季将出水管覆土掩埋，以防阀门冻坏。

2）池底建造

池底施工程序分基础处理、浆砌块石、混凝土浇筑、池底防渗四道环节。

（1）基础处理。土质基础一般都要经过换基土、夯实碾压后才能进行建筑物施工。根据设计尺寸开挖池底土体，并碾压夯实底部原状土。回填土可按设计要求采用 3∶7 灰土、1∶10 水泥土或原状土，采用分层填土碾压、夯实。土料最优含水量见表 10-2。

表 10-2　土料最优含水量

土料种类	最优含水量（%）	土料种类	最优含水量（%）
砂壤土	9～15	壤黏土	16～20
壤土	12～15	黏土	19～23

（2）浆砌块石。地基经回填碾压夯实达到设计高程后即可进行池底砌石。当砌石厚度在 30 cm 以内时，一次砌筑完成；当砌石厚度大于 30 cm 时，可根据情况分层砌筑。砌石时，底部采用坐浆法砌底面，然后进行灌浆。用碎石充填石缝，务必灌浆密实，砌石稳固，上层表面呈反坡圆弧形。

（3）混凝土浇筑。浆砌石完成后，应清除杂物，然后浇 C19 混凝土，厚 10 cm，依次推进，形成整体，一次浇筑完成，并要及时收面三遍，表面要求密实、平整、光滑。

（4）池底防渗。池底混凝土浇筑好后，要用清水洗净，清除尘土后方可进行防渗处理。可用水泥加防渗剂用水稀释成糊状刷面，也可喷射防渗乳胶。

3）附属设备安装

蓄水池的附属设备包括沉沙池、进水管（槽）、溢流管、出水管与排水管等。

（1）沉沙池。沉沙池为蓄水池前防止泥沙入池的附属设备。一般要求将推移质泥沙（粒径在 0.04～2.0 mm，沉速 0.8～2.5 mm/s）中的沙粒沉淀下来。当水源为河水、山涧溪水、截潜流、大口井水等含沙量很小的水时，可不设沉沙池，也可利用天然坑塘、壕沟作为沉沙池之用。沉沙池一般修建在蓄水池 3 m 以外。

沉沙池一般呈长条形，长 2～3 m 或更长、宽 1～2 m、深 1.0 m，池底比进水管槽低 0.8 m，断面为矩形或梯形。沉沙池多为土池，也有水泥沙池、砖砌池、浆砌池和混凝土池。

（2）进水管（槽）。进水管多采用直径 8～10 cm 的塑料硬管。前端位于沉沙池池底以上 0.8 m 处，末端伸入蓄水池内。进水槽为 C19 混凝土现场土模预制，壁厚 4 cm，每节长为 1.5 m，宽度和高度视入池水量而定，当一节槽长不够时，可用 2～3 节连接。

进水管槽前应设置拦污栅，其形式多样，可就地取材。

（3）溢流管。溢流管是为了防止超蓄危及蓄水池安全的设施。溢流管安设在蓄水池最高蓄水位处，将达到最高蓄水位以上的水安全排泄出蓄水池。

（4）出水管与排水管。蓄水池出水管可安装在离池底 0.3 m 处的池壁上。清洗泥沙等沉淀物及排空池水的排水管应低于蓄水池底或与蓄水池底相平。出水管与排水管用硬塑管或钢管，并与墙体结合紧密不漏水，出口安装阀门。

2. 封闭式矩形蓄水池（砖砌墙）

封闭式矩形蓄水池的施工程序可分为池体开挖、池墙砌筑、池底浇筑、池盖混凝土预制安装、附属设备安装五部分。

1）池体开挖

池体开挖要根据土质、池深选定边坡坡度，然后按池底设计尺寸确定开挖线，并进行施工放线。要严格掌握开挖坡度，确保边坡稳定。池深开挖要计算池底回填夯实部分和基础厚度，按设计要求一次挖够深度，并进行墙基开挖。

2）池墙砌筑

按设计要求挖好池体后，首先对墙基和池基进行加固处理，然后砖砌池墙。墙角要加设钢筋混凝土柱和上下圈梁（圆形蓄水池可不设），砖砌墙时，砖要充分吸水，沿四周分层整体砌筑，坐浆饱满。墙外侧四周空隙处要及时分层填土夯实。钢筋混凝土柱与边墙要做好接茬。先砌墙后浇混凝土柱。圈梁和柱的混凝土要按设计要求施工。

3）池底浇筑

该施工方法同开敞式浆砌石圆形蓄水池。

4）池盖混凝土预制安装

混凝土池盖可就地浇筑或预制盖板。矩形蓄水池因宽度较小，一般选用混凝土空心预制构件安装。板上铺保温防冻材料，选用炉渣较为经济，保温层厚度根据当地最大冻土层深度确定，一般为 80 ~ 120 cm，上面再覆土 30 cm，四周用 24 砖墙浆砌，池体外露部分和池盖保温层四周填土夯实，以增强上部结构的稳定和提高防冻效果。

5）附属设备安装

附属设施包括沉沙池、进出水管、检查洞及人梯等。人梯安装在出水管的侧墙上，按设计要求布设。砌墙时将弯制好的钢筋砌于墙体内。顶盖预留孔口，四周砌墙，比保温层稍高，顶上设混凝土盖板。

四、管道安装

管道式喷灌系统的管材用量大，管件也比较多，刚性管材和硬塑料管的供应状态均为单节的管道，受运输限制，节长一般不超过 6 m，故现场安装工作量很大，工程质量往往反映在管道安装上。此外，阀门、给水栓的安装也应严格按安装使用说明书和施工技术要求进行。具体要求如下。

（一）施工放线及管槽开挖要点

1. 施工放线

施工现场应设置测量控制点，按图纸把设计方案布置到地面上，以便施工。对于管道除标定其轴线位置外，还应定出弯头、三通、四通、竖管及阀门井的位置和开挖深度；对于为喷灌机组供水的渠道应标定中心线、坡角线和开挖深度。在管道中心线上每隔 30 ~ 50 m 打一木桩，并在管线的转折点、出水口、闸阀等处或地形变化较大的地方加桩，桩上标注开挖深度。

2. 管槽开挖

喷灌工程中管槽开挖的土方量大、条件复杂、技术要求高，应特别注意。管槽开挖应按下列要求进行：

（1）根据当地的土质，所用的管材、管径，地下水位，埋深，施工方法等确定断面的开挖形式，选择矩形、梯形或复式结构。

（2）根据管材的规格、施工机具、操作要求，确定管槽开挖宽度。在便于施工的前提下，管槽应尽可能开挖得窄些，这样有利于减轻管道承受的土压力，而且土方量也小，但必须保证边墙的稳定性。管材与管件连接处、管子接口槽坑、混凝土镇墩和支墩处应适当加宽、加深，以便操作或安装镇墩。

（3）管槽深应按设计高程进行开挖，不得超挖。若局部超挖，应用相同的土壤填补夯实至接近天然密实度。

（4）管道埋深应在冻土层以下，且埋深不小于60 cm；若在冻土层中埋设，应经技术论证，并有相应的措施。

（5）槽底应平直、密实，并清除石块与杂物，排除积水。遇软弱地基应采取加固处理措施。管槽经过岩石、卵石区时，应将槽底至少再挖深15～30 cm，并填土夯实至设计槽底标高。管槽开挖中减少不均匀沉降的隐患对于采用刚性接头的管道至关重要，必须按施工技术要求进行。

（6）管槽开挖后应立即铺设管道，以免造成塌方或底土风化，影响施工质量。如果开挖后不能立即进行下道工序，应预留15～30 cm土层，待下道工序开始前再挖至设计槽底高程。

（7）管槽挖出的土应堆放在管槽的一侧30 cm外。管槽开挖完毕经检查合格后方可铺设管道。

（二）管道安装的一般要求

（1）管道安装前，应按照设计要求核对待安装设备的数量、规格、材质、型号，认真进行外观质量检查，核对连接尺寸，应对喷头、管材、管件等用量大的材料设备进行现场抽样检查，不合格者不得就位。设备安装所需工具、机具应预先确认安全可靠。

（2）管道施工前应将管材、管件运抵现场并沿管槽排放在无堆土的一侧。管槽底面若有落石、落土，应予以清除，积水应事先排净并落干。管道安装宜按从首部向尾部，从低处向高处，先干管后支管的次序施工；对于承插口管材，插口在上游，承口在下游，依次施工。

①吊运管道时，管道不得与槽壁、槽底碰撞。管道中心线应平直，不得用木垫、砖垫和其他垫块垫管。管底与管基应紧密接触。

②安装带有法兰的阀门和管件时，法兰应保持同轴、平行，保证螺栓自由穿入，不得用强紧螺栓的方法消除歪斜。

（3）管道系统上的建筑物必须按设计要求施工，地基应坚实，必要时应进行夯实或铺设垫层，出地管的底部和顶部应采取加固措施。

（4）管道安装时应随时进行质量检查，分期安装或因故中断安装应用堵头将敞口封闭，不得将杂物留在管内。

（三）塑料管道的安装

喷灌工程常用的塑料管道有聚氯乙烯（PVC）管、聚乙烯（PE）管、聚丙烯（PP）管等。《喷灌工程技术规范》（GB 50085—2007）中对塑料管道的安装规定为：塑料管道安装前，宜进行爆破压力试验，即瞬时环向爆破应力试验。试验长度取管道外径的5倍，最短为250 mm。测量其平均外径和最小壁厚，按规定进行装配并充水排气，加压爆破在1 min内完成，按下式计算环向应力，即

$$\sigma = P\frac{D-e}{2e} - K(20-t) \tag{10-1}$$

式中 σ——瞬时环向爆破应力，MPa；

P——最大表压力，MPa；

D——管材平均外径，mm；

e——管材最小壁厚，mm；

t——试验时环境温度，℃；

K——温度修正系数，MPa/℃，硬聚氯乙烯为0.625 MPa/℃，聚丙烯为0.30 MPa/℃，高密度聚乙烯为0.20 MPa/℃，低密度聚乙烯为0.18 MPa/℃。

塑料管瞬时爆破环向应力值应满足表10-3的要求。

表10-3 塑料管瞬时爆破环向应力值 （单位：MPa）

管材	硬聚氯乙烯管	聚丙烯管	低密度聚乙烯管	涂塑软管
σ	50	22	9.6	1.8
P	6	3.1	1.9	0.6

塑料管道的安装方法有承插黏结、柔性承插套接、热熔焊接、法兰连接、螺纹连接等。各种安装方法的技术要求如下。

1. 承插黏结

硬聚氯乙烯管道通常采用承插口黏结的方法，承插黏结安装的技术要求如下：

（1）根据不同的管材，选择适用的黏结剂。

（2）被黏结管道端口、管件端口应去污、打毛，并进行配合检查。

（3）插头和承口均匀涂上黏结剂，应及时承插，并转动管端，使黏结剂填满间隙。

（4）承插管轴线应重合，插头应插至承口底部。

（5）管子黏结后固化前，管道不得移位。

（6）塑料管连接后放入沟槽中，除接头外，均应覆土20～30 cm。

2. 柔性承插套接

柔性承插套接在移动管道中使用最多，在地埋管道中也有一定的使用。塑料管一头为承口，设止水胶圈，把被连接管端插入承口内到位。其连接方便，允许有一定转角和伸缩变形，且具有安装迅速、止水效果好的优点。柔性承插套接安装的技术要求如下：

（1）密封圈应装入承口密封槽内，不得有扭曲、偏斜现象。

（2）安装困难时，可用肥皂水或滑石粉做润滑剂，也可在管端垫一块木板，轻轻

敲入。

（3）连接后密封圈不得移位、扭曲或偏斜。

3. 热熔焊接

较大口径的聚氯乙烯管和改性聚丙烯管可用对焊法连接，主要工具是圆形电烙铁和碰焊机及专用对接架。热熔接口强度高，但对接时接口易卷边，增大水阻。热熔焊接的要求如下：

（1）热熔对接管子的材质、直径和壁厚应相同。

（2）焊接前应将管端锯正、锉平，并清除杂质、污物。

（3）应按设计温度加热至充分塑化而不烧焦，加热板应清洁、平整、光滑。

（4）加热板的抽出及合拢应迅速，两管端面应完全对齐，四周挤出树脂应均匀。

（5）冷却时应保持清洁。自然冷却应防止尘埃侵入，水冷却应保持水质清洁，完全冷却前管道不应移动。

（6）对接后，两管端面应熔接牢固，并按10%进行抽查；若两管端对接不齐，则应切开重新加工对接。

4. 其他连接方式

（1）翻边法兰连接。翻边法兰连接时应将管道端面锯正、锉平，使用专用模具或专用设备进行，翻边应与管中心线垂直，尺寸符合要求，保证法兰盘安装到位。密封圈应安放正确，不得偏向一侧。使用塑料法兰盘必须严格控制密封圈的压缩量，以免法兰盘受力过大而损坏。拧紧螺栓时应使各螺栓均匀受力，不得先拧紧一侧再拧紧另一侧，应以位置相对的螺栓为一组，同时拧紧或轮流拧紧。

（2）热熔黏结。利用接头内预埋的电阻丝热熔黏结。接头是定型产品，价格较高。

（3）螺纹连接（塑料、塑铁）。连接方便、平顺，管径在75 mm以下使用较可靠。对聚氯乙烯管一般不适用。

喷灌工程中的裸露塑料管道（包括地埋管和给水栓之间的连接管、阀门井中的管道等）若本身强度不足，应以钢管代替。

5. 阀门安装及与金属管件的连接

喷灌工程通常使用各类通用阀门、流量计和水表等设备，这些设备一般为法兰连接或螺纹连接，连入管网时应尽可能采用管道配套连接件中的相应管件，必要时也可采用钢管加工连接件。安装与连接的技术要求如下：

（1）金属阀门与塑料管连接，直径大于65 mm的管道用金属法兰连接，法兰连接管外径大于塑料管内径2~3 mm，长度不小于2倍的管径，一端加工成倒齿状，另一端牢固焊接在法兰的一侧。

（2）将塑料管端加热后及时套装在带倒齿的法兰接头上，并用管箍上紧。塑料管与金属管件的连接可采用同样的办法。

（3）直径小于65 mm的阀门可用螺纹连接，但应装设活动接头。

（4）直径在65 mm以上的阀门应安装在底座上，底座高度宜为10~15 cm。

（5）截止阀与逆止阀应按流向标志安装，不得反向安装。

阀门井和镇墩的施工安装按《砌体工程施工质量验收规范》（GB 50203—2002）的

规定进行。

（四）金属管道安装

（1）金属管道安装前应进行外观质量和尺寸偏差检查，并宜进行耐水压试验，其要求符合铸铁直管及管件、镀锌钢管、喷灌用金属薄壁管等现行标准的规定。

（2）镀锌钢管安装应按现行《工业金属管道工程施工及验收规范》（GB 50235—97）执行。

（3）镀锌薄壁钢管、铝管及铝合金管安装，应按安装使用说明书的要求进行。

（4）铸铁管通常采用承插连接。其安装应按下列规定进行：

①安装前应清除承口内部及插口外部的杂质；检查有无裂缝，如有裂缝，应予更换。

②铺设安装时，对口间隙、承插口环形间隙及接口转角值应符合表 10-4 的规定。

表 10-4　对口间隙、承插口环形间隙及接口转角值

项目	对口最小间隙（mm）	对口最大间隙（mm）		承插口标准环形间隙（mm）				每个接口允许转角（°）
		*Dg*100 ~ *Dg*250	*Dg*300 ~ *Dg*350	*Dg*100 ~ *Dg*200		*Dg*250 ~ *Dg*350		
				标准	允许偏差	标准	允许偏差	
沿直线铺装	3	5	6	10	−2 ~ +3	11	−2 ~ +4	—
沿曲线铺装	3	7 ~ 13	10 ~ 14	—	—	—	—	2

③管道安装就位后，应在每节管子中部两侧填土，将管道稳固。

④安装后，承插口应填塞，填料采用膨胀水泥和油麻等。采用膨胀水泥时，填塞深度为接口深度的 2/3，填塞时应分层捣实、压平并及时养护；采用油麻时，应将油麻拧成辫状填入，麻辫搭接长度应为 10 ~ 15 cm，油麻填入深度应为接口深度的 1/3 ~ 1/2，并打紧。

（五）水泥制品管道安装

喷灌工程所用的水泥制品管主要是钢筋混凝土管，较多采用承插式连接。

承插式连接方式有两种：一种为橡胶圈密封的柔性连接，另一种用油麻填塞接口。后一种接口施工方法同铸铁管。钢筋混凝土管柔性连接应符合下列要求：

（1）插口在前，承口在后。

（2）套胶圈前，承插口应刷干净，胶圈上不得黏有杂物，套在插口上的胶圈不得扭曲、偏斜。

（3）插口应均匀进入承口，回弹就位后，仍应保持对口间隙 10 ~ 17 mm。

（4）在管道沟槽土壤或地下水对胶圈有腐蚀性的地段，管道覆土前应将接口封闭。

（5）水泥制品管配用的金属管件应进行防锈、防腐处理。

五、大型喷灌机安装

中心支轴式、平移式喷灌机必须按照安装使用说明书的规定，由生产厂或其委托代理派出的专业技术人员负责安装和调试。

第二节　管道水压试验

管道在施工安装期间应分段进行水压试验，施工安装结束后应对整个管网分段进行水压试验。水压试验的目的是检查管道安装的密封性、管材的耐压性能和抗渗性能是否满足要求。水压试验中发现的问题必须及时妥善处理。

一、管道耐水压试验

水压试验的原理是将待试验的管段封闭，注满水后利用打压泵等设备加压至规定压力，保持一段时间，如果管段没有渗漏或渗漏量在允许范围内，管段未发生破坏或变形即为合格。

水压试验必须按规定进行。压力表应选用0.35级或0.4级的标准压力表，加压设备应能缓慢调节压力。水压试验前应检查各类阀门的状况，若安装有安全阀，应关闭相应的检修阀门，将安全阀隔离。试验前还应检查管道填土定位是否符合要求，并以设计流量连续冲洗管道直至排水清澈。冲洗后应使管道保持注满水状态，金属管道和塑料管道必须经24 h、水泥制品管必须经48 h后方可进行水压试验，否则会因空气析出影响试验结果，甚至影响水泥制品管的机械性能。试验压力不应低于系统设计压力的1.25倍，若喷灌系统按压力分区设计，则水压试验也应分区进行，试验压力不应小于各分区设计压力的1.25倍。若安装有调压阀、减压阀，则应分别对其上下游管道进行水压试验。加压操作必须边看压力表读数，边缓慢进行，压力接近试验压力时更应避免压力波动。

进行耐水压试验的管道长度不宜大于1 000 m，试验保压时间按规定为10 min，在此期间若压力下降小于0.05 MPa，无泄露、无变形则为合格；若压力下降大于0.05 MPa，则应进一步进行渗水量试验，根据渗水量试验结果确定是否合格。

二、渗水量试验

做渗水量试验时应先充水排净空气，缓慢加压至试验压力，关闭进水阀门（若加压泵出水口安装有单向阀且密封可靠，则无须该操作），记录压力下降0.1 MPa所需时间 T_1（min）；再将水压升至试验压力，开启放水阀缓慢向量水容器中放水，记录压力下降0.1 MPa所需时间 T_2（min），显然此时管道渗漏的同时又增加了人为排放，故压力下降较前者快，即 $T_2 < T_1$。

两次试验的压力下降值均为0.1 MPa，说明两次试验的排出水量是相同的，故有

$$q'_s T_1 = q'_s T_2 + W \tag{10-2}$$

式中　q'_s——试验管段渗漏强度，L/min；

W——人为排放水量，L。

由式（10-2）可得

$$q'_s = \frac{W}{T_1 - T_2}$$

若以 1 000 m 长管渗漏强度 q_s 表示，则

$$q_s = \frac{W}{T_1 - T_2}\frac{1\,000}{L} \tag{10-3}$$

式中　L——试验管段长度，m。

1 000 m 管段允许的渗漏强度［q_s］按下式计算

$$[q_s] = K_s\sqrt{d} \tag{10-4}$$

式中　d——管道内径，mm，管径不统一时可按管长加权平均；

K_s——渗水系数（钢管为 0.05，硬聚氯乙烯管、聚丙烯管为 0.08，铸铁管为 0.10，水泥制品管为 0.14）。

若 $q_s \leqslant [q_s]$ 为合格；否则，应检查渗漏原因并加以修复，直至水压试验合格。

三、管道回填要求

管道和管件安装完毕后，应部分回填定位，管道定位后再进行水压试验。这一点对于塑料管及其他承插式连接的管道非常重要，否则极易造成管道移位甚至脱节。

管道水压试验合格后，方可进行管槽回填。回填应按设计要求和程序进行。

回填必须在管道两侧同时进行，管道周围应回填松散并剔除石块的碎土。回填土应分层夯实，每层填土高度应控制在 20 cm 左右，特别注意保证管道周围的填土切实夯实。塑料管材温度变形大，应在地面温度和地下温度接近时回填，必要时还应安装伸缩节。

对管道系统的关键部位，如镇墩、竖管周围等的回填，应分层夯实，严格控制施工质量。

第三节　试运行及验收

一、试运行

试运行应在全部工程完成后进行，重点检查水源、水泵、供水压力管网、地面移动管道、喷头、闸阀、进排气阀、安全阀、调压阀、减压阀、计量设备等的工作状况是否符合要求，并进行必要的调整。运行调试应在设计流量下进行，规模较大的喷灌系统可分组进行运行调试。

试运行必须按操作规程进行，事先应明确运行调试的操作顺序、观测项目，安排好操作和观察人员，试运行结果应记录并整理归档。

试运行应由施工单位负责组织、设计单位协助、监理单位监督、使用单位参加。试运行中发现的问题必须及时妥善处理。

二、工程验收

工程验收是对工程设计、施工的全面审查。工程验收由业主和水利主管部门按规定组织。设计单位、施工单位和监理单位应提交全套设计文件、施工期间的验收报告、水

压试验记录、试运行报告、工程决算报告、运行操作规程、竣工图纸、竣工报告和相关文件。竣工验收程序、内容和要求应遵照相关规定执行。

（一）施工期间验收

喷灌系统的隐蔽工程必须在施工期间进行验收，检查合格后方可施工下道工序，施工期间验收应由监理部门或水利主管部门（含其派出机构）负责。

施工期间验收应重点检查水源工程、泵站的基础尺寸和高程、预埋件和地脚螺栓的位置及深度；地埋管道的管槽深度、底宽、坡向，以及管槽基础处理、施工安装质量等是否符合设计要求和有关规定；水压试验是否合格。

蓄水池工程应边施工边进行质量检查，若发现不合格，应立即返工，不留后患。

施工期间验收合格的项目应有签证和验收报告。

（二）变更设计处理

在施工过程中，可能遇到因自然地形、地质与设计情况不相符，或者采购的设备与原设计技术参数、外形尺寸等有出入，或者施工过程中采用了新技术、新材料等，必须按照实际情况变更原设计，应按如下程序进行：

（1）由施工单位拟定变更设计处理方案，并提出申请。

（2）经设计方审核同意。

（3）征得建设单位同意并签章。

（三）竣工验收

竣工验收应审查技术文件是否齐全、正确，检查土建工程是否符合设计要求和有关规定，检查设备选型是否合理，设备质量和安装质量是否符合规定。

竣工验收应对喷灌系统进行全面试运行，核查其主要技术指标是否符合设计要求和相关规定。

竣工验收的结论应如实反映在竣工验收报告中。

第十一章 喷灌工程管理

喷灌工程管理包括建设期工程管理和建设后工程管理。建设期工程管理主要指工程施工期间的管理，一般由建设单位统一管理，实行建设管理“四制”，即项目法人责任制、招标投标制、建设监理制和合同管理制；建设后工程管理主要指建设单位工程建成后，移交给工程管理单位进行管理，包括工程技术和运行管理，是一项长期的管理任务。本章的工程管理主要指后者。

喷灌工程管理主要包括工程管理、设备运行管理、设备维护和保养、喷灌机组的运行管理和养护、用水管理、田间监测与灌溉预报等内容。

第一节 工程管理

工程管理包括水源工程、首部工程、管道工程、附属工程的检查、维护和保养等，目的是保持喷灌系统工程设施经常处于完好状态。

一、水源工程

喷灌工程的水源有河流、渠道、水库、塘堰、机井等多种类型。在设计灌溉保证率下，水源工程应能保证按年用水计划和作业计划确定的供水量和供水时间。除对建筑物本身进行管理外，还应检查和分析水源工程的功能，检测水源水质是否符合《农田灌溉水质标准》（GB 5084—2005）的规定。灌溉期间，以河流为水源时，应定期观测、分析水量和水质的变化；以地下水为水源时，应观测地下水位的变化和地面沉降情况。

二、首部工程

喷灌工程的首部工程主要指泵房（井房）及其附属建筑物，一般在泵房内安装水泵机组、控制闸阀、水表、真空表、压力表、施肥罐和过滤器等设施，首部工程应为这些设施提供良好的运行环境。

泵房内应保持清洁和整齐，运行人员按规定要求记录日常观测数据，尤其是反常现象的记录。泵房内应张贴水泵及喷灌设备操作规程、注意事项、人员责任制等告示。

机井应注意是否有井口下陷、井水淤积、出水量减小、含沙量增加等现象，若发现这些现象，必须查明原因，及时采取合理措施予以修复，或适当减小出水量。

自压工程首部的蓄水池及控制设施，应按设计要求及时清淤、清污和维修。

灌溉季节结束后，要把压力表、真空表从水泵上拆卸下来，排空压力表与真空表内的积水，泵房内的电气仪表应保持清洁干燥。

取水池及控制设施应及时清淤、清污和维修。

三、管道及附属工程

埋于地下的输水管道，如果设计合理、施工正确，一般不易发生问题，管理中应特别注意防止管道冻胀破坏。裸露管道应防止碰损和冻胀破坏。如果发生意外损坏，应及时修复。管道修复时应注意防止损坏部位对上下游管道造成不良影响，避免重复发生类似事故。

硬质塑料管材质硬脆，易老化，运行时应注意管段有无漏水，若发现接口漏水，可采用专用黏结剂堵漏；若管道有裂缝漏水，则需要更换新管道。钢筋混凝管土接口处发现漏水可用砂浆、混凝土等包裹加固，或灌注环氧树脂砂浆等。

附属工程主要有阀门井、水表井等，附属工程数量多，且需要经常操作，应加强管理。阀门井、水表井应加盖保护，冬季应有防冻措施。阀门井应具有良好的排水或渗水条件，若有积水应及时查明原因并予以解决。

灌溉季节前应对管道系统进行检查和试水。一是检查管道内是否有杂物和漏水现象，地面管道是否完好无损；二是检查控制闸阀启闭是否灵活、安全保护设备运行是否可靠；三是检查阀门井中是否有积水，并清除淤积物和杂草，修复损坏部位；四是检查量测仪表盘面是否清晰，显示数据是否正常，若出现异常，应及时维修或更换。

灌溉时应定期进行巡视检查，若发现管道漏水、控制阀门或安全保护设备失灵，应停水检修；若量测仪表盘显示失灵，应及时校正或更换。

灌溉季节后，应对管道系统进行维修和保养，包括：冲洗管道内的泥沙，排掉管内的余水，封堵管道的进水口和出水口，对安全保护设备和量测仪表进行保养；对阀门和启闭机构涂油处理，阀门井加盖保护；对地埋管道与地面可拆卸部分的接口处加盖或包扎；地面金属管道表面应定期进行防锈处理；在寒冷地区，还应对阀门井、干支管接头处及地埋管道与地面管道接口处采取防冻措施，以防冻胀损坏管道设施。

四、机行道

机行道是为移动喷灌机而专门修建的道路，如位于水源渠道的两侧机行道，或是拖移喷灌机用的道路等。机行道路面应硬实、平整和畅通，以使喷灌机运移时方便、快捷和平稳。应及时修复机行道损坏部位，清除障碍物，保持机行道畅通。

第二节　设备运行管理

喷灌工程所用设备主要有水泵、动力机、喷头等主要工程设备，以及控制、压力调节、安全保护、量测和电气控制等附属设备。喷灌系统运行时对工程设备运行管理的要求如下。

一、设备运行的一般要求

喷灌工程运行前，应对每种设备按产品说明书和设计条件分别编制操作规程和运行要求，喷灌系统运行应遵照操作规程、用水计划和轮灌编组执行。

系统运行时应按喷灌工程设计工作压力运行，同时应在设计风速范围内作业，超出设计风速时易产生漏喷现象，均匀度差，影响喷灌工程的喷洒质量。

在工程运行时应认真作好运行记录，包括设备运行时间、系统工作压力和流量、能源消耗、故障排除、收费、值班人员及其他情况等，并应定期作好巡查、维护。

（一）运行前的准备工作

系统运行前应检查各主要设备的状态是否正常。例如，水泵盘车是否灵活且无杂音，长轴深井泵是否灌注了适量的预润水，漏电保护器是否灵敏，三相电压是否正常，柴油机机油油位是否合适，冷却水和柴油是否充足，控制阀门操作是否灵活且处于关闭位置，压力表、真空表和水表是否正常，田间移动管道或机组是否已设置完毕等。

（二）喷灌系统的启动

喷灌系统的启动应严格按照操作规程规定的顺序和要求进行。离心泵启动前应全部开启水泵吸水管路上的阀门、关闭出水管道上的控制阀，确保动力机在空载或轻载下启动。启动后应注意观察电流表、真空表和压力表的指示数值是否正常，设备运转声音是否正常，柴油机调速和排气是否正常，若有异常，应立即停车检查。在确认启动正常的情况下，缓慢开启出水管道上的控制阀向管网供水。

（三）喷灌系统的正常运行

喷灌系统进入正常运行后，应定期检查电压、电流、压力、真空度等的指示值是否正常，检查电机、轴承温升是否正常，水泵填料滴水量是否适宜，还应定期检查拦污栅，及时清除拦污栅前的污物，以免影响水泵的正常运行。

当喷洒完成上一灌区轮换到下一灌区时，应检查新的工作状况是否正常。采用闸阀、蝶阀调压的系统要注意压力的变化是否正常。注意从喷头的喷洒距离和雾化状况判断系统工作是否正常。

大型喷灌机组运行中应经常监视其运行状况，运行时要使各塔架基本保持在一条直线上。

（四）充水和泄空

灌溉季节开始或新建工程第一次运行时要对管道充水。充水前先开启排污阀、泄水阀和排气阀，关闭所有的控制阀门，当水泵运行正常后缓慢开启控制阀门，从上游至下游逐条冲洗管道；充水中注意观察排气阀工作是否正常，给水栓是否漏水；冲洗后缓慢关闭排污阀、泄水阀，检查阀门井中是否有积水。管道充水操作中应注意以下问题：一是严格按操作规程进行，二是启闭阀门要缓慢，三是注意观察排气阀工作是否正常。

灌溉季节结束后，管道应泄空。管道泄空时应观察进气装置工作是否正常，防止出现真空，泄空后管段内不能有积水封堵。管道泄空时应拧下水泵的放水旋塞，排掉回流到水泵内的积水。除给水栓外，控制阀门、检修阀门在泄空后应保持开启状态，泄水阀应保留一定的开启度，以防积水。

二、主要设备运行管理

（一）动力机

动力机一般位于喷灌系统的首部，与水泵相联，主要包括电动机和柴油机两种。

1．电动机

当电动机功率大于10 kW时，应采取降压启动。

电动机启动前应进行检查：一是电气接线是否正确，仪表显示位置是否正确；二是转子转动是否灵活，有无摩擦声和其他杂音；三是电源电压是否正常。

电动机启动时应注意要在空载或轻载时启动，待电流指针开始回降时才能投入运行。电动机正常工作电流不应超过额定电流，若遇电动机温度骤升或其他异常情况，应立即停机排除故障。同时，电动机外壳应接地良好，配电盘配线和室内线路应保持良好绝缘，电缆线的芯线不能裸露。

2．柴油机

柴油机启动前的检查内容包括：一是零部件是否完整，连接是否紧固；二是机油的油位是否适中，冷却水和柴油是否充足，水路和油路是否畅通；三是用辅机启动的柴油机，辅机工作是否可靠。

柴油机经多次操作不能启动或启动后工作不正常时，必须排除故障后才能启动。

对于水冷式柴油机，启动后应慢速预热，然后缓慢增加转速，应该在冷却水温达到60 ℃以上、机油油温达到45 ℃时满负荷运转。运转中，柴油机仪表显示应稳定在规定范围内，且没有杂音、不冒黑烟。

柴油机事故停车时除应查明事故原因和排除故障外，还应全面检查各零部件及其连接情况，确认无损坏、连接紧固后，才能按柴油机启动步骤重新启动；正常停车时应先去掉负荷，并逐渐降低转速。应定期检查柴油机调速器，如果发生飞车，则可松开减压拉杆或高压油管接头，也可堵死空气滤清器强行停车。

（二）水泵

水泵运行前应检查水泵各紧固件是否松动，机组转子的转动是否灵活，叶轮旋转时是否有杂音；各轴承间的润滑油是否充足和干净，用机油润滑的轴承油位是否正常，用黄油润滑的轴承油量应占轴承室体积的50%～70%；填料压盖螺栓松紧是否合适，填料函内的盘根是否硬化变质，引入填料函内的润滑水封管路是否堵塞；水泵和动力机的地脚螺丝以及其他各部件螺丝是否松动；进水池内是否有漂浮物，吸水管口有无杂物阻塞，拦污栅是否完整；出水闸阀关闭是否严密并灵活可靠。

采用真空泵充水的水泵，真空管道上的闸阀应处于开启位置。水泵吸水管进口和长轴深井泵、潜水电泵进水口的淹没深度和悬空高度要达到规定的要求。

自吸离心泵第一次启动前，泵体内应注入循环水，水位应保持在叶轮轴心线以上，若启动3 min仍不出水，必须停机检查。

长轴深井泵启动前，应注入适量的预润水，对静水位超过50 m的长轴深井泵，应连续注入预润水，直至深井泵正常出水，相邻两次启动的时间间隔不能少于5 min。

水泵运行中，各种仪表读数都应在规定范围内；填料处的滴水应调整在每分钟10～30滴；轴承部位温度应在20～40 ℃，最高不得超过75 ℃；运行中如果出现较大振动或异常现象，必须停机检查。

（三）调压罐

调压罐运行前应检查传感器、电接点压力表等自控仪器是否正常，线路是否正常，压力预设值是否正确，控制阀门启闭是否灵活，安全阀和排气阀动作是否可靠，充气装置是否完好等。要经常观察罐体的各个部位，不能有泄气和漏水现象。

（四）施肥装置

施肥装置运行前应检查各部件连接是否牢固，承压部位密封是否完好，压力表是否灵敏，阀门启闭是否灵活，接口位置是否正确。

喷灌施肥量应按作物种类和灌溉计划科学确定，并按使用说明进行施肥作业，施肥后必须用清水将系统内的肥液冲洗干净。

（五）过滤器

过滤器运行前应检查各部件是否齐全、紧固，仪表是否灵敏，阀门启闭是否灵活；运行时应先排净空气，若有漏水现象应及时处理；对于旋流水沙分离器，在运行期间应定时进行冲洗排污。

当过滤器前后压力表压差接近最大允许值时，必须对过滤器进行冲洗排污；对于沙石过滤器，反冲洗时应避免滤料冲出，必要时还应及时补充滤料。

（六）移动管道

移动管道使用前，应逐节检查管道和管件是否齐全、清洁、完好，止水橡胶圈是否洁净、有弹性。管道铺设时应从进水口开始逐级进行，管接头的偏转角不应超过规定值，竖管应稳定直立。

移动支管在工作搬移时应按作业计划顺序进行，在前一组（或几组）支管运行时，应安装好后一组（或几组）的支管，支管轮换时应先打开下组支管阀门，安装好后再关闭上组支管阀门。管道搬移前应放掉管内的积水，把支管拆成单根。搬移时严禁拖拉和滚动，软管应盘卷搬移；在拆装、搬移金属管道时严禁触及输电线路。

（七）喷头

喷头安装前应检查零件是否齐全，连接是否牢固，喷头流道是否通畅，转动是否灵活，换向是否可靠。

喷头运转中应进行巡回监视，发现喷头进口连接部位和密封部位漏水，喷头不转、转速过快或过慢，喷头换向失灵，喷嘴堵塞或脱落，喷头支架歪斜倾倒时应及时处理。喷射水流严禁射向输电线路。

三、辅助设备运行管理

（一）控制设备

喷灌系统通常采取分组轮灌的方式进行灌溉，流量控制是运行管理的基本内容。专用的流量控制阀门可精确控制每条支管的流量，由于造价较高，在我国很少采用。目前，我国的喷灌系统一般采用闸阀、蝶阀和喷灌专用的给水栓控制流量，设定后通常不进行流量调节。控制阀门的设置要便于轮灌的实施和运行操作，闸阀、蝶阀的运行应灵活、可靠。闸阀、蝶阀应定期补充填料，螺纹和齿轮处应定期加油润滑，防止锈死。

给水栓、闸门、闸阀等附属设备大多为金属结构，要采取防止锈蚀的措施，在灌水前后应注意涂抹机油，保证设备使用灵活。

（二）压力调节设施

调压阀和减压阀等设备应经常检查、维护，如果调压减压参数发生变化应重新设定，如果功能下降或设备损坏应及时更换。采用减压池减压应在下游安装压力表，以观察下游管道的压力。减压池应及时清污，若有损坏应及时修复。

（三）安全保护装置

地形起伏较大时，应在管道内气体容易聚集的地方安装自动进排气装置，及时排除管道内的气体，保证管道的安全运行，进排气阀应定期检查动作是否灵活，进排气是否畅通。在管道的最低处和排空管内积水困难的地方设置泄水阀，以利于管内积水的排出；灌溉季节结束后应及时排空管内的积水，以防冻胀破坏管道。喷灌系统存在水击等危害时，应设置安全阀、逆止阀等安全保护装置，以保护系统安全。逆止阀应定期检查密封状况。

（四）量测装置

喷灌系统的计量主要是水量计量。水量计量是实现计划用水的重要措施，也是征收水费的依据。喷灌系统常用水表进行水量的计量，因大口径水表质量大、价格高，常用分流式水表，但应注意分流比不宜大于 10，否则难以保证测量精度。喷灌系统通常以喷洒时间长短控制轮灌组的喷洒水量，这是一种简便易行的方法，但因各轮灌组距离水泵的远近不同、实际工作压力不同，同样的喷洒时间喷洒的水量往往不相同，可以利用水表的读数来校核不同轮灌组的喷洒时间，比较精确地控制喷洒水量。

喷灌系统的观测主要是水压量测，一般采用压力表进行。各厂家生产的喷头流量和压力之间都有对应的关系曲线，可以用压力观测代替流量观测。水泵进水口和出水口应分别安装真空表和压力表，轮灌控制阀的下游一侧应安装压力表，以便进行观测。

在运行时应经常检查水表、压力表和真空表等设备是否正常，读数是否正确，发现误差较大时应进行校对，如果损坏应及时更换。

（五）电气控制设备

自动控制机房应防尘、防水，并有专人管理。自动控制计算机应专机专用，计算机应安装防病毒软件。

首部自动控制计算机和通信组件应定期进行维护，内容包括：检查控制系统软件是否正常运行，定期进行防病毒软件病毒库升级和系统杀毒处理，定期检查通信是否畅通。

自动控制系统运行前应进行自动喷灌系统模拟运行，内容包括：检查阀门控制器和管道的连接、密封是否可靠，检查线路连接是否正确、可靠；进行田间自动控制设备手动启停测试；首部自动控制系统和田间自动控制系统进行联合测试，保证整个控制系统正常运行。

自动控制设备应按产品说明书规定进行安装、使用和养护。田间自动控制设备应注意防水、防盗和安全。应定期进行各种接插件、连接件、机箱等的防腐防锈处理。

系统运行前应检查田间自动控制设备蓄电池电量；电量不够应更换或充满；所有田间自动控制设备是否上线，是否与中心控制计算机建立连接，若没有全部上线，应检查首部和田间自动控制设备是否正常通电和工作，一切正常后才能启动正式的灌溉命令。

系统启动后，应到田间核实喷灌设备的运行状态，以保证首部计算机命令正确执行。系统运行时，应实时检查田间反馈状态，压力、流量分布情况。灌溉结束后应打印和存储系统运行记录，并按操作要求正确退出系统，关闭计算机和电源。

第三节　设备维护和保养

喷灌系统使用的设备种类多、用量也大，在系统停止运行期间应根据各种设备产品的使用说明进行认真保养和维修，对易损件应补充一定数量的备件。

一、动力机

长期存放的电动机应保持干燥、洁净；灌溉季节后应对电动机进行全面检修，清洗轴承、更换润滑脂，烘干绝缘电阻值小于0.5 MΩ的电动机，在下一个灌溉季节开始前应进行复测。经常运行的电动机，应按照接线盒盖完整、电气绝缘良好、压线螺丝无松动和烧伤、接地良好等要求，每月进行一次安全检查。

柴油机应按规定的周期进行技术保养，存放的柴油机应放掉剩余的柴油和机油，水冷式柴油机应放干净冷却水，清除水箱水垢；风冷式柴油机应清除风道内和散热片上的污物。柴油机应清洗或更换空气滤清器和机油粗、细滤清器芯，柴油机存放前应向缸筒内注入10～15 g新机油，同时封堵空气滤清器口、排气管口和水箱口。

二、水泵

水泵应每年清洗轴承并更换润滑脂。采用钙基脂做润滑油的水泵，每年运行前应将轴承、轴承体清洗干净，更换一次润滑油；采用机油润滑的新水泵，运行100 h后应清洗轴承体内腔、更换机油，水泵投入正常运行后，每工作500 h要更换一次机油。

离心泵运行1 500～2 000 h后，对所有部件特别是口环、叶轮、密封装置、轴承、联轴器等易损零部件进行清洗除锈；井用潜水电泵和长轴深井泵每年应进行一次检修保养，若运行平稳，耗电或耗油正常，保养周期可适当延长。

灌溉季节后要放空水泵、管道的存水，防锈防冻，油漆剥落的水泵要重新进行刷漆。冬灌期间每次使用后应及时放水；长期存放时，泵壳及叶轮等过流部位应涂油防锈。潜水电泵应在室内存放。

三、调压罐

灌溉季节后，应对调压罐的自控仪器、控制闸阀、控制线路和充气装置等进行全面检修和养护，定期对调压罐的内表面和外表面进行防锈处理。冬季灌水后露天放置的调压罐应泄空余水。

四、施肥装置

每次施肥后应对施肥装置进行保养，检查进口接头和出口接头的连接及密封情况。灌溉季节后应对施肥装置各部件进行全面检修，清洗污垢，更换损坏和被腐蚀的零部件，并对易腐蚀部件和部位进行处理。

五、过滤器

灌溉季节后应对旋流水沙分离器进行维护和保养，彻底清除积沙，对进口、出口和储沙罐等进行检查，修复损坏部位；使用筛网过滤器时每次灌水后应取出过滤组件进行清洗，并更换已损坏的部件；使用沙石过滤器时应及时检查各连接部件是否松动，密封性能是否良好，发现问题应随时处理。若滤料结块或污物较多，应彻底清洗滤料，必要时应补充滤料。

六、移动管道

每次作业后应检查移动管道，修理或更换损坏的部件。每年灌溉季节结束后应对易锈蚀的金属表面涂油或刷漆，止水橡胶圈应取下阴干并洒上滑石粉放在架子上。

移动管道应按不同材质、规格码堆存放在平整的地面上，堆与堆之间应留通道。两端带有管件的硬管应分层纵横交错或层间加设垫木前后交错存放；一端带管件的硬管应分层前后交错存放；塑料管层间不得加设垫木；软质塑料管和直径不大于 50 mm 的半软质塑料管应晾干、卷盘捆扎存放；金属管的堆放高度不宜超过 1.5 m；塑料管的堆放高度不宜超过 1.0 m，塑料管不应露天存放，距离热源不得小于 1.5 m。管件、量测仪表和止水橡胶圈也应按不同规格、型号分类排列，置于架上不能重压。

移动软管管壁薄，容易损坏，使用前应将管道所经路面铺平，防止草木、作物茬或石块等尖状物扎破软管，使用时严禁拖拉软管，以防破裂。软管输水、灌水需要跨沟壕时，要用托架进行保护；跨路时应挖小沟或垫土进行保护；转弯时要缓慢，切忌拐 90°直角弯。用塑料软管冬灌和春灌时要注意防冻，白天气温若低于 5 ℃应停止使用，冬季保藏时应注意防止鼠咬。

七、喷头

喷灌系统每次作业后应将喷头清洗干净，每年灌溉季节结束后应保养一次。在易锈蚀的表面，擦净水迹除去污渍和锈斑，在转动部位涂上黄油，并在空心轴处加油润滑。存放时把弹簧放松，更换磨损严重、影响正常使用的零件。喷头存放时应用纸包好，分类排列放置。

八、低压电器设备

为使喷灌系统能够安全运行，对于永久性架空电力线路每月应巡回检查一次；对于地埋电缆每半年应检查一次，每年测定一次绝缘电阻；室内低压线路或室外非架空低压线路，严禁使用裸线，绝缘层破损或被腐蚀的导线必须及时更换，接头等连接部位不得松动，并应有良好的绝缘保护。

当各类开关的触头烧伤、腐蚀情况严重时应及时更换，电器设备外盖应保持完整；三相触头如果不能同时接触、同时分离，应修理或更换。应经常检查露天安装的各类开关，若防雨装置损坏必须及时修复。

配电盘和启动器应保持干燥清洁，导线接触良好，零件和仪表损坏时应及时修复。触电保安器每周应检查试验一次，动作必须灵敏。熔体熔断时必须查明原因，排除故障，严禁随意更改熔体材料或规格，按规定应接地的设备必须接地良好。

第四节　喷灌机组的运行管理和养护

喷灌机主要包括中心支轴式喷灌机和平移式喷灌机、绞盘式喷灌机、滚移式喷灌机、轻小型喷灌机等类型，其维护与保养方法基本一致。

一、喷灌机共性的维护与保养

喷灌机每次作业后均应按产品说明书要求进行日常维修和保养，灌溉季节结束后应排空喷灌机内的积水，橡胶行走轮应垫离地面。新喷灌机或经过大修后的喷灌机，使用前还应进行试运转。

喷灌机运行前应对组成部件进行检查：喷头连接牢固，流道通畅，转动灵活，换向可靠，弹簧松紧适度，零件齐全；管件完好齐全，控制闸阀及安全保护设备启闭自如，动作灵活，止水橡胶质地柔软，具有弹性；量测仪表盘面清晰，指针灵敏；连接件牢固，电缆线无破损，传感部件动作灵活。

喷灌设备开始喷洒时，应缓慢开启放水阀，逐个启动喷头，并逐步调整压力至喷头压力额定值，严禁同时启动所有喷头；停止喷洒时，应逐个缓慢关闭放水阀，不得同时关闭所有喷头。喷灌机电器部件的接线牢固、安全，接地良好，熔体规格符合要求，仪表显示位置正确，电线、电缆线没有破损；转动部件运转灵活，操作柄杆和按钮工作可靠、灵活；润滑部位应按规定加注润滑油；灌水器安装正确、牢固；输水管道畅通；制动和保护装置安全、可靠；轮胎气压符合要求；通水试运行中，管道接头密封可靠；田间没有影响作业的障碍物。

供水和停水时，应缓慢开启和关闭喷灌机的阀门或给水栓。运行时应符合：一是管道首末端压力在设计要求范围内；二是转动部件运转平稳，无异常声音；三是密封处无泄漏；四是灌水器工作正常。

喷灌机发现故障时应及时排除，严禁强行运行。施用化肥后应对管道进行清洗，作业完毕后应排除管内余水，以电为动力的喷灌机应切断电源。喷灌机长时间不作业，应将管道和阀件冲洗干净，清除泥沙和污物，排净水泵及管内的积水，清除行走部位的泥土和杂草，对易锈蚀部位进行防锈处理。

二、中心支轴式喷灌机和平移式喷灌机的管理

中心支轴式喷灌机和平移式喷灌机运行前，要检查各塔架同步装置的传感部件动作是否灵敏，挠性接头连接是否牢固和可靠；百分率计时器和过水量保护继电器是否按计划灌水定额调整；塔架的手动开关要闭合，其自动控制盒内的交流接触器触点及微动开关触点无严重灼痕；各塔架车驱动电动机转动方向一致；塔架车传动轴连接牢固，并有防护装置；中心支轴式喷灌机行走轮的同步角调整正确，平移式喷灌机导向触杆及微动

开关动作灵敏可靠，导向钢索绷紧、牢固，埋设在地头的停车桩要完整无损；停车或自动返回的控制装置要按预定的灌溉面积调整。

喷灌机运行时各塔架车必须基本保持在一条直线上，桁架泄水阀必须密封可靠，停止作业时应能自动泄水，末端悬臂泄水阀应启闭灵活。作业开始前应先喷水再行走，作业结束时应先停止喷水，继续前进 10～20 m，拖移时应有专人指挥，喷灌机应停放在拖移路线上，行走轮应调整成拖移状态，牵引钢丝绳必须按规定要求连接、调整和紧固，拖移速度不能超过 3 km/h，气温低于 4 ℃时严禁喷灌作业。

喷灌机越冬或长期停放期间，应给轮胎充气，对喷头和主要电气设备等部件进行保养，拆下的部分应分类入库保管。

三、绞盘式喷灌机的管理

绞盘式喷灌机运行前应将绞盘车底架调整为水平状态，并与地面锚紧，绞盘由拖移位置转换为工作位置后应固定，田间应留有喷头车通行道，单喷头绞盘式喷灌机应进行扇形喷洒。

铺放输水管时在绞盘上剩余的管道不得少于一圈，喷头车应沿直线拖移，其速度不得超过 3 km/h。运行时只能调整喷头车行走速度，不得进行其他参数调整，行走速度应按计划灌水定额调整。

喷灌机整机拖移时绞盘车及喷头车必须调整到规定位置固定并锁紧；在田间的拖移速度不得超过 5 km/h，在道路上的拖移速度不得超过 10 km/h。喷灌机应入库保管，并将车轴支起，轮胎垫离地面。

四、滚移式喷灌机的管理

滚移式喷灌机喷洒时喷水管应与供水管道垂直，喷头朝上，竖管保持铅直。作业点喷洒完毕后应先脱开连接软管，再排净喷水管内的余水。

当喷灌机移动 4～8 个位置喷水管轴线严重弯曲时，应由人工调整滚轮位置使轴线基本保持在一条直线上。当作物高度超过滚轮半径时，不应再采用滚移式喷灌机。

长期停用时，应采用制动杆双向固定机组。当风速大于 5.4 m/s 时，应另加缆桩固定。

五、轻小型喷灌机的管理

轻小型喷灌机的水泵与动力机采用联轴器传动时，其轴线必须在一条直线上，联轴器间应有一定间隙，对于口径小于 300 mm 的水泵，其值可选为 2～4 mm；采用三角皮带传动时两轮的皮带槽应对正，皮带的规格和新旧程度应一致，松紧应适度，不得减少根数；采用皮带传动时不得在其传动装置无安全罩的情况下运行。

每次作业完毕后应对各部件进行保养，检查连接紧固情况。机组存放时应卸下传动皮带，排列整齐，安置平稳，轮胎或机架应离开地面。同一台机组的零部件应存放在一起，不能存放在一起的，应编号后存放。

作业时喷灌机安放位置的土质应坚实。进水管路的安装应注意密封，吸水滤网应完全淹没在水中，并与池底、池壁保持 30 ~ 50 cm 距离。水泵进水管莲蓬头应放置在过滤网箱内。

软管应避免与石子、树枝等锐利物体摩擦，不应与运行件接触，应防止车轮碾压和行人践踏。软管在移动时应卷成盘状搬运，不应沿地拖拉。

自吸泵在启动前应向泵体内灌满储水，严禁未加储水运转。水泵启动后，在规定转速下运行 3 min 后仍未出水，应停机检查。

机组长时间停止使用时，应将泵体里的存水放掉，拆卸水泵、喷头，擦净水迹，涂油装配，各部件用纸包好，存放在阴凉、干燥的地方，软管应卷成盘状放于阴凉、干燥处。

第五节　用水管理

用水管理的任务是根据水源的供水情况，按照作物各个时期需水量、灌区降水量及来水预报、渠道布置、输水能力等制定用水计划，并根据实际降水及来水情况进行修正，科学编制喷灌配水和用水计划，实现高效用水的目的。

一、年用水计划

用水计划是用水管理的中心环节，是水利管理单位引水配水的依据，也是用水单位安排灌溉的依据。

年用水计划应在喷灌季节前，根据当年的种植状况及喷灌系统的水源条件和工程条件，参考历年的灌水经验制定。年用水计划的主要内容是喷灌区主要作物的灌溉定额、灌水次数、灌水定额等。影响年用水计划的因素具有不确定性，如降水、可供水量等，故年用水计划本身也具有不确定性。制定年用水计划的主要目的如下：

（1）指导作物合理布局。喷灌区的作物合理布局应考虑在限定的水源条件下尽可能提高复种指数，粮食作物和经济作物适当搭配，此外还应特别注意使相同作物的种植相对集中，同一个作业区内的种植结构应尽量相同。

（2）实现供需水量平衡。以地下水为水源进行喷灌时，应特别注意防止过量开采地下水，当地下水位下降明显时应调整开采量，实现地下水的采补平衡。

（3）提高水的利用效率。喷灌区主要作物的灌溉制度应在田间灌溉试验的基础上，根据水源条件和工程条件合理确定，特别是在水源紧张的情况下，年用水计划应能指导水资源的合理分配和高效利用。

二、灌水计划和作业计划

灌水计划的主要内容是划分轮灌组并确定各轮灌组的轮灌顺序、每一个轮灌周期的时间和分配给每组的轮灌时间。轮灌组划分及轮灌顺序的确定要根据便于管理和有利于及时满足灌区内作物用水要求，有利于节约用水等要求来划分。

灌水计划包括灌水定额、用水量、灌水周期、灌水持续时间、同时工作的喷头数和同时工作的支管数等。

每次灌水前应根据年用水计划，结合实际情况，编制和调整作业计划，应按作业计划进行灌水，并作好相关记录。记录内容包括：工程名称、所在地址，水源类型，风速、气温和相对湿度，作物种类和种植面积，灌水日期和作物的生育期，轮灌组序号和同时运行的支管编号，压力表与流量计的读数，作业时间，施肥种类、单位面积施肥量及施肥总量，计划灌水定额和单位面积实际灌水量，事故状况和处理结果，值班人员签名等。

喷灌系统可以分为一个作业区与多个作业区，小的喷灌系统仅有一个作业区，大的喷灌系统往往具有多个作业区，一般作业区之间采取续灌的方式，而作业区内部采取轮灌的方式。作业区的划分和管道系统的规划设计密切联系，运行中一般不应变更，作业区内轮灌方式应根据其同时工作支管数合理确定。若某一作业区仅有一条支管工作，应从一端开始顺序作业；若有两条支管同时工作，则应分别从两端向中间，或由中间向两端顺序作业。

作业时位置高、距离远处，可安排少开几个喷头；反之，位置低、距离近处，可多开几个喷头。喷灌设计时是按最不利工况、最不利位置进行的，运行时可能超压，应按要求调控压力，另外也可用自动调压控制，如用水泵变频调速控制。

三、用水计划的执行

灌溉用水前管理单位和用水单位要做好准备工作，检查工程状况、设备完好程度，组织好喷灌专业队等。灌水期间管理人员要深入田间进行灌溉技术指导，掌握灌溉进度。灌溉期间若遇特殊情况或事故，由管理单位负责有计划地减水或停水。

应根据需要设置量水设备、地下水观测井及其他设施，做好水情、水质、墒情、土壤盐分、泥沙淤积和地下水位等测报工作。

每次灌水后，管理单位要及时把各用水单位实际用水量、灌溉面积、应缴水费金额等统计和结算清楚。每个灌溉季度和年终要全面检查灌溉用水工作，分析水的利用情况，作出总结。

四、用水管理信息采集

一般来说，灌溉用水信息应包括水源信息、气象信息、土壤信息、作物信息和农业信息（作物种类、种植面积、灌溉面积、施肥标准）等。对这些基本信息进行加工处理并与历史资料对比，可以指导灌溉用水。经过灌溉实践，又会产生新的信息，如此反复，可以不断科学地指导灌溉，提高灌溉技术水平。

有条件的灌区应实现用水管理自动化。用水管理自动化是灌区现代化管理的核心，首先要求有灌溉工程控制设备的自动化，以便对系统进行自动控制；其次要有先进的系统运行软件对系统控制进行决策，如用计算机对管理信息进行加工、储存和对信息资料进行分析以便提供决策依据等，既减轻了劳动强度，提高了运行精度，又保证了系统的安全运行，同时还为实现灌区的现代化经营作出科学决策。

用水管理自动化的系统运行软件应具备数据收集、存储、加工、分析、计算和决策等功能，其核心部分是灌溉用水信息管理系统。

第六节　田间监测与灌溉预报

一、地下水动态监测

喷灌工程水源为地下水的灌区属于井灌区，进行地下水动态监测是合理开发、利用地下水资源的基础工作，对地下水位、水温等基础数据进行长期定时观测，掌握地下水变化动态，可以合理开采和科学利用地下水资源。

（一）地下水动态监测工作

（1）对灌区监测网中各监测井进行水位、水量、水温和水质的监测、记载与取水样化验等工作。

（2）通过多年监测和分析，查明影响灌区地下水的补给项（如降水入渗、地表水入渗、灌溉回归补给和地下水侧向补给等）和消耗项（如地下水的侧向排出、泉水溢出、潜水蒸发和人工开采等），以便对地下水实行调整和控制措施。

（3）根据地下水的动态资料，选择合理的参数计算方法，研究地下水资源计算与评价的方法，为合理开发地下水资源提供准确可靠的基础资料。

（4）依据地下水情，研究井灌区建设的合理布局及水泵选型、安装和运行管理的合理方案。

（5）进行水质监测，了解地下水污染和盐化情况，以便制定出适宜的防治方案。

（二）地下水动态监测的内容

（1）水位监测。地下水位受自然因素与人为因素的影响较大，水位监测是掌握井灌区地下水动态变化趋势，进行人工控制地下水运动的基本资料，目前多采取5 d或10 d监测一次。

（2）开采量统计。在开采状态下，所提取的水量是引起水位下降的主要因素。为此，定期进行水量监测，统计开采量数据并绘制开采量统计表，为进行水资源分析提供参考依据。

（3）水质监测。为了监测地下水的水质变化，或监视水质污染情况，都要进行水质监测。水质污染监测应每月进行一次。

（三）长期监测资料的整理内容

（1）对地下水动态及其各种影响因素的经常性监测资料，要定期进行整理。其中包括日常整理、月整理和年终整理。编写年终报告时，应进行系统分析，完成报告并附有各种动态图。

（2）在资料的日常整理中，最重要的是地下水位、开采量、水质和水温等确切数字的记载。每个月应计算出平均值、最大值、最小值以及变化幅度，并编绘出综合图表。综合图表的内容应根据监测资料来确定，一般应包括监测点结构、水位、流量、水温及水化学成分的变化曲线图，还应定期按季按年整理出动态资料，并相应地编绘出年枯水期的地下水位等值线图、埋深图、矿化度图和水化学类型图等。

（3）对区域的水文、气象、地质和水文地质及人为因素等资料也要进行整理，并以图表形式表示，也可将与其密切相关的监测点结合起来绘制成各种图。

只有掌握大量基础资料后，才能够较好地进行地下水资源计算与评价。

二、土壤墒情监测

土壤墒情是农田耕作层土壤含水率的俗称。墒情监测即是监测农作物当前土壤水分的供给状况，田间土壤墒情监测方法主要有直接测定法和间接测定法。

直接测定法是通过用土钻分层取样，并利用干燥技术从土样中除去水分，从而计算确定土壤含水率的一种方法，按照除去水分的方式不同，又可分为标准烘干法、酒精燃烧法和微波干燥法等。间接测定法是通过对土壤的某些物理与化学特性的测定来确定土壤含水率的一种方法，其特点是不需采取土样，因而不扰动土壤，且可以定点连续监测土壤含水率的变化，便于进行与土壤水分动态有关的各种研究。最常用的有张力计测定技术、中子法和时域反射仪法。具体方法可参见有关书籍。

三、灌溉预报

在土壤墒情监测的基础上，预测耕作层土壤含水率变化规律，并指出土壤含水率何时接近水分控制下限从而需要进行灌溉的工作，称为灌溉预报。在进行田间土壤墒情预测、指导灌水时，可以用某一深度范围内的土壤含水率作为指标，也可用1 m土层储水量作为指标。根据土壤墒情的预测方式不同，农田灌溉预报方法可分为正推法和反推法两种。

正推法是通过农田土壤水分测定，得知现在的农田土壤含水率，并依此预报未来时段内农田土壤水分是否降到作物适宜土壤水分控制下限，然后根据下限可能出现的日期预报灌水日及灌水量。

反推法则是根据农田水量平衡方程，在假设某地块土壤水分降至适宜水分下限值时，反推上次灌水日期，而后再根据预报时段的作物耗水量与降水量大小进行比较，以此预报某月某日以前灌水地块需要灌水与否。反推法更适合目前我国农田分散经营管理方式下的农田灌溉管理工作，用水户只要记住上次灌水日期，通过每天收看或收听气象台站发布的气象预报，便知所辖地块是否需要灌水及灌多少水。

四、田间测试

有一定工程规模和条件的喷灌工程，应进行喷灌强度、喷灌均匀系数、喷洒水利用系数等单项指标的田间测试或系统运行工况的综合田间测试，为今后喷灌工程管理及设计提供基础数据。

田间测试区应选择在自然条件、作物种类和喷灌工程类型与规模有代表性的地区进行。

第十二章　喷灌工程设计实例

第一节　固定管道式喷灌系统设计

一、基本资料

某灌区位于某拦河坝上游，水资源丰富，灌区地势平坦，土地连片，面积约 2 000 亩，其中的 500 亩为示范区，拟发展喷灌，区内农田基本建设有一定基础，路网及排灌渠道网基本完善。该灌区主要种植蔬菜，规划采用固定管道式喷灌系统进行灌溉。

（一）地形

有实测 1∶2 000 的地形图。

（二）土壤植被

灌区大部分是黏壤土和壤土，土层厚度不小于 1 m，土壤容重 $\gamma = 1.42\ g/cm^3$、田间持水量 $\beta_{田} = 28\%$。主要农作物为蔬菜。

（三）水源

以河水为灌溉水源，水量充沛，可充分满足灌溉用水需要。

（四）水文气象

多年平均降雨量为 1 659 mm，其中 4 ~ 9 月份为多雨期，占全年降雨量的 80% 以上，10 月至翌年 3 月为旱季。多年平均蒸发量为 1 640 mm。

多年平均气温为 21.7 ℃，1 月平均气温为 14 ℃，7 月平均气温为 26 ℃；无霜期平均 341 d。日照时间长，多年平均日照时数 1 906 h，年平均相对湿度 77%。

季风变化明显，夏季多东南风，冬季多北风，全年主风向为东南风。年平均风速为 1.9 m/s。

（五）动力

已有供电设备，供电有保证。

二、设计内容

根据基本资料，确定设计内容如下。

（一）管道系统

各级管道布置，管材选择，管径、管长及连接方式的设计，喷头的选择及工作参数的确定等。

（二）泵站

水泵选型，水泵工作范围的确定，水泵安装高程的计算，配套动力的选择等。

（三）运行方案

轮灌编组、工作制度的确定，不同灌水定额情况下的运行参数等。

（四）材料、设备用量统计

喷灌系统材料、设备用量，土建工程量等。

三、作物需水量和灌溉制度

对当地降雨资料进行经验频率分析，采用灌溉设计保证率为85%，选取与此保证率对应年份的气象资料，以其中灌水分配不利的一年作为设计典型年。按彭曼公式计算参考作物需水量，拟定灌溉制度。根据计算，7～9月份作物日需水量最大，$ET_d = 6.24$ mm/d。

年总需水量约720 mm（480 m^3/亩），其中灌溉用水量540 mm（360 m^3/亩），考虑需水最大时连续干旱天数可能超过10 d，按全部由灌溉水供作物需水进行设计。

四、灌水定额和灌水周期

（一）设计灌水定额

土壤容重 $\gamma = 1.42\ g/cm^3$、田间持水量 $\beta_{田} = 28\%$。查《喷灌工程设计手册》，确定蔬菜的计划湿润层深度为40 cm，土壤含水量上、下限按田间持水量的85%和65%计，则灌水定额为

$$m_0 = 0.1 \times 1.42 \times 40 \times (0.85 - 0.65) \times 28 = 31.8\ (mm)$$

灌溉水利用系数 η 取0.9，则毛灌溉定额为

$$m = m_0 / \eta = 35.34\ (mm)$$

（二）设计灌水周期

根据实测资料，作物需水强度的峰值在7月下旬至8月上旬，灌水临界期的日耗水强度为 $ET_d = 6.24$ mm/d，则灌水周期为

$$T_{设} = \frac{31.8}{6.24} = 5.09\ (d)$$

取灌水周期 $T = 5$ d，则实际灌溉定额为

$$m = 5 \times 6.24 / 0.9 = 34.67\ (mm)$$

五、管道系统布置

将示范区分为5个小区，每个小区面积约100亩，在灌水周期的5 d时间内，各小区内实行轮灌。

示范区内地势比较平坦，管道布置受地形坡度的影响较小。从河中取水经泵站加压，由输水总干管 OA 向一、二干管输水，分干管垂直于等高线，支管沿等高线布置，无逆坡支管。考虑到支管长度和流量的限制，在示范区内设置10条分干管，喷头的布置形式拟采用正方形组合，具体规划如图12-1所示。

六、选择喷头和确定组合间距

（一）选择喷头

喷头采用全圆喷洒，组合形式选用正方形组合。

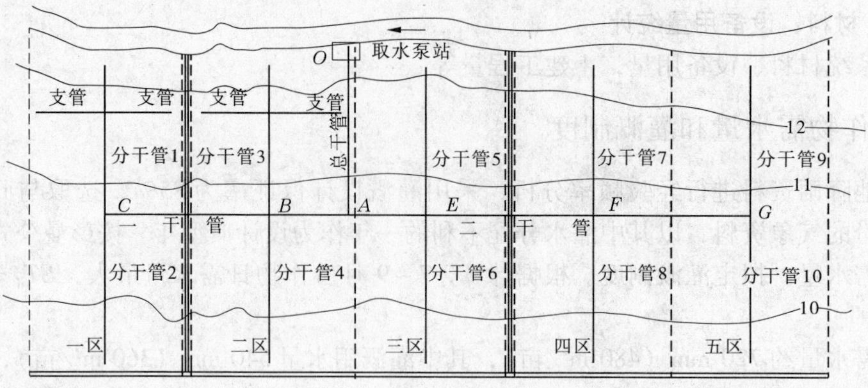

图 12-1　骨干管道总体布置

黏壤土的允许喷灌强度为 $\rho_{允}=12$ mm/h，因平均坡度小于 5%，允许喷灌强度不折减。蔬菜适宜雾化指标为 $h_p/d>4\ 000$。选用 ZY－2H 型金属摇臂式喷头，其性能参数见表 12-1。

表 12-1　ZY－2H 喷头性能参数

型号	接口尺寸	材料	喷嘴直径（mm）主嘴/副嘴	喷头压力（kPa）	流量（m^3/h）	射程 R（m）
ZY－2H	G1″	锌基铝合金	6.5/3.1	300	3.4	18.9

取 $K_a=K_b=0.95$，则 $a=b=0.95R=18$ m。即支管间距和喷头间距均取 18 m，支管采用定尺长为 6 m 的 PVC 管，两个喷头间用 3 节长 6 m 的 PVC 管。

（二）系统组合喷灌强度校核

由于全部为管道系统，故可以认为灌溉水利用系数近似为喷洒水利用系数，则有

$$\rho_s=\frac{1\ 000q_p\eta_p}{ab}=\frac{1\ 000\times3.40\times0.9}{18\times18}=9.4(\text{mm/h})<\rho_{允}=12\ \text{mm/h}$$

系统组合喷灌强度满足设计要求。

（三）雾化指标

$$h_p/d=100\times300/6.5=4\ 615>4\ 000$$

满足蔬菜雾化指标的要求。

七、拟定喷灌工作制度

（一）确定喷头工作点及支管位置

从各分干管入口处开始，间隔 9 m 布置第一条支管，以后沿分干管方向每隔 18 m 布置一条支管。再由每条支管入口 9 m 处布置第一个喷头，以后每隔 18 m 布置一个喷点，最后将支管、分干管编号，整个示范区有 200 个支管位置、1 000 个喷点。

（二）计算喷头在工作点上的喷洒时间

$$t=\frac{abm}{1\ 000q_{p}\eta_{p}}=\frac{18\times18\times34.7}{1\ 000\times3.4\times0.9}=3.67\ (\text{h})$$

即喷头在工作点上的喷洒时间为 3.67 h。

（三）计算每天可工作的轮灌组数

规划喷灌不在夜间作业，每天工作 14 h，则

$$n_{d}=\frac{14}{3.67}=3.8\approx4\ (\text{组})$$

即每天可工作 4 组轮灌。每次实际工作时间为 3.67 h，实际日工作时间为 14.67 h。

（四）计算每次同时喷洒的喷头数

示范区布置的喷头数共有 1 000 个，则每次同时喷洒的喷头数为

$$n_{p}=\frac{N_{p}}{n_{d}T}=\frac{1\ 000}{4\times5}=50\ (\text{个})$$

即每次同时喷洒的喷头数为 50 个。每条支管上有 5 个喷头，则每组轮灌同时工作的支管数为 10 条。

系统流量为

$$Q=n_{p}q=50\times3.4=170\ (\text{m}^{3}/\text{h})$$

八、编制轮灌顺序

将灌区按 10 条分干管划为 10 个小区。每组轮灌同时工作 10 条支管，每组轮灌时各小区有 1 条支管工作，可互不干扰。

九、确定各管段的设计流量

在轮灌方案确定之后，根据轮灌顺序表确定各管段的设计流量，具体见表 12-2。

表 12-2　各管段的设计流量

管道名称	管长（m）	设计流量（m^3/h）	首末端高差 $z_{末}-z_{首}$（m）
支管	81	17	−0.1 ~ +0.2
一干 *BC* 段	192	34	+0.1
一干 *AB* 段	90	68	+0.1
二干 *FG* 段	192	34	−0.1
二干 *EF* 段	192	68	−0.1
二干 *AE* 段	90	102	−0.1
总干 *OA* 段	196	170	+1.5

由表 12-2 可以看出，系统流量 $Q=170\ \text{m}^3/\text{h}$，因河常年有水，且流量远大于 170 m^3/h，故不必设计蓄水调节工程。

十、管道设计及水力计算

（一）管道设计

1. 支管设计

支管拟选用 PVC 管，节长 6 m，每条支管 13 节。支管与分干管连接，入口后一段支管选用 3 m 长的 PVC 管，每条支管总长 81 m。第 1 个竖管座至支管首端阀门的距离为 9 m，其后每隔 18 m 有 1 个竖管座，支管末端为第 5 个竖管座。

按同一支管上任意两个喷头之间的水头差应不超过喷头设计工作压力水头的 20% 求支管管径。因支管基本上沿等高线布置，故同一支管上喷头间地形高差很小，最大水头差在支管首末两个喷头之间。

由表 5-1 查得，$f = 0.948 \times 10^5$、$m = 1.77$、$b = 4.77$，当孔口数 $N = 5$、$x = 0.5$ 时，由表 5-2 可得多口系数 $F = 0.408$，各支管中首末 2 个喷头的地形高差最大值 $\Delta z_{max} = 0.2$ m，将这些数据代入式（5-4），则有

$$\left[0.408 \times 0.948 \times 10^5 \times \frac{(5 \times 3.4)^{1.77} \times 81}{d^{4.77}}\right] + 0.2 \leqslant 0.2 \times 30$$

解得 $d \geqslant 45.6$ mm，选择外径为 50 mm、内径为 46 mm 的 PVC 管。

2. 分干管和干管设计

干管拟采用 PVC 管，先用经验公式法初选管径，待进行水力计算后调整管径。各管段的初选管径及实选管径见表 12-3。

表 12-3 干管各管段管径设计

管段	一干管		二干管			分干管（1~10）	总干管 *OA*
	BC	*AB*	*FG*	*EF*	*AE*		
长度（m）	192	90	192	192	90	171	196
设计流量（m^3/h）	37.2	74.4	37.2	74.4	111.6	18.6	186
初选管径（mm）	79.3	112.1	79.3	112.1	137.3	56.1	150
实选管径（mm）	110	110	110	140	160	75	200

干管配水段三通、渐缩管等均采用铸铁管件；干管输水段与配水段连接处设镇墩；干管与分干管连接处采用专用给水栓，给水栓底座通过渐缩管与干管上三通所用的法兰连接，连接处设阀门井；干管与输水干管连接处分别设置干管闸阀，并设阀门井。

3. 总干管设计

总干管分两段：一段为泵的出水管，长 3 m 左右，选用钢管；另一段 *OA* 与两干管连接，长约 196 m，拟采用 PVC 管，总干管管径仍用经验公式法计算，结果见表 12-3。

（二）管网水力计算

计算中支管局部水头损失大致和支管流速水头相抵，故忽略不计，干管、分干管局部水头损失按沿程水头损失的 15% 计。$\Delta Z_{DA} = \Delta Z_{HA} = 1.1$ m。

1. 支管入口压力水头

因最大水头差在首末喷头间，所以应用末端喷头入口压力作为计算基准。

支管入口压力水头应等于末端喷头工作水头、末端喷头入口与支管入口的高程差、竖管水头损失与支管水头损失诸项之和。由于喷头入口压力按国家标准规定是指喷头实际入口下200 mm处的测管压力，所以竖管的计算长度应为竖管高度减0.2 m。在本设计中，竖管采用ϕ25镀锌钢管，长为2.0 m，计算长度为1.8 m。

末端喷头的工作压力以设计喷头压力的90%计（用降低$0.1h_p$的方法），支管入口与末端的地形高差最大为0.2 m，因此支管入口压力水头为

$$H_t = 0.9\times30+1.8+0.2+\frac{0.861\times10^5\times1.8\times3.4^{1.74}}{25^{4.74}}+\frac{0.948\times10^5\times0.408\times81\times(5\times3.4)^{1.77}}{46^{4.77}}=34.8\ (\text{m})$$

2. 干管配水段入口压力水头

1）一干管配水段入口压力水头H_{A1}

一干管配水段入口在A点，其压力水头H_{A1}是BC段所控制支管的入口压力水头H_t加上此入口到A点的水头损失h_w，如果BC段所控制支管的入口高于A点，应加上两者的高差，反之应减去高程差。由于在各轮灌组BC段的支管位置不一样，因此高程差和水头损失均不相同，需要逐一计算。例如，一干管最不利工作位置应发生在D点（第10组轮灌时，支20末端）处，由其推算出一干管配水段入口处A点的压力水头H_{A1}为

$$\begin{aligned}H_{A1} &= H_t+(h_{分干}+h_{BC}+h_{AB})\times1.15+\Delta z_{DA}\\&=34.8+\left(\frac{0.948\times10^5\times171\times17^{1.77}}{70^{4.77}}+\frac{0.948\times10^5\times192\times34^{1.77}}{103^{4.77}}+\frac{0.948\times10^5\times90\times68^{1.77}}{103^{4.77}}\right)\times1.15+1.1\\&=47.3\ (\text{m})\end{aligned}$$

2）二干管配水段入口压力水头H_{A2}

二干管配水段入口也在A点，其压力水头H_{A2}的计算方法与一干管配水段相同，为便于比较，计算结果也列于表12-3中。二干管最不利工作位置应发生在H点（第11组轮灌时，支181末端）处，由其推算出二干管配水段入口处A点的压力水头H_{A2}为

$$\begin{aligned}H_{A2} &= H_t+(h_{分干}+h_{FG}+h_{EF}+h_{AE})\times1.15+\Delta z_{HA}\\&=34.8+\left(\frac{0.948\times10^5\times171\times17^{1.77}}{70^{4.77}}+\frac{0.948\times10^5\times192\times34^{1.77}}{103^{4.77}}+\frac{0.948\times10^5\times192\times68^{1.77}}{131^{4.77}}+\frac{0.948\times10^5\times90\times102^{1.77}}{150^{4.77}}\right)\times1.15+1.1\\&=47.4\ (\text{m})\end{aligned}$$

则A点所需压力水头采用最大值，即$H_A=47.4$ m。

3. 主干管入口压力水头

主干管入口接水泵出口（O点），按表12-3实选管径及设计流量和管长，可算出O点处所需压力水头为

$$H_O = H_A+\Delta z_{OA}+\sum h_f+\sum h_j$$

$$=47.4+1.5+\frac{0.948\times10^{5}\times196\times170^{1.77}}{188^{4.77}}\times1.15=51.6\ (\mathrm{m})$$

十一、水泵与动力机选配

（一）设计流量和设计扬程

1. 设计流量

系统的设计流量为170 m^3/h。

2. 设计扬程

水泵设计扬程估算公式为

$$H=H_0+H_{过滤}+h_{w'}+\Delta z$$

式中　H——喷灌系统的设计扬程，m；

H_0——总干管入口压力水头，m；

$H_{过滤}$——通过过滤器的水头损失，m，按一级过滤，取4.0 m；

$h_{w'}$——水泵吸水管水头损失，m，取2.0 m；

Δz——水泵安装高程与水源水位的高差，m，取4.0 m。

则水泵设计扬程为

$$H=51.6+4.0+2.0+4.0=61.6(\mathrm{m})$$

（二）水泵及动力机选配

根据设计流量和设计扬程选择2台型号IS150－100－250A离心泵，每台流量115 m^3/h，扬程66 m，配套功率55 kW。

十二、设计图

喷灌系统平面布置示意图见图12-2，总干管、一干管与二干管纵剖面图见图12-3，典型分干管（分干一）纵剖面图见图12-4，管道系统结构示意图见图12-5。

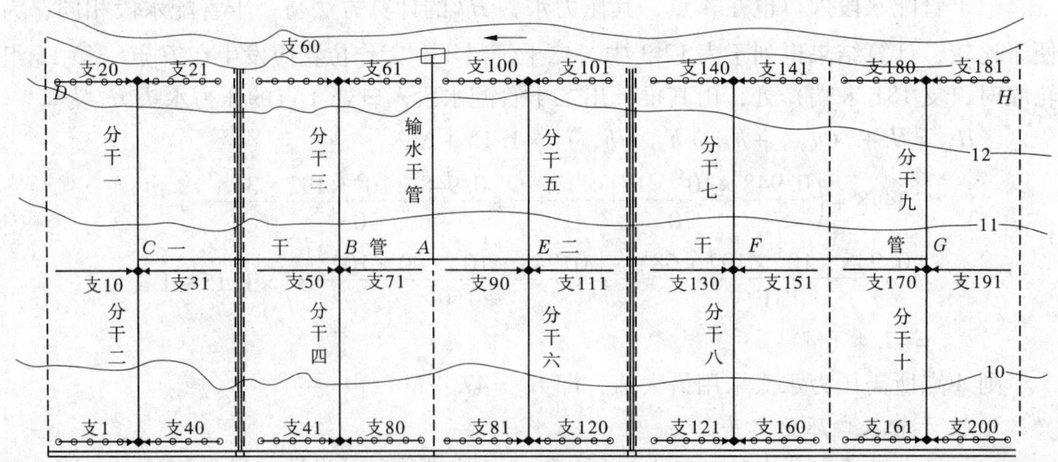

图12-2　喷灌系统平面布置示意图

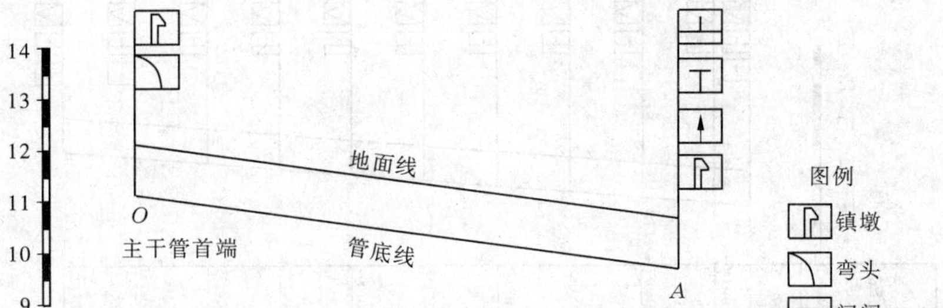

桩号	0+000	0+196
地面高程(m)	12.30	10.80
管底高程(m)	11.30	9.80
挖深(m)	1.00	1.00

(a)总干管纵剖面图

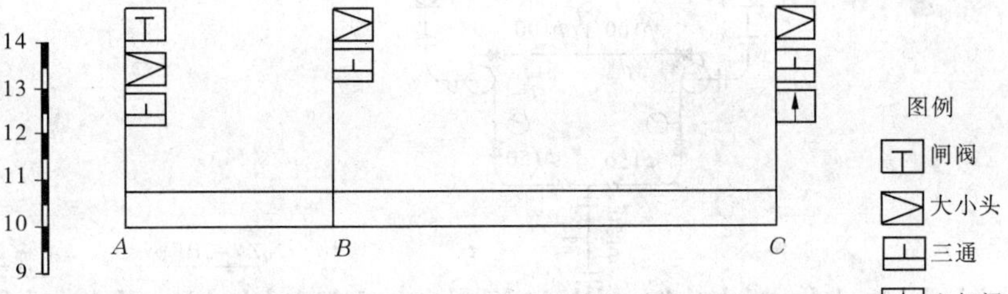

桩号	0+000	0+090	0+282
地面高程(m)	10.80	10.80	10.80
管底高程(m)	10.00	10.00	10.00
挖深(m)	0.80	0.80	0.80

(b)一干管纵剖面图

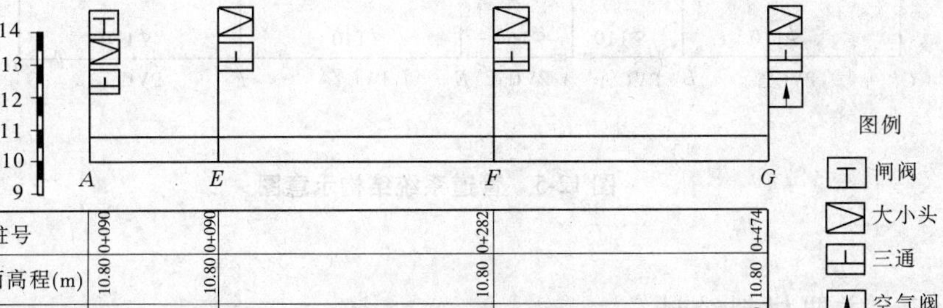

桩号	0+090	0+090	0+282	0+474
地面高程(m)	10.80	10.80	10.80	10.80
管底高程(m)	10.00	10.00	10.00	10.00
挖深(m)	0.80	0.80	0.80	0.80

(c)二干管纵剖面图

图 12-3　干管纵剖面图

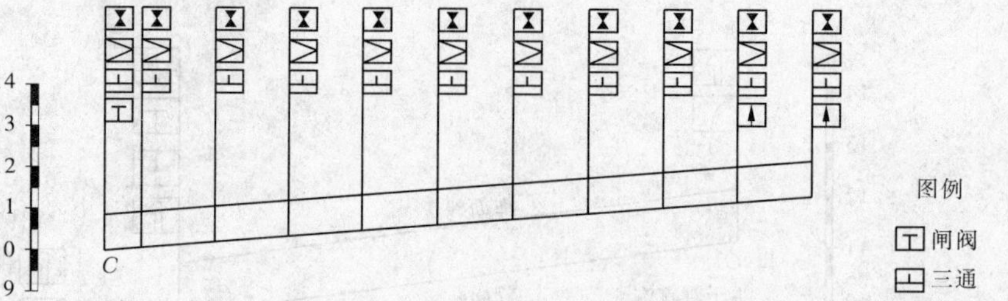

桩号	0+000	0+009	0+027	0+045	0+063	0+081	0+099	0+117	0+135	0+153	0+171
地面高程(m)	10.80	10.87	11.02	11.17	11.32	11.47	11.62	11.77	11.92	12.07	12.20
管底高程(m)	10.00	10.07	10.22	10.37	10.52	10.67	10.82	10.97	11.12	11.27	11.40
挖深(m)	0.80	0.80	0.80	0.80	0.80	0.80	0.80	0.80	0.80	0.80	0.80

图 12-4　典型分干管（分干一）纵剖面图

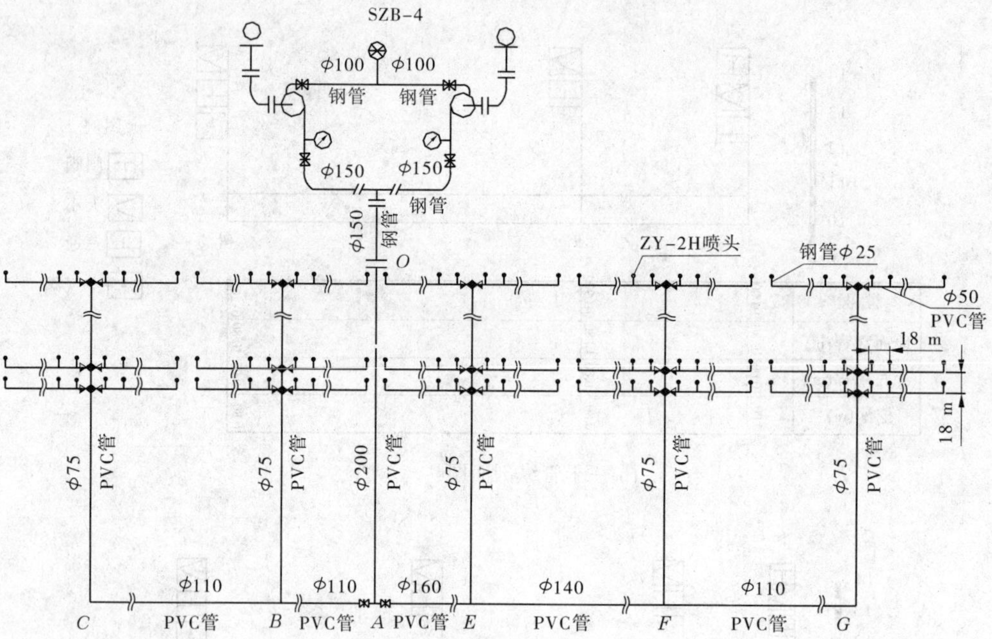

图 12-5　管道系统结构示意图

十三、主要材料统计

示范区喷灌系统的主要材料清单如表 12-4 所示。

表 12-4　喷灌系统的主要材料清单

名称	规格型号	设计数量	单位	采购数量	说明
喷头	ZY－2H	1 000	个	1 000	
钢管	*DN* 25	2 000	m	2 000	
UPVC 管	*DN* 50	16 200	m	17 010	0.80 MPa
	DN 75	1 710	m	1 794	
	DN 110	474	m	498	
	DN 140	192	m	204	
	DN 160	90	m	96	
	DN 200	196	m	204	
2″闸阀		200	个	200	
闸阀	*DN* 140	1	个	1	
	DN 160	1	个	1	
异径三通	ϕ 75×50	200	个	200	
	ϕ 110×75	2	个	2	
	ϕ 140×75	2	个	2	
	ϕ 160×75	1	个	1	
	ϕ 200×140	1	个	1	
水泵	IS150－100－250A	2	台	2	
沙石过滤器		1	套	1	
压力表		2	个	2	
真空表		2	个	2	
真空泵组		1	套	1	

第二节　半固定管道式喷灌系统设计

一、基本资料

（一）地理位置和地形

喷灌项目区位于内蒙古自治区东部兴安盟，总面积 630 亩，为一块大致呈梯形的土地。东北西三面临路，南侧为河防洪堤，喷灌范围属冲积平原区，有 1:2 000 的地图。

（二）土壤

土壤是壤土（黑钙土），土质肥沃，土层厚度在 3 m 以上，保水性良好。

（三）气候

温带大陆性气候，四季温差较大，全年日照 2 880 h，年平均气温 18 ℃，最大冻土层深 1.3 m，无霜期 135 d，多年平均降雨量 400 mm，多集中于 6 ~ 8 月，4 ~ 6 月常出现连旱，灌溉季节多风，风力平均为 2 ~ 3 级，风向多为西北风。

（四）作物

全部种植新品种的角质玉米，每年一茬，生长期为 4 月下旬至 10 月上旬，共 160 ~ 170 d，全生长期共需灌水 6 ~ 7 次。

（五）水源

地下水资源丰富，水质较好，补给充分，埋藏深 30 m，最大抽水降深 15 m，单井出水量 50 ~ 70 m^3/h。拟在喷灌区内新打三眼井，作为喷灌区内的水源，井位的选择以布置干管长度最短为准。

（六）电力及交通运输

项目区交通便利，电力供应有保障。

二、系统选型

该地区种植作物为大田粮食作物，比较管道式喷灌的三种类型：固定管道式喷灌，运行管理方便，劳动强度最小，但成本高；半固定式喷灌劳动强度稍大于固定管道式，设备利用率大大提高，运行管理也较方便；全移动管道式喷灌亩投资最低，但运行管理不便。根据分析，确定采用半固定式喷灌系统，即干管为地埋式固定管道，喷洒支管为移动管道。

三、作物蓄水量计算和水源水量分析

角质玉米需水量和常规品种相似，日耗水量为 4 ~ 6 mm，设计中取为 5 mm。

全区总面积为 630 亩，日需水量为 630 × 5 × 2/3 = 2 100（m^3）。

喷灌区范围内计划打 3 眼井，单井出水量与原有井相同，总流量大于 150 m^3/h，按日工作时间 14 h 计，每天出水量大于 2 100 m^3，满足总需水量要求。

四、喷头选型和布置间距

半固定管道式喷灌系统的移动管道采用国产薄壁铝合金管，其定尺长度一般为 6 m，考虑与此相适，选用 ZY－2 喷头，其性能参数见表 12-5。

表 12-5　ZY－2 喷头性能参数

喷头型号	喷嘴直径 d（mm）	工作压力 H_p（kPa）	射程 R（mm）	流量 q_p（m^3/h）	说明
ZY－2	7.0 × 3.1	250	18.1	3.5	用于Ⅰ、Ⅱ区
	6.2 × 3.1	250	17.8	3.1	用于Ⅲ区

喷头设计工作压力定为250 kPa，喷头布置间距按正方形布置，按二级风取 $K_a = K_b = 1$，则 $a = b = R = 18$ m。

（一）雾化指标

雾化指标为

$$W_p = \frac{H_P}{d} = \frac{250 \times 100}{7} = 3\ 571 > 3\ 000$$

满足作物要求。

（二）喷灌强度

壤土允许喷灌强度为 $\rho_{允} = 12$ mm/h。实际喷灌强度按单行多喷头同时工作计算

$$\rho = \frac{q_p}{A} = \frac{3.5 \times 1\ 000}{\left(\frac{\sqrt{3}}{2} + \frac{\pi}{3}\right) \times 18^2} = 5.6\ (\text{mm/h})$$

$\rho < \rho_{允}$，满足要求。

（三）均匀度

按设计风速，根据《喷灌工程技术规范》（GB 50085—2007）规定选取的布置间距，其组合的均匀度 C_u 大于0.75，满足《喷灌工程技术规范》（GB 50085—2007）要求。

五、系统布置与管道选型

系统分三个分区，东侧为Ⅰ区、Ⅱ区，西侧为Ⅲ区，Ⅰ区控制面积为226亩，Ⅱ区196亩，Ⅲ区208亩，各区相对位置见系统平面布置图12-6。

作物种植方向为南北向，支管顺垄沟布置，间距18 m，干管为东西方向，井位选取在各区中间位置，布置图上为 O_1、O_2、O_3 三个节点。

每个井各布置1台潜水泵，干管为PVC（聚氯乙烯）塑料管，由于干管布置在田间，为避免耕作等受影响，宜尽量减少给水栓的数量，设计中采用给水栓间距为54 m，一个给水栓控制双侧6条支管位置，Ⅰ区和Ⅱ区设给水栓10个，Ⅲ区设给水栓8个，详见田间平面布置图（见图12-6）。

给水栓与支管的连接可以直接连接，也可以通过两根3 m连接软管加3根铝直管连接。每条支管上所带喷头数Ⅰ、Ⅱ区一般为8个，Ⅲ区一般为10个，因地块非标准矩形，西侧和南侧边界为斜线，有少量支管所带喷头数稍有变化，而且有极少支管运行时垂直垄沟放置。

全系统总共布置喷头数1 253个，150条支管位置，干管6条，给水栓28个，各分区详细统计数及管道长度见表12-6。

因各分区均为双侧供水，故其流量按单井出水流量60 m³/h的一半计，即为30 m³/h。干管按下式选择管径，即

$$D = 13\sqrt{Q} = 13\sqrt{30} = 71\ (\text{mm})$$

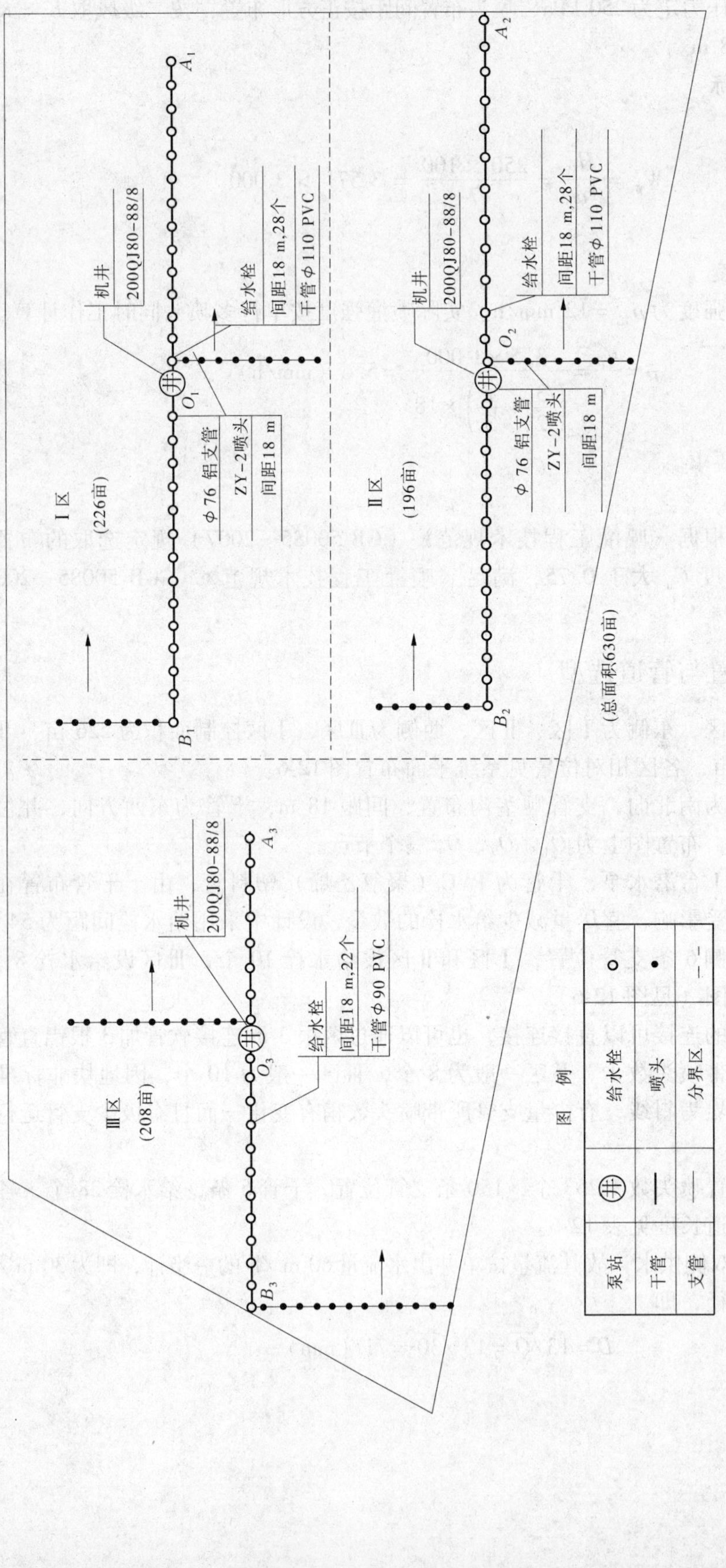

图 12-6　田间工程平面布置图

表 12-6　材料设备用量统计

序号	名称	规格型号	单位	数量
1	PVC 干管	φ110	m	960
2		φ90	m	390
3	截阀体	φ76	个	64
4	截阀体开关	φ76	个	12
5	铝合金三通管	φ76×33×6 000	根	110
6	铝合金直管	φ76×6 000	根	250
7	钢制出地竖管	φ80，长 1.5 m	根	64
8	涂塑软管连接软管	φ75	m	60
9	喷头	ZY－2　7.0×3.1	个	64
10		ZY－2　6.0×3.1	个	40
11	竖管快接阀	φ33	个	110
12	喷头竖管支架	1.2 m	套	110
13	泄水阀	1″	个	3
14	管件	变径、堵头等	项	1
15	水泵	200QJ80－88/8	台	3
16	首部	闸阀、压力表、水表、连接钢管等	套	3
17	泵房	20 m^2	座	3
18	机井		眼	3

注：表中的铝管、涂塑软管、喷头、支架等均考虑了少量的备用。

选用 0.6 MPa 级的φ90 PVC 管，壁厚 3.0 mm，实际内径为 84 mm。由于Ⅰ、Ⅱ分区干管较长，考虑安全，适当放大，选用φ110 PVC 管，壁厚 3.4 mm，实际内径 103 mm。

支管选用薄壁铝合金管，定尺长度为 6 m，其管径确定按《喷灌工程技术规范》（GB 50085—2007）规定满足在同一条支管上任意两个喷头间实际工作压力差不大于设计喷头工作压力的 20% 计算。因本地形平坦，故实际为计算的水头损失。

Ⅰ区、Ⅱ区按 8 个喷头计，支管流量 28 m^3/h，选用φ76 铝管，首末端压力差为 2.4 m。Ⅲ区按 10 个喷头计，支管流量 30 m^3/h，选用φ76 铝管，首末端压力差为 3.4 m，因喷头工作压力水头为 25 m，故其 20% 为 5 m，均可满足要求。

六、轮灌编组和工作制度

（一）Ⅰ、Ⅱ区

以Ⅰ区为准，共 56 条支管位置，取轮灌周期为 7 d，每天工作 8 条支管位置。

（1）灌水定额。日耗水 5 mm，喷洒水利用系数 η 取 0.9，灌水定额为

$$m=\frac{5\times 7}{0.9}=39\ (\text{mm})$$

即 26 m^3/h。

（2）喷头在 1 个位置工作时间为

$$t=\frac{39\times 18^2}{3.5\times 1\,000}=3.6\ (\text{h})\ \approx 3.5\ \text{h}$$

即 1 条支管在 1 个位置喷洒 3.5 h。

（3）日工作时间和每天移动的次数。每天移动 4 次，日工作时间为

$$t_{日}=3.5\times 4=14\ (\text{h})$$

（4）同时工作支管数和喷头数。

同时工作支管数　　　　　$8\div 4=2$（条）

同时工作喷头数　　　　　$2\times 8=16$（个）

（二）Ⅲ区

共 44 条支管位置，取轮灌周期 7 d，平均每天工作 6 条支管位置。

（1）灌水定额 $m=39$ mm，即 26 m^3/h。

（2）由于喷嘴减小，喷头在一个位置工作时间将延长为

$$t=\frac{39\times 18^2}{3.1\times 1\,000}\approx 4\ (\text{h})$$

（3）日工作时间 12 h，每天移动 3 次。

（4）同时工作支管数 2 条，同时工作喷头数 20 个。

（三）实际运行编组的原则

（1）流量分散原则。即同时工作的喷头数和支管不要集中于一处，以免造成管道中流量过大。因本系统 1 台水泵 1 条干管同时工作支管 1 条，故不会出现流量集中。

（2）流量均衡原则。即各次工作的喷头数大致相同，允许出现一两个变化，但不宜变化过大，以免出现因喷头数过多、压力过低或喷头数过少、压力过高的现象。

（3）便于运行管理的原则和不漏喷原则。包括移动管道时总距离最短，移动到新位置，其地块不要刚喷过水等。

根据以上原则可以自行编排轮灌编组，同时注意满足前面计算的灌水时间、灌水定额等。

七、水力计算和水泵选型

支管因已校核，故不必再算，喷头设计工作压力 250 kPa，即 25 m 水头。支管水头损失Ⅰ、Ⅱ区 2.4 m，Ⅲ区 3.4 m；Ⅰ、Ⅱ区处进口水头取 27 m，Ⅲ区取 28 m。

（一）干管水头损失

（1）Ⅰ、Ⅱ区，以 B_1（或 B_2）点计算 O_1B_1 段：

$$L=243\ \text{m},\ Q=3.5\times 8=28\ (\text{m}^3/\text{h}),\ 管径\ D=84\ \text{mm}（内径）$$

$$h_f=5.6\ \text{m},\ h_w=1.1h_f=6.1\ \text{m}$$

（2）Ⅲ区：

O_3A_3 段为

$$L=135\ \text{m},\ Q=10\times3.1=31\ (\text{m}^3/\text{h}),\ \text{管径}\ D=84\ \text{mm}\ (\text{内径})$$

$$h_f=3.7\ \text{m},\ h_w=4.1\ \text{m}$$

O_3B_3 段为

$$L=243\ \text{m},\ Q=8\times3.1=24.8\ (\text{m}^3/\text{h}),\ \text{管径}\ D=84\ \text{mm}\ (\text{内径})$$

$$h_f=4.5\ \text{m},\ h_w=4.9\ \text{m}$$

（二）水泵的扬程计算

施肥罐水头损失 3 m，最低动水位离喷头地面高差 45 m（田间地形平坦，故只计地下水埋深和最大抽水降深），竖管高 1.5 m，水泵底阀等损失 2 m，则总设计扬程为：

（1）Ⅰ、Ⅱ区为　$H=27+6.1+3+45+1.5+2=84.6\ (\text{m})$

（2）Ⅲ区为　$H=28+4.9+3+45+1.5+2=84.4\ (\text{m})$

（三）水泵设计流量

（1）Ⅰ、Ⅱ区为　$Q=8\times3.5\times2=56\ (\text{m}^3/\text{h})$

（2）Ⅲ区　$Q=10\times3.1\times2=62\ (\text{m}^3/\text{h})$

（四）水泵选型

根据以上计算，选择 200QJ80－88/8 水泵，每区（每眼井）1 台，水泵性能参数见表 12-7。

表 12-7　水泵性能参数

水泵型号	流量 Q（m^3/h）	扬程 H（m）	配套功率（kW）
200QJ80－88/8	80	88	30

该水泵选择有一定余量，考虑水泵使用一段时间后效率可能有所下降，另外还有可能适当扩大灌溉面积，故选型略大。

八、主要材料设备用量

主要材料设备用量见表 12-6。

第三节　绞盘式喷灌机系统工程设计

一、基本情况

西北地区某村，农牧民 20 户 194 人，3 300 头（只、匹）牲畜。该地区土壤质地为草甸土，土壤容重为 1.22～1.42 g/cm^3，田间持水量为 16%～22%（占质量百分数）。气候寒冷，最大冻土层深 1.2 m。以种植紫花苜蓿为主，面积 1 053 亩。苜蓿根系发达，主根深可达 1.5～2.0 m，适宜土壤含水量 70%～90%。

二、灌溉系统规划设计参数

根据灌溉工程相关设计标准，结合项目区的实际情况设计参数选取如下：

(1) 日耗水强度 ET_a：5 mm/d；

(2) 灌溉水利用系数 η：0.80（按风速低于 3.4 m/s 计）；

(3) 喷洒均匀系数 C_u：0.85；

(4) 计划湿润层深 h：50 cm。

三、灌溉制度的拟定

(一) 设计灌水定额

根据基本情况和规划设计参数，土壤容重取 1.40 g /cm³，田间持水量取 20%，适宜土壤含水量取 70% ~85%，计划湿润层深度取 50 cm，有

$$m = 0.1\gamma h\ (\beta_1 - \beta_2) = 0.1 \times 1.40 \times 50 \times (0.85 - 0.70) \times 20 = 21\ (\text{mm})$$

取 $m = 21$ mm。

(二) 设计灌水周期

$$T = m/ET_a = 21/5 = 4.2\ (\text{d})$$

取 $T = 4$ d。

四、喷灌机选型及技术参数选择

根据地形、操作方便、作物种类、水源情况、风速、风向等情况，选择 Rainboy40 - 120 型卷管牵引绞盘式喷灌机，其性能参数见表 12-8。

表 12-8　Rainboy40 - 120 型喷灌机选用的技术参数

喷嘴直径 (mm)	喷嘴压力 (MPa)	喷头射程 (m)	喷幅宽度 (m)	流量 (m^3/h)	连接压力 (MPa)
10	0.30	20.3	36.5	6.5	0.56

五、喷灌强度校核

喷头喷洒角度按 270°考虑，有

$$\rho_p = \frac{3.6 \times 10^5 K q_p}{\pi R^2 \beta} = \frac{3.6 \times 10^5 \times 0.8 \times 6.5}{3.14 \times 20.3^2 \times 270} = 5.4\ (\text{mm/h})$$

草甸土允许喷灌强度 $[\rho] = 15$ mm/h，$\rho_p < [\rho]$，设计喷灌强度符合要求。

六、估算系统总流量和喷灌机台数

(一) 系统总流量估算

日工作时间取 17 h，有

$$Q=\frac{0.667ET_aA}{t_d\eta_p}=\frac{0.667\times5\times1\ 053}{17\times0.8}=258.22\ (m^3/h)$$

（二）喷灌机数量估算

喷灌机数量按下式估算

$$N=\frac{Q}{q}=\frac{258.22}{6.5}=40\ (台)$$

七、田间布置

因灌溉时间段风速小于3.4 m/s，喷头喷洒半径为20.3 m，喷幅宽度为36 m，即条形地块轴线间距为36 m。长条地块设计长度取126 m。

根据以上参数，对地块进行田间布置，共分为8条支管，156个喷洒位置，详见工程平面布置图12-7。

八、轮灌设计

（一）确定机组牵引速度

机组牵引速度为

$$v=\frac{1\ 000q}{Bm}=\frac{1\ 000\times6.5}{36\times26}=7.0\ (m/h)$$

（二）一块条形地块所需灌水时间

一块条形地块所需灌水时间为

$$t_1=\frac{L}{v}=\frac{126}{7.0}=18\ (h)$$

（三）一台机组平均可控制条形地块数目

一台机组平均可控制条形地块数目为

$$n=\frac{t_dT}{t_1}=\frac{17\times4}{18}=4\ (条)$$

（四）轮灌制度

每个轮灌工作具体划分见表12-9、表12-10。

（五）确定喷灌机台数

根据轮灌制度划分，本工程实需喷灌机数量为39台。

九、管道选型与水力设计

（一）分干管 *BC*

从平面布置图上来看，给水栓 *C* 为最不利工作位置，按图示喷灌机工作位置状态，计算分干管管径和水头损失。

从图上可以看出分干管 *BC* 上同时工作的喷灌机有6台，总流量为39 m³/h。管材选用聚氯乙烯管，工作压力等级选用0.63 MPa，计算分干管管径为

$$D=13\sqrt{Q}=13\sqrt{39}=81\ (mm)$$

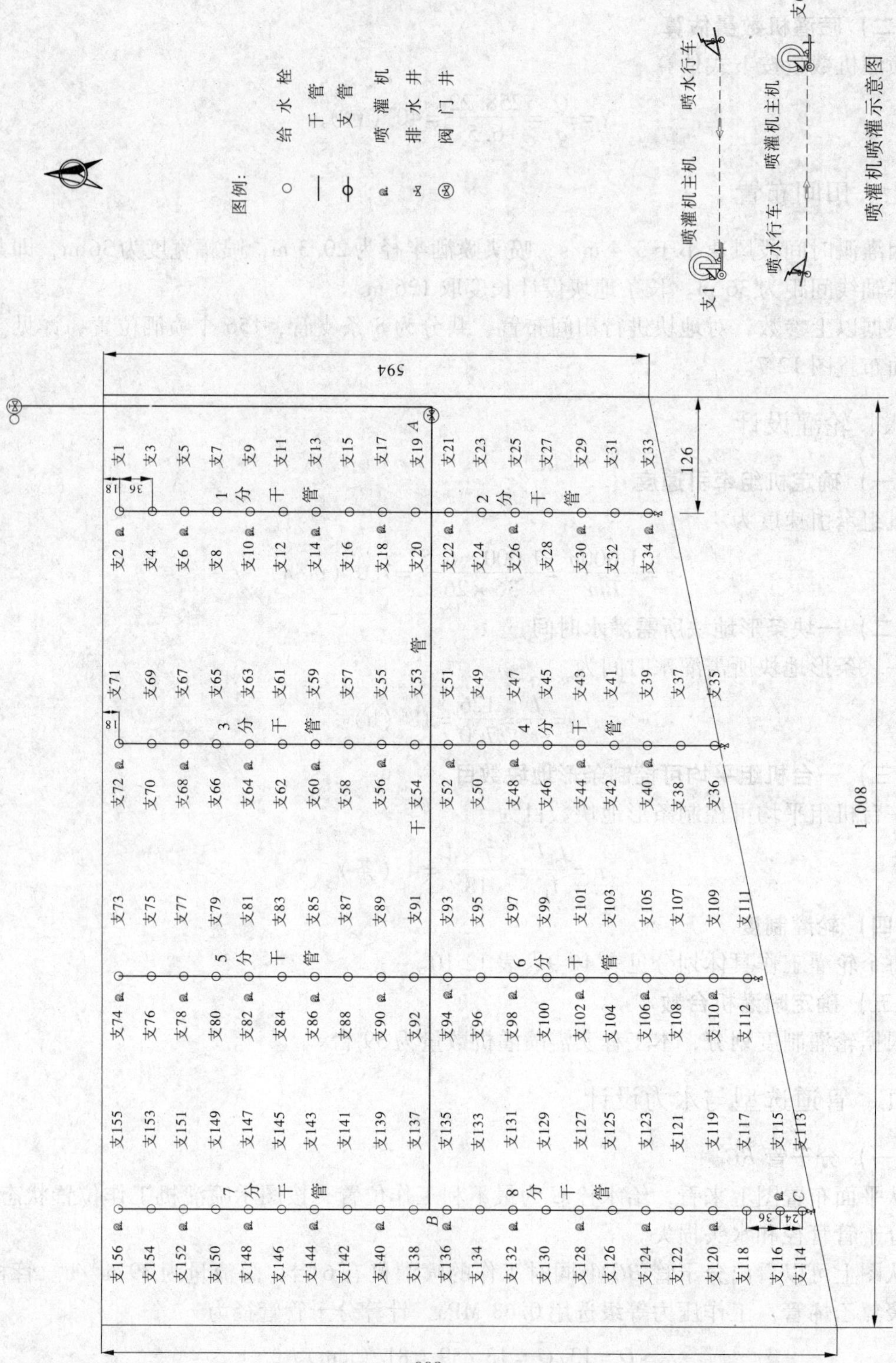

图 12-7 卷管牵引单喷头卷盘式喷灌机灌溉系统设计图（单位：m）

表 12-9　绞盘式喷灌机轮灌工位划分

喷灌机编号	轮灌工位编号	喷灌机编号	轮灌工位编号
1	支 1 ~ 支 4	21	支 81 ~ 支 84
2	支 5 ~ 支 8	22	支 85 ~ 支 88
3	支 9 ~ 支 12	23	支 89 ~ 支 92
4	支 13 ~ 支 16	24	支 93 ~ 支 96
5	支 17 ~ 支 20	25	支 97 ~ 支 100
6	支 21 ~ 支 24	26	支 101 ~ 支 104
7	支 25 ~ 支 28	27	支 105 ~ 支 108
8	支 29 ~ 支 32	28	支 109 ~ 支 112
9	支 33 ~ 支 36	29	支 113 ~ 支 116
10	支 37 ~ 支 40	30	支 117 ~ 支 120
11	支 41 ~ 支 44	31	支 121 ~ 支 124
12	支 45 ~ 支 48	32	支 125 ~ 支 128
13	支 49 ~ 支 52	33	支 129 ~ 支 132
14	支 53 ~ 支 56	34	支 133 ~ 支 136
15	支 57 ~ 支 60	35	支 137 ~ 支 140
16	支 61 ~ 支 64	36	支 141 ~ 支 144
17	支 65 ~ 支 68	37	支 145 ~ 支 148
18	支 69 ~ 支 72	38	支 149 ~ 支 152
19	支 73 ~ 支 76	39	支 153 ~ 支 156
20	支 77 ~ 支 80		

为减小分干管水头损失，选用外径为 110 mm 的聚氯乙烯管。

管道长度 $L=402$ m，流量 $Q=39\ m^3/h$，管内径 $d=104.6$ mm，$f=0.861\times10^5$，$m=1.77$，$b=4.77$。经计算 $h_{fz}=5.30$ m。

管道 BC 的多孔系数 $F=0.398$，则有

$$h'_{fz}=Fh_{fz}=0.398\times5.30=2.11\ (m)$$

（二）干管 AB

流量 $Q=253.5\ m^3/h$（按设计流量计算），选用聚氯乙烯管管径可用以下公式计算。对于干管 AB，计算干管管径为

$$D=11.5\sqrt{Q}=11.5\sqrt{253.5}=183\ (mm)$$

按常规管径规格选用 ϕ 200 PVC 管，压力等级 0.63 MPa。

管道长度 $L=882$ m，流量 $Q=253.5\ m^3/h$，管内径 $d=188$ mm，$f=0.861\times10^5$，

$m=1.77$，$b=4.77$。

因各段流量不同，分段计算水头损失，累积后 AB 段沿程水头损失 $h_{fAB}=8.5$ m。

表 12-10　绞盘式喷灌机轮灌组划分

轮灌组编号	同时工作的工位编号
1	支1、支5、支9、支13、支17、支21、支25、支29、支33、支37、支41、支45、支49、支53、支57、支61、支65、支69、支73、支77、支81、支85、支89、支93、支97、支101、支105、支109、支113、支117、支121、支125、支129、支133、支137、支141、支145、支149、支153
2	支2、支6、支10、支14、支18、支22、支26、支30、支34、支38、支42、支46、支50、支54、支58、支62、支66、支70、支74、支78、支82、支86、支90、支94、支98、支102、支106、支110、支114、支118、支122、支126、支130、支134、支138、支142、支146、支150、支154
3	支3、支7、支11、支15、支19、支23、支27、支31、支35、支39、支43、支47、支51、支55、支59、支63、支67、支71、支75、支79、支83、支87、支91、支95、支99、支103、支107、支111、支115、支119、支123、支127、支131、支135、支139、支143、支147、支151、支155
4	支4、支8、支12、支16、支20、支24、支28、支32、支36、支40、支44、支48、支52、支56、支60、支64、支68、支72、支76、支80、支84、支88、支92、支96、支100、支104、支108、支112、支116、支120、支124、支128、支132、支136、支140、支144、支148、支152、支156

（三）AB、BC 段总水头损失

局部水头损失按沿程损失的10%计算，则 $h_{fAC}=1.1\times(2.11+8.5)=11.67$（m），有

$$H_A=H_C+h_{fAC}=0.56+0.12=0.68\ (\text{MPa})$$

即 A 点管道工作压力不得小于0.68 MPa。H_C 为 C 点连接压力。

（四）AO 段水力计算和系统供水流量、工作压力校核

（略）

十、工程量计算

喷灌工程包括材料及设备、土方及其他。工程材料用量详见表12-11。

表 12-11　材料清单及工程量

序号	名称	规格型号	单位	数量
		一、管道工程		
1	PVC－U 主管（*AC* 段）	ϕ200，0.63 MPa	m	888
2	PVC－U 变径	ϕ200×110，0.63 MPa	个	4
3	PVC－U 三通	ϕ110，0.63 MPa	个	4
4	PVC－U 堵头	ϕ200，0.63 MPa	个	1
5	PVC－U 堵头	ϕ110，0.63 MPa	个	4
6	PVC－U 分干管	ϕ110，0.63 MPa	m	2 670
7	PVC－U 变径	ϕ110×50，0.63 MPa	个	4
8	排水球阀	2″×0.63 MPa	个	4
9	铸铁三通	ϕ110×0.9 m，1.0 MPa	个	80
10	钢直管	ϕ110×0.4 m，1.0 MPa	个	80
11	给水栓下阀体	3″×0.63 MPa	个	80
12	给水栓阀门	3″×0.63 MPa	个	40
13	小型绞盘式喷灌机	Rainboy40－120	台	40
		二、土方工程		
1	机械挖方		m^3	8 760
2	机械填方		m^3	8 760
3	混凝土镇墩（C25 混凝土）		m^3	1.5

注：多计的一台卷盘式喷灌机和少量设备为备用。

第四节　园林喷灌系统设计

一、基本资料

北京某企业园区绿化节水灌溉规划设计面积为 85 亩，其中绿化面积为 65 亩，非绿化区（道路、建筑物、广场和水池等）为 20 亩。主要种植作物为绿地草坪和乔灌木，灌溉方式采用时序控制器定时定量自动控制喷灌。拟选用已有机井作为水源进行灌溉。

（一）地形

该园区地形较平坦，局部有人造微地形，有实测 1∶1 000 地形图。

（二）土壤植被

园区土壤大部分是砂壤土，部分属壤土，土层厚度 1.4 m 左右，土壤容重 $\gamma=1.42$ g/cm^3、田间持水量 $\beta_{田}=28\%$，冻土层厚度在 90 cm 左右。主要绿化植物为绿地草坪和乔灌木。

（三）水源

现有机井一眼，井深 78 m，动水位 15 m，静水位 25 m，单井出水量为 80 m^3/h 左右。其水质符合《农田灌溉水质标准》（GB 5084—2005）的规定，但井水含沙量较大，需装置离心式过滤器和筛网式过滤器两级过滤设施。

（四）水文气象

根据当地气象站资料统计，多年平均气温为 11.8 ℃，多年月平均最高气温为 25.9 ℃，多年月平均最低气温为 -4.6 ℃，极端最高气温为 40.5 ℃，极端最低气温为 -19.1 ℃，年平均相对湿度 57%。

据当地气象站实测资料统计，多年平均降水量为 614.9 mm，全年降水量集中在汛期 6~9 月，占全年降水量的 80% 以上；多年平均水面蒸发量为 1 175 mm，年内蒸发量以 4 月、5 月、6 月 3 个月最大，占全年的 42.7%，冬季 12 月、1 月和 2 月最小，仅占全年的 10.4%。大多数年份 7 月、8 月降水多于蒸发，其他月份蒸发大于降水。

该地区以偏北风和西南风为主，风向有明显的季节性变化，冬季盛行偏北风，夏季盛行偏南风。山区因地形复杂，风向与山脉、河谷的走向关系极为密切，有明显的地域性。该地区年平均风速为 2.0~3.0 m/s。

（五）动力与交通

该园区供电系统和供电设备完善，供电有保证。交通十分便利，设备材料运输可采用长途货运方式。

二、设计参数

管道系统水利用系数：$\eta_G = 0.95$；

灌溉水利用系数：地埋式旋转喷头 $\eta = 0.8$，散射式喷头 $\eta = 0.7$；

土壤的允许喷灌强度：地面坡度 <5% 时，砂壤土 $\rho = 15$ mm/h；

喷灌均匀系数：$C_u = 0.8$；

日最大耗水强度：5.0 mm/d；

田间持水量（重量比）：28%；

适宜土壤含水量上限：$\theta_{max} = 85\%$；

适宜土壤含水量下限：$\theta_{min} = 65\%$。

三、管网布置

（一）园林喷灌系统布置

园林喷灌系统管网总体布置见图 12-8。管道系统分为干管、分干管和支管三级管道，各级管道均采用 PVC-U 给水管。为方便系统检修，在一干管和二干管进水口处各安装一个 *DN*125 mm 手动蝶阀，支管进口控制阀全部采用电磁阀。首部枢纽配置有潜水电泵、变频设备、时序控制器、离心式过滤器 + 网式过滤器两级过滤设施，首部枢纽设备安装示意图见图 12-9。管线布置时应充分考虑园区的道路、自来水管道、地埋电缆系统及其他相关设施。

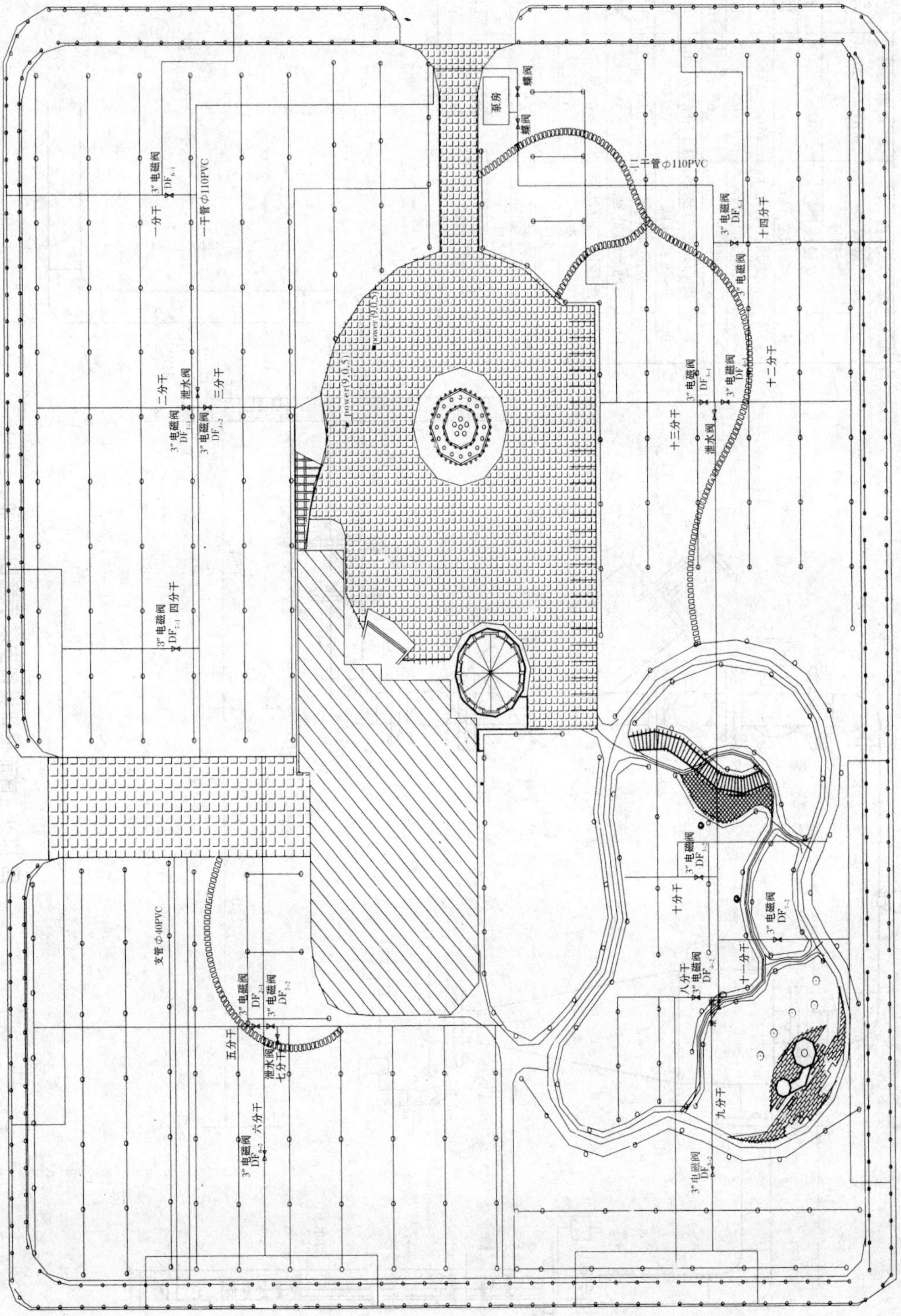

图 12-8　园林喷灌系统管网总体布置

编号	名称	规格型号	数量
1	潜水泵	200QJ80-80/4	1台
2	基座		1套
3	变径法兰管	4″×6″	1件
4	一端法兰直管	6″	1件
5	变频控制柜	MCS-37K	1台
6	压力传感器	0.5″	1个
7	法兰	6″	6个
8	离心式砂过滤器	L150WSZ150A	1台
9	进排气阀	(3/4)″	1个
10	施肥调节阀	6″	1个
11	网式过滤器	3″	3个
12	连接网式过滤器	6″	
13	弯头	6″	4个
14	止回阀	6″	1只
15	弯管	6″	1根
16	墙体		
17	弯管	6″	1根
18	变径管	6″×5″	1根

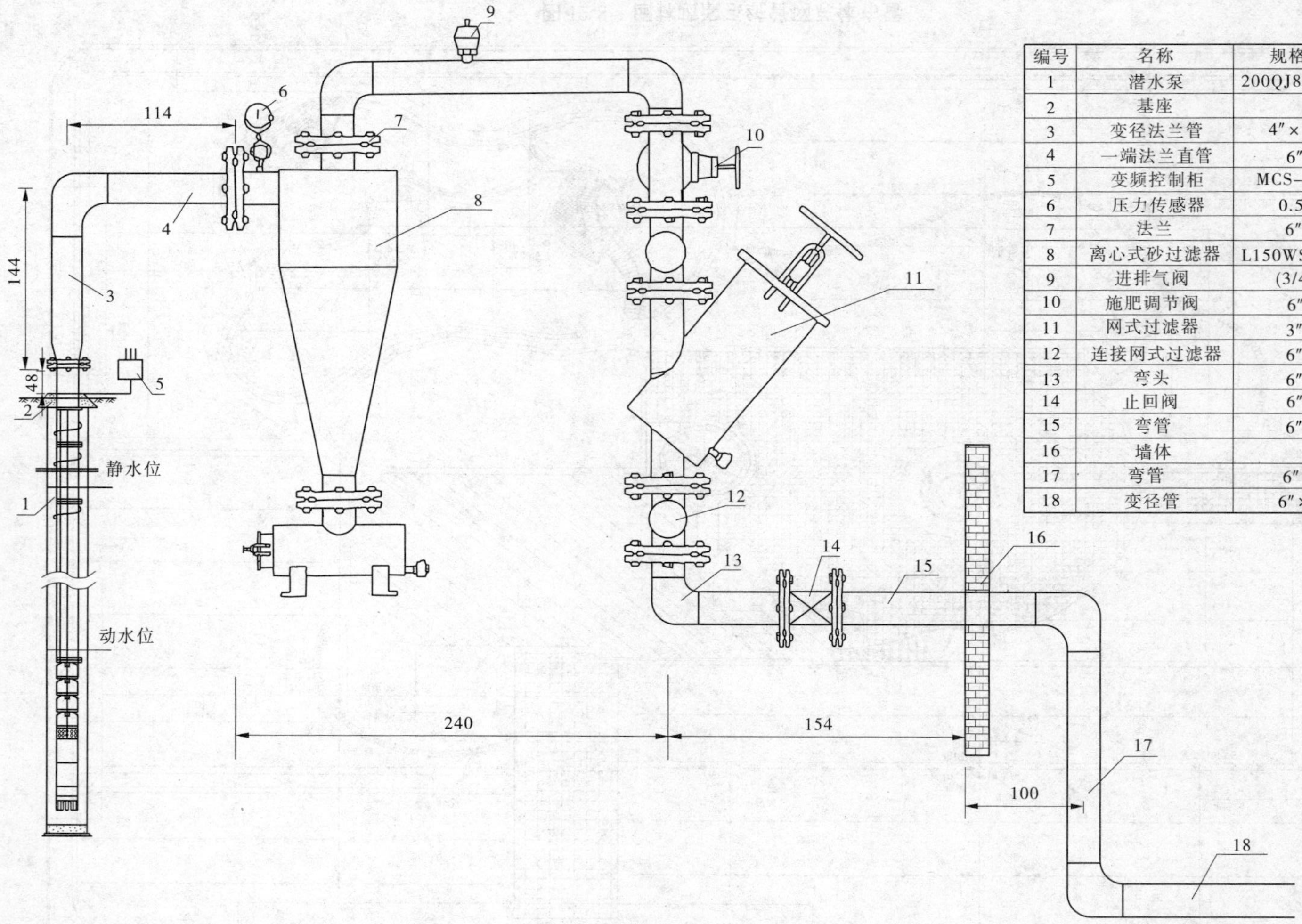

图 12-9　首部枢纽设备安装示意图　（单位:cm）

（二）选择喷头和组合间距

1. 选择喷头

喷头选用园林喷灌专用喷头，草坪喷灌采用 V－1550 埋藏式升降旋转喷头，根据地块形状，喷头分别采用全圆、180°和 90°喷洒，喷头间距同支管间距，喷头按 12 m×12 m 正方形组合布置。道路两侧乔灌木喷灌选用 1804 埋藏式散射喷头，采用单侧喷洒，喷头间距按 5.8 m 布置。

砂壤土的允许喷灌强度为 $\rho=15$ mm/h，因平均坡度小于 5%，允许喷灌强度不折减。选用的 V－1550 埋藏式升降旋转喷头和 1804 埋藏式散射喷头，其性能参数见表 12-12。

表 12-12　园林喷头性能参数

型号	接口尺寸（in）	材料	喷嘴型号	工作压力（kPa）	流量（m^3/h）	射程（m）	喷洒方式
V－1550	G3/4	塑料	15	300	0.95	11.9	雨帘
1804	G1/2	塑料	180VAN	250	0.68	5.8	散射

2. 系统组合喷灌强度校核

由于供水系统全部为管道输水，可以认为灌溉水利用系数近似为喷洒水利用系数，则单喷头全圆喷洒时的喷灌强度为

$$\rho_s=\frac{1\,000q_p\eta_p}{\pi R^2}=\frac{1\,000\times0.95\times0.8}{3.14\times12^2}=1.7\ (\text{mm/h})$$

组合喷灌强度为

$$\rho=K_wC_\rho\rho_s=1.0\times3.14\times11.9^2\times1.7/12^2=5.25(\text{mm/h})<15\ \text{mm/h}$$

系统组合喷灌强度满足设计要求。

四、灌水定额和灌水周期

（一）设计灌水定额

土壤容重 $\gamma=1.42$ g/cm^3，田间持水量 $\beta_{田}=28\%$。草坪的计划湿润层可取 20 cm，土壤含水量上、下限分别按田间持水量 85%、65% 计，则设计灌水定额为

$$m_0=0.1\times1.42\times20\times(0.85-0.65)\times28=15.9\ (\text{mm})$$

灌溉水利用系数 η 取 0.8，则设计毛灌水定额为

$$m=\frac{m_0}{\eta}=\frac{15.9}{0.8}=19.88\ (\text{mm})$$

（二）设计灌水周期

作物需水强度的峰值在 7 月下旬至 8 月上旬，灌水临界期的日耗水强度选取 $ET_d=5$ mm/d，则设计灌水周期为

$$T_{设}=\frac{15.9}{5}=3.18\ (\text{d})$$

取灌水周期 $T=3$ d。

（三）设计灌溉定额

考虑年降水量后绿地草坪全年设计灌水次数为 28 次，则设计灌溉定额为

$$M = 19.88 \times 28 = 556.64 \text{（mm）}$$

（四）编制轮灌顺序

将园区灌溉系统共划分为 7 个轮灌组。V－1550 喷头所在的每个轮灌组控制喷头数在 80 个左右，划分为 4 个轮灌组；1804 喷头所在的每个轮灌组控制喷头数在 110 个左右，划分为 3 个轮灌组。各轮灌组的灌溉按设计灌水时间，由时序控制器连接电磁阀自动控制（见图 12-10）。轮灌组的划分与电磁阀的分配见表 12-13。

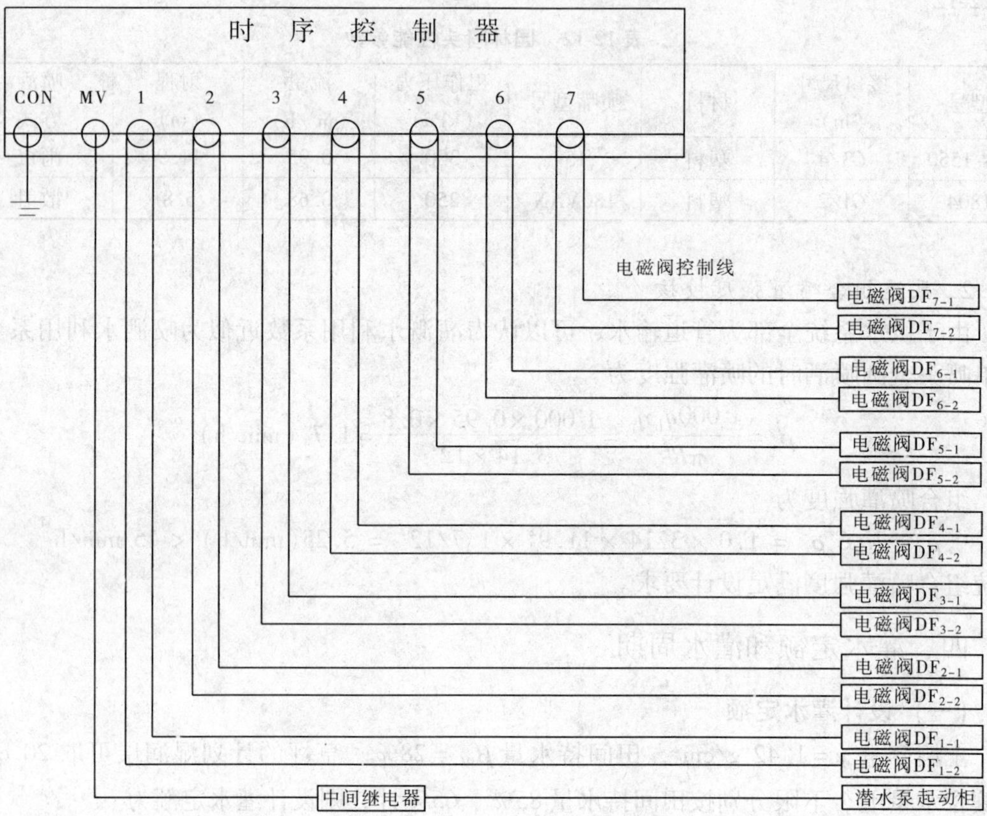

图 12-10　时序控制器与电磁阀连接示意图

五、拟定喷灌工作制度

（一）确定喷头工作点及支管位置

绿地草坪灌溉从各分干管入口处开始，沿分干管方向每隔 12 m 布置一条支管，沿支管每隔 12 m 布置一个 V－1550 喷头；道路旁的乔灌木灌溉沿绿化带一侧布置支管，沿支管每隔 5.8 m 安装一个 1804 喷头。喷头安装示意图见图 12-11。

表 12-13　轮灌组的划分与电磁阀的分配

轮灌组编号	电磁阀编组	轮灌组流量（m^3/h）	喷头型号
第一轮灌组	$DF_{1-1}+DF_{1-2}$	75.05	V－1550
第二轮灌组	$DF_{2-1}+DF_{2-2}$	76.00	V－1550
第三轮灌组	$DF_{3-1}+DF_{3-2}$	75.05	V－1550
第四轮灌组	$DF_{4-1}+DF_{4-2}$	74.10	V－1550
第五轮灌组	$DF_{5-1}+DF_{5-2}$	71.40	1804
第六轮灌组	$DF_{6-1}+DF_{6-2}$	73.44	1804
第七轮灌组	$DF_{7-1}+DF_{7-2}$	77.52	1804

材料构件表(V-1550)

件号	名称	材料	单位	数量
1	V-1550喷头		个	1
2	PE阳螺纹接头	ϕ20×(3/4)″	个	2
3	PE黑管	ϕ20	条	1
4	直通（镶铜）	ϕ25×(3/4)″	个	1
5	变径三通	ϕ40(32)×25	个	1
6	PVC管	ϕ40(32)		

材料构件表(1804)

件号	名称	材料	单位	数量
1	1804喷头		个	1
2	PE阳螺纹接头	ϕ20×(1/2)″	个	2
3	PE黑管	ϕ20	条	1
4	直通（镶铜）	ϕ20×(1/2)″	个	1
5	变径三通	ϕ40(32)×20	个	1
6	PVC管	ϕ40(32)		

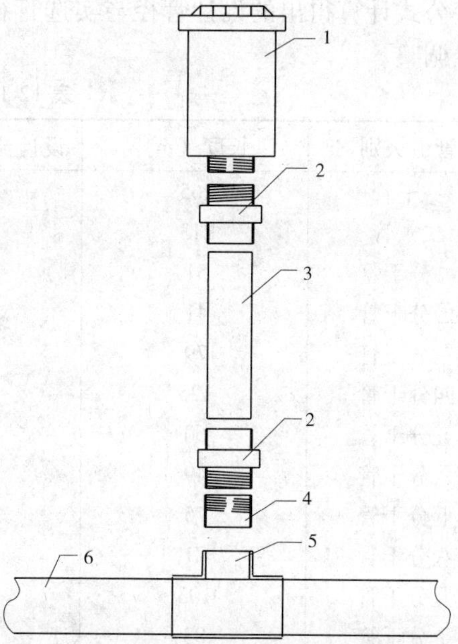

V-1550(1804)喷头安装示意图

图 12-11　喷头安装示意图

（二）计算喷点在工作点上的喷洒时间

V－1550 喷头设计喷洒时间为

$$t=\frac{abm}{1\,000q\eta}=\frac{12\times12\times19.88}{1\,000\times0.95\times0.85}=3.54\ (\text{h})$$

1804 喷头设计喷洒时间为

$$t=\frac{abm}{1\,000q\eta}=\frac{5.8\times5.8\times19.88}{1\,000\times0.68\times0.74}=1.33\ (\text{h})$$

即 V－1550 喷头在工作点上的设计喷洒时间为 3.54 h，取 3.5 h；1804 喷头在工作点上的设计喷洒时间为 1.33 h，取 1.3 h。

（三）计算每天可工作的轮灌组数

该系统按每天 8 h 的灌溉时间计算，则：

V－1550 喷头最大轮灌组数为

$$n = \frac{8}{3.5} = 2.29 \approx 2$$

1804 喷头最大轮灌组数为

$$n = \frac{8}{1.3} = 6.15 \approx 6$$

六、管道设计及水力计算

（一）管径选择

该系统管网布置划分为干管、分干管和支管三级管路，均采用 PVC－U 管材。根据经验公式计算得出的设计管径与实选管径见表 12-14，在进行水力计算后必要时再进行管径调整。

表 12-14　管径计算表

管道级别	长度（m）	设计流量（m^3/h）	设计管径（mm）	实选管径（mm）
一干管	265	76	113.33	125
二干管	213	75.05	112.62	125
一分干管	51	43.52	85.76	90
二分干管	41	41.8	84.05	90
三分干管	79	23.8	63.42	75
四分干管	125	40.12	82.34	90
五分干管	60	42.75	85.00	90
六分干管	49	29.92	71.11	75
七分干管	75	33.25	74.96	90
八分干管	71	47.5	89.60	90
九分干管	103	25.16	65.21	75
十分干管	83	41.8	84.05	90
十一分干管	98	37.4	79.50	90
十二分干管	35	26.6	67.05	75
十三分干管	72	33.25	74.96	90
十四分干管	62	46.24	88.40	90
支管（V－1550）	72	6.65	33.52	40
支管（V－1550）	60	3.8	25.34	32
支管（1804）	46	6.12	32.16	40
支管（1804）	32	4.08	26.26	32

（二）管网水力计算

本系统采用的喷头有 V－1550 雨帘喷洒式和 1804 散射喷洒式两个系列的园林喷头，V－1550 系列喷头工作压力为 300 kPa，1804 系列喷头工作压力为 250 kPa，为了保证不同压力区喷灌效果质量，需要计算出不同压力区水泵出口压力，管理使用人员可根据以下计算出的水泵出口压力用变频器进行压力调节，也可通过在支管进水口处设置调压阀进行压力调节。

管网水力计算选择距水泵出水口较远的一条支管，对最不利管路进行水力计算。管路局部水头损失按各级管道沿程水头损失的10%计算，首部枢纽过滤系统的局部损失按10 m计算。按照式（5-1）~式（5-3）通过计算机计算，水力计算结果见表12-15、表12-16。

表12-15　V－1550喷头工作系统水力计算表

最不利管路水头损失（V－1550）				
项目	管道长度（m）	设计流量（m^3/h）	管内径（mm）	水头损失（m）
一干管	265	76	116.2	7.54
七分干管	75	33.25	83	1.09
支管40	72	6.65	36	3.19
管路局部损失				1.18
首部枢纽				10.0
喷头工作压力				30.0
喷头竖管高度				0.6
微地形高差				1.0
水泵出口压力				54.6
机井静水位				25.0
水泵扬程				79.6

表12-16　1804喷头工作系统水力计算表

最不利管路水头损失（1804）				
项目	管道长度（m）	设计流量（m^3/h）	管内径（mm）	水头损失（m）
一干管	265	73.44	116.2	7.1
六分干管	49	29.92	69.2	2.08
支管40	46	6.12	36	1.69
管路局部损失				1.09
首部枢纽				10.0
喷头工作压力				25.0
喷头竖管高度				0.6
微地形高差				1.0
水泵出口压力				48.6
机井静水位				25.0
水泵扬程				73.6

七、水泵选配

根据以上计算结果，选择200QJ80－88/8水泵1台，水泵性能参数见表12-17。

表12-17　水泵性能参数

水泵型号	流量 Q（m^3/h）	扬程 H（m）	配套功率（kW）
200QJ80－88/8	80	88	30

该系统设计时水泵选择留有一定余量，是根据业主要求另外在厂区大门口外计划扩大灌溉面积时增设灌溉小区使用的。

八、主要材料统计

园区喷灌系统的主要材料统计如表12-18所示。

表12-18　喷灌工程主要材料清单

名称	数量	单位	购买数	说明
一、喷头				
V－1550喷头	316	个	350	
1804喷头	327	个	350	
二、管路系统				
PE管 *DN*20 mm	128	m	140	
PVC－U管 *DN*32 mm	2 556	m	2 800	
PVC－U管 *DN*40 mm	2 004	m	2 200	
PVC－U管 *DN*75 mm	749	m	820	
PVC－U管 *DN*90 mm	427	m	470	
PVC－U管 *DN*125 mm	492	m	540	
蝶阀 *DN*125 mm	2	个	2	
2″电磁阀	4	个	4	
3″电磁阀	10	个	10	
正三通125	1	个	1	
正三通90	10	个	10	
正三通75	15	个	15	
异径三通125×90	10	个	10	
异径三通125×75	2	个	2	
异径三通90×50	27	个	27	
异径三通75×40	28	个	28	
异径三通75×32	20	个	20	
异径三通40×25	187	个	200	

续表 12-18

名称	数量	单位	购买数	说明
异径三通 32×25	129	个	140	
异径三通 40×20	246	个	260	
异径三通 32×20	81	个	85	
异径接头 125×75	2	个	2	
异径接头 90×75	10	个	10	
异径接头 90×50	10	个	10	
异径接头 75×40	22	个	22	
异径接头 75×32	8	个	8	
异径接头 50×40	8	个	8	
异径接头 50×32	29	个	29	
弯头 125	7	个	10	
弯头 90	3	个	3	
弯头 75	15	个	15	
内丝接头 25×（3/4）″	316	个	350	
内丝接头 20×（1/2）″	327	个	350	
PE 阳螺纹接头 20×（3/4）″	632	个	700	
PE 阳螺纹接头 20×（1/2）″	654	个	700	
法兰片 2″	8	片	8	
法兰片 3″	20	片	20	
三、首部枢纽				
潜水电泵 200QJ80－88/8	1	台	1	
时序控制器	1	台	1	16 站
变频柜	1	台	1	30 kW
离心＋砂石过滤器	1	套	1	
四、其他				
信号线	1 452	m	1 500	2 芯
信号线	792	m	800	3 芯
压力表	2	个	2	
真空表	2	个	2	

附　录

附录一　常用喷头的规格及性能参数

附表 1　PY_1 系列金属摇臂式喷头的性能参数

型号	接头 (in)	喷嘴直径 (mm)	工作压力 (kPa)	喷头流量 (m^3/h)	喷头射程 (m)	喷灌强度 (mm/h)
$PY_1$10	$G\frac{1}{2}$	3	100	0.31	10.0	1.00
			200	0.44	11.0	1.16
		4	100	0.56	11.0	1.47
			200	0.79	12.5	1.61
		5	100	0.87	12.5	1.77
			200	1.23	14.0	2.00
$PY_1$10Sh	$G\frac{1}{2}$	3.5×3	150	0.90	11.0	2.37
			250	1.16	12.0	2.56
		4×3	150	1.00	11.5	2.40
			250	1.37	13.0	2.58
		5×3	150	1.44	12.5	2.93
			250	1.86	14.0	3.02
$PY_1$15	$G\frac{3}{4}$	4	200	0.79	13.5	1.38
			300	0.96	15.0	1.36
		5	200	1.23	15.0	1.75
			300	1.51	16.5	1.76
		6	200	1.77	15.5	2.35
			300	2.11	17.0	2.38
		7	200	2.41	16.5	2.82
			300	2.96	18.0	2.92
$PY_1$15Sh	$G\frac{3}{4}$	4×3	200	1.20	12.5	2.13
			300	1.50	13.5	2.62
		5×3	200	1.65	14.0	2.68
			300	2.05	15.5	2.73
		6×3	200	2.22	15.0	3.14
			300	2.71	16.5	3.17
		7×3	200	2.85	16.0	3.54
			300	3.50	17.5	3.64

续附表1

型号	接头（in）	喷嘴直径（mm）	工作压力（kPa）	喷头流量（m^3/h）	喷头射程（m）	喷灌强度（mm/h）
PY_120	$G1$	6	300	2.17	18.0	2.14
			400	2.50	19.5	2.10
		7	300	2.96	19.0	2.63
			400	3.41	20.5	2.58
		8	300	3.94	20.0	3.13
			400	4.55	22.0	3.01
		9	300	4.88	22.0	3.22
			400	5.64	23.5	3.26
PY_120Sh	$G1$	6×4	300	3.14	17.5	3.26
			400	3.16	19.0	3.05
		7×4	300	3.92	18.5	3.65
			400	4.37	20.0	3.48
		8×4	300	4.90	19.5	4.10
			400	5.51	21.0	3.97
		9×4	300	5.84	20.5	4.12
			400	6.60	22.0	4.33
PY_130	$G\frac{1}{2}$	9	300	4.88	23.0	2.94
			400	5.64	21.5	3.00
		10	300	6.02	23.5	3.18
			400	6.96	25.5	3.12
		11	300	7.30	21.5	3.88
			400	8.12	27.0	3.72
		12	300	8.69	25.5	4.25
			400	10.00	28.0	4.07
PY_140	$G2$	12	300	8.69	26.5	2.94
		13	300	10.30	27.0	4.83
		14	300	12.80	29.5	4.68
		15	300	14.70	30.5	5.05
		16	300	16.70	31.5	5.38
PY_150	$G2\frac{1}{2}$	16	400	17.80	34.0	4.92
		17	400	20.20	35.6	5.12
		18	400	22.60	36.5	5.42
		19	400	25.20	37.5	5.72
		20	400	27.90	38.5	5.99

注：1. 以PY_120Sh为例：P—喷头；Y—摇臂式；1—1型；20—进水口公称直径，mm；Sh—双喷嘴。

2. 1 in = 25.4 mm，下同。

附表 2　PY_2 型 10 系列金属摇臂式喷头的性能参数

型号	接头 (in)	喷嘴直径 (mm)	工作压力 (kPa)	喷头流量 (m^3/h)	喷头射程 (m)				喷灌强度 (mm/h)			
					7°	15°	22.5°	30°	7°	15°	22.5°	30°
$10PY_2$	$ZG\frac{1}{2}$ 外螺纹	2.5	200	0.31	7.4	8.3	9.3	9.8	1.80	1.43	1.14	1.03
			250	0.35	7.8	8.9	9.6	10.2	1.83	1.41	1.21	1.07
			300	0.38	8.4	9.5	10.0	10.5	1.71	1.34	1.21	1.10
		3.0	200	0.45	7.8	8.6	9.8	10.3	2.35	1.94	1.49	1.35
			250	0.51	8.2	9.1	10.1	10.6	2.41	1.96	1.59	1.44
			300	0.56	8.7	9.8	10.5	11.0	2.35	1.86	1.62	1.47
		3.5	200	0.62	8.5	9.1	10.3	10.8	2.73	2.38	1.86	1.69
			250	0.69	9.0	9.7	10.6	11.1	2.71	2.33	1.96	1.78
			300	0.75	9.5	10.1	11.0	11.5	2.65	2.34	1.97	1.81
		4.0	200	0.81	8.8	9.5	10.5	11.5	3.33	2.86	2.34	1.95
			250	0.90	9.1	10.0	10.8	11.8	3.46	2.86	2.46	2.06
			300	0.98	9.7	10.6	11.1	12.1	3.32	2.78	2.53	2.13
		4.5	200	1.02	9.0	10.0	11.0	12.5	4.01	3.25	2.68	2.08
			250	1.14	9.6	10.5	11.5	13.0	3.94	3.29	2.74	2.15
			300	1.25	10.2	11.1	12.0	13.5	3.82	3.23	2.76	2.18
		2.5×2.0	200	0.51	7.4	8.3	9.3	9.8	2.96	2.36	11.88	1.69
			250	0.57	7.8	8.9	9.6	10.2	2.98	2.29	1.97	1.74
			300	0.62	8.4	9.5	10.0	10.5	2.80	2.19	1.97	1.79
		3.0×2.0	200	0.65	7.8	8.6	9.8	10.3	3.40	2.80	2.15	1.95
			250	0.73	8.2	9.1	10.1	10.6	3.46	2.81	2.28	2.07
			300	0.80	8.7	9.8	10.5	11.0	3.36	2.65	2.31	2.10
		3.5×2.5	200	0.82	8.5	9.1	10.3	10.8	3.61	3.15	2.46	2.24
			250	0.91	9.0	9.7	10.6	11.1	3.58	3.08	2.58	2.35
			300	0.99	9.5	10.1	11.0	11.5	3.49	3.09	2.64	2.38
		4.0×2.5	200	1.25	8.8	9.5	10.8	11.8	5.14	4.41	3.41	2.86
			250	1.36	9.1	10.0	11.1	12.1	5.23	4.33	3.51	2.96
			300	1.47	9.7	10.6	11.5	12.5	4.97	4.16	3.54	2.99
		4.5×2.5	200	1.49	9.0	10.0	11.5	13.0	5.86	4.74	3.59	2.81
			250	1.63	9.6	10.5	12.0	13.5	5.63	4.71	3.60	2.85
			300	1.76	10.2	11.1	13.5	14.0	5.38	4.55	3.07	2.86

注：以 $10PY_2$ 为例：10—进水口公称直径，mm；P—喷头；Y—摇臂式；2—2 型。

附表3 PY_2 型30、40系列金属摇臂式喷头的性能参数

型号	接头（in）	喷嘴直径（mm）	工作压力（kPa）	喷头流量（m^3/h）	喷头射程（m）		喷灌强度（mm/h）	
					22.5°	27°	22.5°	27°
$30PY_2$	$G1\frac{1}{2}$	9.0	300	5.00	21.0	22.5	3.61	3.14
			350	5.40	22.0	23.5	3.55	3.11
			400	5.77	22.5	24.0	3.62	3.19
		9.5	300	5.57	21.5	23.0	3.84	3.35
			350	6.01	22.5	24.0	3.78	3.32
			400	6.43	23.0	24.5	3.87	3.41
		10.0	300	6.17	22.0	23.5	4.06	3.56
			350	6.66	23.0	24.5	4.01	3.53
			400	7.12	24.0	25.5	3.93	3.49
		10.5	300	6.80	22.5	24.0	4.28	3.76
			350	7.35	23.5	25.0	4.24	3.74
			400	7.86	24.5	26.0	4.18	3.70
		11.0	300	7.47	23.0	24.5	4.19	3.96
			350	8.06	24.0	25.5	4.45	3.95
			400	8.62	25.5	27.0	4.22	3.76
		11.5	300	8.16	23.5	25.0	4.70	4.16
			350	8.81	24.5	26.0	4.67	4.15
			400	9.42	26.0	27.5	4.43	3.96
		12.0	300	8.89	24.0	25.5	4.91	4.35
			350	9.60	25.5	27.0	4.70	4.19
			400	10.26	26.5	28.0	4.65	4.17
		9.0×4.0	300	5.98	21.0	22.5	4.32	3.76
			350	6.46	22.0	23.5	4.25	3.72
			400	6.91	22.5	24.0	4.34	3.82
		9.5×4.0	300	6.55	21.5	23.0	4.51	3.94
			350	7.08	22.5	24.0	4.45	3.91
			400	7.57	23.0	24.5	4.55	4.01
		10.0×4.0	300	7.16	22.0	23.5	4.71	4.13
			350	7.73	23.0	24.5	4.65	4.10
			400	3.27	24.0	25.5	4.57	4.05
		10.0×4.5	300	7.42	22.0	23.5	4.88	4.28
			350	8.01	23.0	24.5	4.82	4.25
			400	8.57	24.0	25.5	4.74	4.20

续附表 3

型号	接头(in)	喷嘴直径(mm)	工作压力(kPa)	喷头流量(m^3/h)	喷头射程(m)		喷灌强度(mm/h)	
					22.5°	27°	22.5°	27°
$30PY_2$	$G1\frac{1}{2}$	10.0×5.0	300	7.71	22.0	23.5	5.07	4.44
			350	8.33	23.0	24.5	5.01	4.42
			400	8.91	24.0	25.5	4.92	4.36
		10.5×4.5	300	8.05	22.5	24.0	5.06	4.45
			350	8.70	23.5	25.0	5.01	4.43
			400	9.30	24.5	26.0	4.93	4.38
		10.5×5.0	300	8.35	22.5	24.0	5.25	4.61
			350	9.01	23.5	25.0	5.19	4.59
			400	9.64	24.5	26.0	5.11	4.54
		11.0×5.0	300	9.73	24.0	25.5	5.18	4.59
			350	10.40	25.5	27.0	5.09	4.54
			400	11.40	26.5	28.0	5.17	4.63
		11.5×5.0	300	9.70	23.5	25.0	5.59	4.94
			350	10.48	24.5	26.0	5.56	4.93
			400	11.21	26.0	27.5	5.28	4.72
		12.0×5.0	300	10.43	24.0	25.5	5.76	5.11
			350	11.27	25.5	27.0	5.52	4.92
			400	12.04	26.5	28.0	5.45	4.89
$40PY_2$	G2	12.0	350	9.60	26.0	27.5	4.52	4.04
			400	10.26	27.0	28.5	4.48	4.02
		13.0	350	11.27	26.5	28.0	5.11	4.58
			400	12.04	27.5	29.0	5.07	4.56
		14.0	350	13.06	28.0	29.5	5.30	4.78
			400	13.97	29.5	31.0	5.11	4.63
		15.0	350	15.00	28.5	30.5	5.88	5.13
			400	16.04	29.5	31.5	5.87	5.15
		16.0	350	17.07	29.5	31.5	6.24	5.48
			400	18.25	30.5	32.5	6.24	5.50
		12.0×5.0	350	11.27	26.0	27.5	5.31	4.74
			400	12.01	27.0	28.5	5.26	4.72
		13.0×5.0	350	12.93	26.5	28.0	5.86	5.24
			400	13.83	27.5	29.0	5.82	5.23
		14.0×6.0	350	15.47	28.0	29.5	6.28	5.66
			400	16.53	29.5	31.0	6.04	5.47
		15.0×6.0	350	17.40	28.5	30.5	6.82	5.95
			400	18.60	29.5	31.5	6.80	5.97
		16.0×6.0	350	19.47	29.5	31.5	7.12	6.25
			400	20.81	30.5	32.5	7.12	6.27

注：以 $40PY_2$ 为例：40—进水口公称直径，mm；P—喷头；Y—摇臂式；2—2 型。

附表4 ZY-1型金属摇臂式喷头的性能参数

喷嘴直径（mm）	工作压力（MPa）	流量（m^3/h）	射程（m）	不同喷头间距（m×m）的喷灌强度（mm/h）			
				12×12	12×18	18×18	18×24
4.0	0.20	0.85	13.5	5.9			
	0.25	0.96	14.2	6.7	4.5		
	0.30	1.05	14.9	7.3	4.9	3.2	
4.5	0.20	1.08	14.0	7.5	5.0		
	0.25	1.21	14.8	8.4	5.6	3.7	
	0.30	1.33	15.4	9.2	6.1	4.1	
5.0	0.20	1.33	14.4	9.2	6.1	4.1	
	0.25	1.49	15.2	10.3	6.9	4.6	
	0.30	1.64	16.0	11.4	7.6	5.7	
5.5	0.20	1.62	14.9	11.3	7.5	5.0	
	0.25	1.87	15.7	12.6	8.4	5.6	
	0.30	1.99	16.4	13.8	9.2	6.1	
6.0	0.20	1.93	15.3		8.9	6.0	
	0.25	2.16	16.1		10.0	6.7	
	0.30	2.37	16.9		11.0	7.3	5.5
6.5	0.20	2.26	15.6		10.5	7.0	
	0.25	2.53	16.5		11.7	7.8	
	0.30	2.78	17.3		12.9	8.6	6.4
7.0	0.20	2.62	16.0		12.1	8.1	
	0.25	2.94	16.9		13.6	9.1	6.8
	0.30	3.23	17.7		15.0	10.0	7.5

注：ZY-1型号说明：Z—中喷，Y—摇臂式，1—1型。

附表5 ZY-1H型换向摇臂喷头的性能参数

喷嘴直径（mm）	工作压力（MPa）	流量（m^3/h）	射程（m）	不同喷头间距（m×m）的喷灌强度（mm/h）		
				12×12	12×18	18×18
4.0/2.8	0.20	1.37	13.5	9.5		
	0.30	1.65	14.9	11.5	7.6	5.1
4.5/2.8	0.20	1.65	14.0	11.5	7.6	
	0.30	2.00	15.4	13.9	9.3	6.2
5.0/2.8	0.20	1.96	14.4	13.6	9.1	6.0
	0.30	2.36	16.0	16.4	10.9	7.3
4.5/3.2	0.20	1.85	14.0	12.8	8.6	
	0.30	2.23	15.4	15.5	10.3	6.9
5.0/3.2	0.20	2.06	14.4	14.3	9.5	6.4
	0.30	2.48	16.0	17.2	11.5	7.7
5.5/3.2	0.20	2.26	14.9		10.5	7.0
	0.30	2.73	16.4	15.7	12.6	8.4
6.0/3.2	0.20	2.47	15.3		11.4	7.6
	0.30	2.98	16.9	6.9	13.8	9.2
6.5/3.2	0.20	2.67	15.6		12.4	8.2
	0.30	3.22	17.3	7.5	14.9	9.9
7.0/3.2	0.20	2.88	16.0		13.3	8.9
	0.30	3.47	17.7	8.0	16.1	10.7

注：ZY-1H型号说明：Z—中喷，Y—摇臂式，1—1型，H—换向喷头。

附表 6　ZY－2 型金属摇臂喷头的性能参数

喷嘴直径（mm）	工作压力（MPa）	流量（m^3/h）	射程（m）	不同喷头间距（m×m）的喷灌强度（mm/h）				
				18×18	18×24	24×24	24×30	30×30
6.0	0.20	1.92	16.3	5.9				
	0.25	2.14	17.3	6.6	5.0			
	0.30	2.35	18.3	7.3	5.4			
	0.35	2.53	19.0	7.8	5.9	4.4		
	0.40	2.71	19.6	8.4	6.3	4.7		
6.5	0.20	2.25	16.8	6.9	5.2			
	0.25	2.52	17.8	7.8	5.8			
	0.30	2.76	18.9	8.5	6.4	4.8		
	0.35	2.98	19.5	9.2	6.9	5.2		
	0.40	3.18	20.1	9.8	7.4	5.5		
7.0	0.20	2.61	17.0	8.1	6.0			
	0.25	2.92	18.1	9.0	6.8			
	0.30	3.20	19.1	9.9	7.4	5.6		
	0.35	3.45	20.1	10.6	8.0	6.0		
	0.40	3.69	21.0	11.4	8.5	6.4	5.1	
7.5	0.20	2.99	17.5	9.2	6.9			
	0.25	3.35	18.6	10.3	7.8			
	0.30	3.67	19.8	11.3	8.5	6.4		
	0.35	3.96	20.5	12.2	9.2	6.9		
	0.40	4.23	21.2	13.1	9.8	7.3	5.9	
8.0	0.20	3.40	18.0	10.5	7.9			
	0.25	3.81	19.2	11.8	8.8	6.6		
	0.30	4.18	20.4	12.9	9.7	7.3		
	0.35	4.50	21.2	13.9	10.4	7.8	6.3	
	0.40	4.81	22.0	14.8	11.1	8.4	6.7	
8.5	0.20	3.84	18.2	11.9	8.9			
	0.25	4.30	19.9	13.3	10.0	7.5		
	0.30	4.71	21.6	14.5	10.9	8.2	6.5	
	0.35	5.08	22.1	15.7	11.8	8.8	7.1	
	0.40	5.44	22.5		12.6	9.4	7.6	
9.0	0.25	4.82	20.0		11.2	8.4		
	0.30	5.29	21.7		12.2	9.2	7.8	
	0.35	5.70	22.5		13.2	9.9	7.9	
	0.40	6.09	23.4		14.1	10.6	8.5	6.8
9.5	0.25	5.37	20.2		12.4	9.3		
	0.30	5.89	21.9		13.6	10.2	8.2	
	0.35	6.35	22.8		14.7	11.0	8.8	
	0.40	6.79	23.6		15.7	11.8	9.4	7.5
10.0	0.25	5.95	20.3		13.8	10.3		
	0.30	6.53	21.9		15.1	11.3	9.1	
	0.35	7.04	23.0			12.2	9.8	
	0.40	7.52	24.1			13.1	10.4	8.4

附表7　ZY－2H型金属摇臂喷头的性能参数

喷嘴直径（mm）	工作压力（MPa）	流量（m^3/h）	射程（m）	不同喷头间距（m×m）的喷灌强度（mm/h）				
				18×18	18×24	24×24	24×30	30×30
	0.20	2.43	16.3	7.5				
	0.25	2.71	17.3	8.4	6.3			
6.0/3.1	0.30	2.97	18.5	9.2	6.9			
	0.35	3.22	19.0	9.9	7.5	5.6		
	0.40	3.43	19.6	10.6	7.9	6.0		
	0.20	2.76	16.8	8.5	6.4			
	0.25	3.09	17.8	9.5	7.2			
6.5/3.1	0.30	3.39	18.9	10.5	7.8	5.9		
	0.35	3.65	19.5	11.3	8.4	6.3		
	0.40	3.90	20.1	12.0	9.0	6.8		
	0.20	3.12	17.0	9.6	7.2			
	0.25	3.50	18.1	10.8	8.1			
7.0/3.1	0.30	3.83	19.1	11.8	8.9	6.6		
	0.35	4.13	20.1	12.7	9.6	7.2		
	0.40	4.41	21.0	13.6	10.2	7.7	6.1	
	0.20	3.50	17.5	10.8	8.1			
	0.25	3.92	18.6	12.1	9.1			
7.5/3.1	0.30	4.30	19.8	13.3	10.0	7.5		
	0.35	4.64	20.5	14.3	10.7	8.1		
	0.40	4.95	21.2	15.3	11.5	8.6	6.9	
	0.20	3.91	18.0	12.1	9.1			
	0.25	4.38	19.2	13.5	10.1	7.6		
8.0/3.1	0.30	4.81	20.4	14.8	11.1	8.4		
	0.35	5.17	21.2	16.0	12.0	9.0	7.2	
	0.40	5.53	22.0		12.8	9.6	7.7	
	0.20	4.35	18.2	13.4	10.1			
	0.25	4.87	19.9	15	11.3	8.5		
8.5/3.1	0.30	5.34	21.6		12.4	9.3	7.4	
	0.35	5.76	22.1		13.3	10.0	8.0	
	0.40	5.53	22.5		14.3	10.7	8.6	
	0.20	5.39	20.0		12.5	9.4		
	0.25	5.92	21.7		13.7	10.3	8.2	
9.0/3.1	0.30	6.38	22.5		14.8	11.1	8.9	
	0.35	6.81	23.4		15.8	11.8	9.5	7.6
	0.40	7.25	24.0			12.6	10.1	8.1
	0.20	5.94	20.2		13.8	10.3		
	0.25	6.52	21.9		15.1	11.3	9.1	
9.5/3.1	0.30	7.03	22.8			12.2	9.8	7.8
	0.35	7.51	23.6			13.0	10.4	8.3
	0.40	7.97	24.7			11.3	9.9	
	0.20	6.52	20.3		15.1	13.8		
	0.25	7.16	21.9			11.3	9.9	
10.0/3.1	0.30	7.72	23.0			12.4	10.1	
	0.35	8.24	24.1			14.3	11.4	9.1
	0.40	8.77	25.4			15.2	12.2	9.7

附表 8　PYC 垂直摇臂式喷头的性能参数

型号	接头形式	喷嘴直径（mm）	工作压力（kPa）	喷头流量（m^3/h）	喷头射程（m）	喷灌强度（mm/h）
PYC40	法兰连接	12.0	300～450	8.0～11.0	29.0～31.0	3.03～3.64
		14.0	350～450	12.5～13.0	32.0～35.0	3.38～3.88
		16.0	400～500	17.0～19.0	35.0～36.0	4.42～4.67
		18.0	400～500	21.0～23.0	37.0～42.0	4.15～4.88
		20.0	400～500	27.0～30.0	37.0～44.0	4.93～6.28
PYC60	法兰连接	18.0	400～500	23.0～26.0	36.0～39.0	5.44～5.65
		20.0	400～500	28.0～32.0	38.0～41.0	6.06～6.17
		22.0	500～600	38.0～42.0	44.0～47.0	6.05～6.25
		24.0	500～600	16.0～50.0	46.0～50.0	6.37～6.92

注：以 PYC40 为例：P—喷头；Y—摇臂式；C—垂直；40—进水口公称直径，mm。

附表 9　PYS 系列塑料摇臂式喷头的性能参数

型号	喷嘴直径（mm）	额定工作压力（kPa）	喷头流量（m^3/h）	接管口径（in）	喷头射程（m）喷射仰角 20°～30°
PYS10	2.5	200	0.31	ZG1/2	9.8
		250	0.35		10.2
		300	0.38		10.5
	3.0	200	0.45	ZG1/2	10.3
		250	0.51		10.6
		300	0.56		11.0
	3.5	200	0.62	ZG1/2	10.8
		250	0.69		11.1
		300	0.75		11.5
PYS15	4.0×2.5	200	1.12	ZG1	13.0
		250	1.25		13.5
		300	1.37		14.0
	4.5×2.5	200	1.33	ZG1	13.5
		250	1.49		14.0
		300	1.63		14.5
	5.0×3.0	200	1.71	ZG1	14.5
		250	1.91		15.0
		300	2.10		15.5
	5.5×3.0	200	2.21	ZG1	15.0
		250	2.42		15.8
		300	2.61		16.5

续附表9

型号	喷嘴直径（mm）	额定工作压力（kPa）	喷头流量（m^3/h）	接管口径（in）	喷头射程（m）喷射仰角 20°～30°
PYS20	6.5×3.0	250	2.88	ZG1	17.5
		300	3.16		18.5
		350	3.41		19.0
	7.0×4.0	250	3.66	ZG1	18.0
		300	4.01		19.0
		350	4.33		19.5
	7.5×3.5	250	3.86	ZG1	18.5
		300	4.22		19.5
		350	4.56		20.0
	8.0×3.5	250	4.29	ZG1	19.0
		300	4.70		20.0
		350	5.08		21.0
	8.4×4.0	250	4.50	ZG1	19.0
		300	4.93		20.0
		350	5.33		21.0
	9.0×4.0	250	5.46	ZG1	20.0
		300	5.98		22.0
		350	6.46		23.0

注：以 PYS20 为例：P—喷头；Y—摇臂式；S—塑料材质；20—进水口公称直径，mm。

附表10　园林绿化灌溉常用喷头性能参数

喷头类型	规格型号	喷嘴代号	工作压力（MPa）	射程（m）	流量（m^3/h）	喷灌强度（mm/h）	喷洒方式	产地
埋藏式	LPS		0.14～0.48	2.2～5.2	0.08～1.02		散射	进口
埋藏式	1804	15SST	0.2	8.5×1.2	0.25	35	散射	进口
埋藏式	1804	15-VAN	0.2	4.5	0.84	41	散射	进口
埋藏式	570Z	15F	0.2	4.5	0.80	40	散射	进口
埋藏式	3504	3.0RC	0.2	9.1	0.54	5.4	雨帘	进口
埋藏式	Mini	1.0	0.25	8.1	0.28	4.2	雨帘	进口
埋藏式	Mini	1.5	0.25	9.0	0.30	3.7	雨帘	进口
埋藏式	Mini	2.0	0.25	9.3	0.36	4.2	雨帘	进口
埋藏式	Mini	3.0	0.25	10.6	0.56	5.0	雨帘	进口
埋藏式	V-1550	6	0.3	10.1	0.35	3.4	雨帘	进口
埋藏式	V-1550	8	0.3	11.1	0.56	4.5	雨帘	进口
埋藏式	V-1550	15	0.3	11.9	0.95	6.7	雨帘	进口
埋藏式	V-1550	17	0.3	12.2	1.07	7.2	雨帘	进口
埋藏式	TR50	1.5	0.35	12.2	0.37	2.5	雨帘	进口
埋藏式	TR50	2.0	0.35	12.2	0.48	3.2	雨帘	进口
埋藏式	TR50	3.0	0.35	12.8	0.64	3.9	雨帘	进口
埋藏式	TR50	4.5	0.35	13.1	1.04	6.1	雨帘	进口
埋藏式	2001	6	0.4	15.5	1.58	6.6	雨帘	进口

续附表 10

喷头类型	规格型号	喷嘴代号	工作压力（MPa）	射程（m）	流量（m^3/h）	喷灌强度（mm/h）	喷洒方式	产地
埋藏式	2001	9	0.4	15.8	2.27	9.1	雨帘	进口
埋藏式	2001	12	0.4	16.1	2.89	11.1	雨帘	进口
埋藏式	2001	15	0.4	17.1	3.58	12.2	雨帘	进口
埋藏式	785	83	0.55	20.7	3.72	8.7	雨帘	进口
埋藏式	785	84	0.55	21.7	5.04	10.7	雨帘	进口
埋藏式	785	85	0.55	22.6	5.88	11.5	雨帘	进口
埋藏式	785	86	0.55	23.8	7.02	12.4	雨帘	进口
埋藏式	690	90	0.55	26.5	11.58	16.5	雨帘	进口
埋藏式	690	91	0.55	29.3	13.92	16.2	雨帘	进口
埋藏式	690	92	0.55	30.5	16.8	18.0	雨帘	进口
涌泉头	514－20		1.0		0.38			进口
涌泉头	514－20		1.5		0.47			进口
涌泉头	514－20		2.0		0.54			进口
涌泉头	FB－50－PC		2.5		0.10			进口
涌泉头	FB－50－PC		3.0		0.11			进口
涌泉头	FB－50－PC		3.5		0.11			进口

注： 此表中的喷灌强度是指喷头采用正方形布置、间距等于射程、工作压力为最佳压力情况下的喷灌强度。

附录二　常见水泵与变频设备的性能参数

附表 11　井用潜水电泵主要性能参数

型号	额定流量（m^3/h）	设计扬程（m）	水泵效率（%）	出水口直径（mm）	最大外径（mm）	额定功率（kW）	额定电流（A）	电机效率（%）
150QJ10－50/7	10	50	64	40	143	4	10.3	75.0
150QJ10－100/14	10	100	64	40	143	5.5	13.7	76.0
150QJ10－150/21	10	150	64	40	143	7.5	18.5	77.0
150QJ32－30/4	32	30	66	65	143	5.5	13.7	76.0
150QJ32－37.5/5	32	37.5	66	65	143	7.5	18.5	77.0
150QJ32－45/6	32	45	66	65	143	7.5	18.5	77.0
150QJ32－52.5/7	32	52.5	66	65	143	9.2	22.1	78.0
150QJ32－60/8	32	60	66	65	143	9.2	22.1	78.0
150QJ32－67.5/9	32	67.5	66	65	143	11	26.3	78.5
150QJ32－90/12	32	90	66	65	143	15	35.6	79.0
150QJ32－105/14	32	105	66	65	143	18.5	42.8	80.0
175QJ20－26/2	20	26	66	50	168	3	7.8	74.0
175QJ20－39/3	20	39	66	50	168	4	10.1	76.0
175QJ20－52/4	20	52	66	50	168	5.5	13.6	77.0
175QJ20－65/5	20	65	66	50	168	7.5	18.4	77.5

续附表 11

型号	额定流量(m^3/h)	设计扬程(m)	水泵效率(%)	出水口直径(mm)	最大外径(mm)	额定功率(kW)	额定电流(A)	电机效率(%)
175QJ20－78/6	20	78	66	50	168	7.5	18.4	77.5
175QJ20－91/7	20	91	66	50	168	9.2	22.1	78.0
175QJ20－104/8	20	104	66	50	168	11	26.1	79.0
175QJ20－117/9	20	117	66	50	168	13	30.1	80.0
175QJ20－130/10	20	130	66	50	168	13	30.1	80.0
175QJ20－143/11	20	143	66	50	168	15	34.7	80.0
175QJ20－156/12	20	156	66	50	168	15	34.7	80.0
175QJ20－169/13	20	169	66	50	168	18.5	42.6	80.5
175QJ40－60/5	40	60	70	80	168	11	26.1	79.0
175QJ40－72/6	40	72	70	80	168	13	30.1	80.0
175QJ40－84/7	40	84	70	80	168	15	34.7	80.0
175QJ40－96/8	40	96	70	80	168	18.5	42.6	80.5
175QJ50－36/3	50	36	72	80	168	9.2	22.1	78.0
175QJ50－48/4	50	48	72	80	168	11	26.1	79.0
175QJ50－60/5	50	60	72	80	168	13	30.1	80.0
175QJ50－72/6	50	72	72	80	168	18.5	42.6	80.5
175QJ50－84/7	50	84	72	80	168	18.5	42.6	80.5
175QJ50－96/8	50	96	72	80	168	22	49.7	81.0
175QJ50－108/9	50	108	72	80	168	25	56.5	81.0
200QJ20－40/3	20	40	67	50	184	4	10.1	76.0
200QJ20－54/4	20	54	67	50	184	5.5	13.6	77.0
200QJ20－81/6	20	81	67	50	184	9.2	21.7	78.5
200QJ20－93/7	20	93	67	50	184	9.2	21.7	78.5
200QJ20－108/8	20	108	67	50	184	11	25.8	79.0
200QJ20－121/9	20	121	67	50	184	13	29.7	80.0
200QJ20－148/11	20	148	67	50	184	15	33.9	81.0
200QJ32－39/3	32	39	70	65	184	5.5	13.6	77.0
200QJ32－52/4	32	52	70	65	184	7.5	18.0	78.0
200QJ32－65/5	32	65	70	65	184	9.2	21.7	78.5
200QJ32－78/6	32	78	70	65	184	11	25.8	79.0
200QJ32－91/7	32	91	70	65	184	13	29.7	80.0
200QJ32－104/8	32	104	70	65	184	15	33.9	81.0
200QJ32－130/10	32	130	70	65	184	18.5	41.6	81.5
200QJ32－143/11	32	143	70	65	184	22	48.2	82.5
200QJ32－169/13	32	169	70	65	184	25	54.5	83.0
200QJ32－195/15	32	195	70	65	184	30	65.4	83.0
200QJ32－247/19	32	247	70	65	184	37	79.7	84.0
200QJ32－273	32	273	70	65	184	45	96.9	84.0
200QJ50－26/2	50	26	74	80	184	5.5	13.6	77.0
200QJ50－39/3	50	39	74	80	184	9.2	21.7	78.5
200QJ50－52/4	50	52	74	80	184	11	25.8	79.0
200QJ50－65/5	50	65	74	80	184	15	33.9	81.0

续附表 11

型号	额定流量 (m^3/h)	设计扬程 (m)	水泵效率 (%)	出水口直径 (mm)	最大外径 (mm)	额定功率 (kW)	额定电流 (A)	电机效率 (%)
200QJ50 - 78/6	50	78	74	80	184	18.5	41.6	81.5
200QJ50 - 91/7	50	91	74	80	184	22	48.2	82.5
200QJ50 - 104/8	50	104	74	80	184	25	54.6	83.0
200QJ50 - 130/10	50	130	74	80	184	30	65.4	83.0
200QJ50 - 156/12	50	156	74	80	184	37	79.7	84.0
200QJ80 - 33/3	80	33	75	100	184	11	25.8	79.0
200QJ80 - 44/4	80	44	75	100	184	15	33.9	81.0
200QJ80 - 55/5	80	55	75	100	184	18.5	41.6	81.5
200QJ80 - 66/6	80	66	75	100	184	22	48.2	82.5
200QJ80 - 77/7	80	77	75	100	184	30	65.4	83.0
200QJ80 - 88/8	80	88	75	100	184	30	65.4	83.0
200QJ80 - 99/9	80	99	75	100	184	37	81.1	84.0
200QJ80 - 121/11	80	121	75	100	184	45	96.9	84.0
250QJ50 - 33/2	50	33	73	80	233	7.5	18.0	78.0
250QJ50 - 40/2	50	40	73	80	233	9.2	21.7	78.0
250QJ50 - 60/3	50	60	73	80	233	15	33.9	81.0
250QJ50 - 80/4	50	80	73	80	233	18.5	40.8	82.0
250QJ50 - 100/5	50	100	73	80	233	25	53.8	84.0
250QJ50 - 120/6	50	120	73	80	233	30	64.2	84.5
250QJ50 - 140/7	50	140	73	80	233	37	77.8	85.0
250QJ50 - 160/8	50	160	73	80	233	37	77.8	85.0
250QJ80 - 40/2	80	40	75	100	233	15	33.9	81.0
250QJ80 - 60/3	80	60	75	100	233	22	47.9	83.0
250QJ80 - 80/4	80	80	75	100	233	30	64.2	84.5
250QJ80 - 100/5	80	100	75	100	233	37	77.8	85.0
250QJ80 - 120/6	80	120	75	100	233	45	94.1	85.5
250QJ80 - 140/7	80	140	75	100	233	55	114.3	86.0
250QJ80 - 160/8	80	160	75	100	233	55	114.3	86.0
250QJ100 - 36/2	100	36	75	125	233	15	33.9	81.0
250QJ100 - 54/3	100	54	75	125	233	25	53.8	84.0
250QJ100 - 72/4	100	72	75	125	233	30	64.2	84.5
250QJ100 - 108/6	100	108	75	125	233	45	94.1	85.5
250QJ100 - 126/7	100	126	75	125	233	55	114.3	86.0
250QJ100 - 144/8	100	144	75	125	233	63	130.9	86.0
250QJ100 - 162/9	100	162	75	125	233	75	152.3	87.0
250QJ100 - 90/5	100	90	75	125	233	45	94.1	85.5
250QJ125 - 32/2	125	32	76	125	233	18.5	40.8	82.0
250QJ125 - 48/3	125	48	76	125	233	25	53.8	84.0
250QJ125 - 64/4	125	64	76	125	233	37	77.8	85.0

续附表 11

型号	额定流量 (m^3/h)	设计扬程 (m)	水泵效率 (%)	出水口直径 (mm)	最大外径 (mm)	额定功率 (kW)	额定电流 (A)	电机效率 (%)
250QJ125－80/5	125	80	76	125	233	45	94.1	85.5
250QJ125－96/6	125	96	76	125	233	55	114.3	86.0
250QJ125－112/7	125	112	76	125	233	63	130.9	86.0
250QJ125－128/8	125	128	76	125	233	75	152.3	87.0
250QJ125－144/9	125	144	76	125	233	90	182.8	87.0
250QJ125－160/10	125	160	76	125	233	90	182.8	87.0
250QJ140－30/2	140	30	76	125	233	18.5	40.8	82.0
250QJ140－45/3	140	45	76	125	233	30	64.2	84.5
250QJ140－60/4	140	60	76	125	233	37	77.8	85.0
250QJ140－75/5	140	75	76	125	233	45	94.1	85.5
250QJ140－90/6	140	90	76	125	233	55	114.3	86.0
250QJ140－105/7	140	105	76	125	233	63	130.9	86.0
250QJ140－120/8	140	120	76	125	233	75	152.3	87.0
250QJ140－135/9	140	135	76	125	233	90	182.8	87.0
250QJ140－150/10	140	150	76	125	233	90	182.8	87.0
250QJ160－30/2	160	30	76	150	233	22	47.9	83.0
250QJ160－45/3	160	45	76	150	233	30	64.2	84.5
250QJ160－60/4	160	60	76	150	233	37	77.8	85.0
250QJ160－75/5	160	75	76	150	233	55	114.3	86.0
250QJ160－90/6	160	90	76	150	233	63	130.9	86.0
250QJ160－105/7	160	105	76	150	233	75	152.3	87.0
250QJ160－120/8	160	120	76	150	233	75	152.3	87.0
250QJ160－150/10	160	150	76	150	233	90	182.8	87.0

注：以 250QJ160－150/10 为例：250—适用最小井径，mm；QJ—井用潜水泵；160—额定流量，m^3/h；150—额定扬程，m；10—叶轮级数。

附表 12　单吸多级水泵性能参数

型号	级数	流量 Q (m^3/h)	流量 Q (L/s)	扬程 H (m)	转数 n (r/min)	功率 N (kW) 轴功率	功率 N (kW) 电机功率	效率 η (%)	必需汽蚀余量 (m)
150SLD 155－67	3	100	27.8	228	2 950	97.0	132	64	3.2
		155	43	201		114.7		74	5.0
		185	51.4	177		123.9		72	6.6
200SLD 280－43	2	185	51.4	94	1 480	68.6	110	69	3.0
		280	77.8	86		85.2		77	4.7
		335	93.1	76		92.4		75	6.0
	3	185	51.4	141		103.0	150	69	3.0
		280	77.8	129		127.7		77	4.7
		335	93.1	114		138.7		75	6.0
	4	185	51.4	188		137.3	230	69	3.0
		280	77.8	172		170.3		77	4.7
		335	93.1	152		184.9		75	6.0

附表 13　单级单吸式离心泵性能参数

型号	流量 Q (m^3/h)	流量 Q (L/s)	扬程 H (m)	效率 η (%)	电机功率 P (kW)	转速 n (r/min)	必需汽蚀余量 (m)
SLS65－200	17.5 25 32.5	4.86 6.94 9.03	52.7 50 42.5	49 60 58	7.5	2 900	2.5
SLS65－200A	16.4 23.5 30.5	4.56 6.53 8.47	46.4 44 40	48 58 57	5.5	2 900	2.5
SLS65－200B	15.2 21.8 28.3	4.22 6.06 7.86	40 38 34.5	55	5.5	2 900	2.5
SLS65－250	17.5 25 32.5	4.86 6.94 9.03	82 80 76.5	39 52 50	15	2 900	2.5
SLS65－250A	16.4 23.4 30.5	4.56 6.5 8.47	71.5 70 67	47 51 48	11	2 900	2.5
SLS65－250B	15 21.6 28	4.17 6.0 7.78	61 60 57.4	43 50 46	11	2 900	2.5
SLS65－315	17.5 25 32.5	4.86 6.94 9.03	127 125 122	32 42 40	30	2 900	2.5
SLS65－315A	16.6 23.7 31	4.6 6.58 8.6	115 113 110	31 43 39	22	2 900	2.5
SLS65－315B	15.7 22.5 29.2	4.36 6.25 8.0	103 101 98	39	18.5	2 900	2.5
SLS65－160（Ⅰ）	35 50 65	9.72 13.9 18.1	35 32 28	63 73 70	7.5	2 900	3.0
SLS65－160（Ⅰ）A	32.7 46.7 61	9.1 13.0 16.9	30.6 28 24	62 70 69	7.5	2 900	3.0
SLS65－200（Ⅰ）	35 50 65	9.72 13.9 18.1	53.5 50 46	55 69 67	15	2 900	3.0
SLS65－200（Ⅰ）A	32.8 47 61	9.1 13.1 16.9	47 44 40	54 67 66	11	2 900	3.0
SLS65－200（Ⅰ）B	30.5 43.5 56.3	8.5 12.1 15.7	40.6 36 33.4	65	7.5	2 900	3.0

续附表 13

型号	流量 Q		扬程 H	效率 η	电机功率 P	转速 n	必需汽蚀余量（m）
	（m^3/h）	（L/s）	（m）	（%）	（kW）	（r/min）	
SLS65－250（Ⅰ）	35 50 65	9.75 13.9 18.1	83 80 72	52 62 59	22	2 900	3.0
SLS65－250（Ⅰ）A	32.5 46.7 61	9.0 13.0 16.9	73 70 63	58 60 58	18.5	2 900	3.0
SLS65－250（Ⅰ）B	30 43.3 56	8.3 12.0 15.6	62 60 54	58	15	2 900	3.0
SLS80－160	35 50 65	9.72 13.9 18.1	35 32 28	63 71 70	7.5	2 900	3.0
SLS80－160A	32.7 46.7 61	9.1 13.0 16.9	30.6 28 24	62 70 69	7.5	2 900	3.0
SLS80－200	35 50 65	9.72 13.9 18.1	53.5 50 46	55 69 67	15	2 900	3.0
SLS80－200A	32.8 47 61	9.1 13.1 16.9	47 44 40	54 67 66	11	2 900	3.0
SLS80－200B	30.5 43.5 56.6	8.5 12.1 15.7	40.6 38 33.4	65	7.5	2 900	3.0
SLS80－250	35 50 65	9.72 13.9 18.1	83 80 72	52 62 59	22	2 900	3.0
SLS80－250A	32.5 46.7 61	9.0 13.0 16.9	73 70 63	51 60 58	18.5	2 900	3.0
SLS80－250B	30 43.3 56	8.3 12.0 15.6	62 60 54	58	15	2 900	3.0
SLS80－315	35 50 65	9.2 13.9 18.1	128 125 122	44 54 57	37	2 900	3.0
SLS80－315A	32.5 46.5 60.5	9.0 12.9 16.8	112 110 107	43 54 57	37	2 900	3.0
SLS80－315B	31 44.5 58	8.6 12.4 16.1	102 100 98	53	30	2 900	3.0

续附表 13

型号	流量 Q		扬程 H	效率 η	电机功率 P	转速 n	必需汽蚀余量（m）
	（m^3/h）	（L/s）	（m）	（%）	（kW）	（r/min）	
SLS80－315C	29 41 53.6	8.1 11.4 14.9	87 85 83	51	22	2 900	3.0
SLS80－350	35 50 60	9.72 13.9 16.7	156 150 140	53 54 52	55	2 900	3.0
SLS80－350A	30.8 44 52.8	8.56 12.2 14.7	148 142 135	45 51 50	45	2 900	3.0
SLS80－350B	28 40 46	7.78 11.1 12.8	142 135 128	39 48 46	37	2 900	3.0
SLS80－160（Ⅰ）	470 100 130	19.4 27.8 36.1	36.5 32 24	70 76 65	15	2 900	4.5
SLS80－160（Ⅰ）A	65.4 93.5 121	18.2 26.0 33.8	32 28 21	67 74 67	11	2 900	4.5
SLS80－160（Ⅰ）B	60.6 86.6	16.8 24.1	27 24	72	11	2 900	4.5
SLS80－200（Ⅰ）	70 100 130	19.4 27.8 36.1	54 50 42	65 74 73	22	2 900	4.0
SLS80－200（Ⅰ）A	65.4 93.5 121	18.2 26.0 33.8	47.5 44 37	64 76 72	18.5	2 900	4.0
SLS80－200（Ⅰ）B	61 87 113	16.9 24.2 31.4	41 38 32	71	15	2 900	4.0
SLS80－250（Ⅰ）	70 100 130	19.4 27.8 36.1	87 80 68	62 71 68	37	2 900	4.0
SLS80－250（Ⅰ）A	65.4 93.5 121	18.2 26.0 33.8	76 70 59.5	61 68 67	30	2 900	4.0
SLS80－250（Ⅰ）B	61 87 113	16.9 24.2 31.4	65 50 51	66	22	2 900	4.0
SLS80－315（Ⅰ）	70 100 130	19.4 27.8 36.1	132 125 114	55 67 66	75	2 900	4.0

续附表 13

型号	流量 Q		扬程 H	效率 η	电机功率 P	转速 n	必需[illegible]余量（m）
	（m^3/h）	（L/s）	（m）	（%）	（kW）	（r/min）	
SLS80－315（Ⅰ）A	66.5 95 123	18.5 26.4 34.3	119 113 103	59 65 64	55	2 900	4.0
SLS80－315（Ⅰ）B	63 90 117	17.5 25 32.5	106 101 92	65	45	2 900	4.0
SLS80－315（Ⅰ）C	58 82 107	16.1 22.8 29.7	90 85 76	63	37	2900	4.0
SLS100－160	70 100 130	19.4 27.8 36.1	36.5 32 24	70 76 65	15	2 900	4.5

注：以 SLS80－160（Ⅰ）A（B）为例：SLS—单吸单级立式离心泵；80—泵进、出口公称直径，mm；160—叶轮名义外径，mm；（Ⅰ）—扩流型；A（B）—叶轮第一次（第二次）切割。

附表 14　喷灌自吸（离心）泵主要性能参数

型号	流量（m^3/h）	扬程（m）	吸程（m）	转速（r/min）	效率（%）	配套动力	
						电机（kW）	柴油机
50ZB－35	15	35	7～9	2 600	＞52	2.9	170F
50ZB－45	18	45	7～9	2 600	＞53	4.4	R175
65ZB－45	32	45	7～9	2 900	＞52	5.2	R180
65ZB－55D	30	55	7～9	2 900	＞52	8.8	S195
80ZB－45D	50	45	7	2 900	＞52	11	S1100
80CB－31	30～50	18～31	6	2 900	72	2.9　4.4	R170F　R175
100CB－40	20～60	30～40	6	2 900		4.4　5.2	R175　R180
80CB－200（手压）	50	40	7	2 900		8.8	S195

注：以 50ZB－35 为例：50—进水口公称直径，mm；Z—自吸式；B—离心泵；35—扬程，m。

附表 15　喷灌自吸泵主要性能参数

型号	流量 Q		扬程 H（m）	转速 η（r/min）	效率（%）	允许吸上真空高度（m）	配套功率（kW）
	（m^3/h）	（L/s）					
75BPZ－50	30	8.34	50.8	2 950	61.27	7	8.8
65BPZ－55	30	8.34	55	2 900	65	7	8.8
80BPZ－50	50	13.9	50	2 900	70	7	11.0
50BPZ－40	18	5.0	40	3 000	58	7	3.7
50BPZ－38	20	5.56	38	3 000	60	7	3.7
65BP－55	30	8.34	55	2 900	65	7	8.8
50BP－38	20	5.56	38	3 000	60	7	3.7

注：以 50BPZ－40 为例：50—进口公称直径，mm；B—单级单吸泵；P—喷灌；Z—自吸式；40—扬程，m。

附表15 ISG 管道泵主要性能参数与安装尺寸

	流量		扬程 (m)	电机功率 (kW)	效率 (%)	汽蚀余量 (m)	外型尺寸 (mm)				隔振器 (垫)	
	(m³/h)	(L/s)					L	B	H	A	规格	H_1 (mm)
ISG50－200	12.5	3.5	50	5.5	48	2.0	380	354	630	100	SD61－0.5	125
ISG50－200A	10.5	2.9	40	4	46	2.0	380	335	575	100		
ISG50－250	12.5	3.5	80	11	44	2.0	450	428	754	105	JSD－85	225
ISG50－250A	10.5	2.9	65	7.5	42	2.0	450	372	654	100		
ISG50－125（I）	25	6.9	20	2.2	67	2.5	360	260	513	100	SD61－0.5	125
ISG50－160（I）	25	6.9	32	4	63	2.5	380	310	565	100		
ISG50－160（I）A	20	5.6	25	3	59	2.5	380	300	545	100		
ISG50－200（I）	25	6.9	50	7.5	58	2.5	400	355	646	105		130
ISG50－200（I）A	20	5.6	40	5.5	56.5	2.5	400	355	646	105		
ISG50－250（I）	25	6.9	80	15	48.5	3.0	460	428	782	110	JSD－85	260
ISG50－250（I）A	20	5.6	65	11	47	3.0	460	428	782	110		
ISG50－315（I）	25	6.9	125	30	42	3.0	550	480	800	110		
ISG50－315（I）A	20	5.6	100	22	40	3.0	550	470	800	110		
ISG65－125	25	6.9	20	2.2	69	2.0	360	260	513	100	SD61－0.5	125
ISG65－125A	20	5.6	16	1.5	68	2.0	360	250	488	100		
ISG65－160	25	6.9	32	4	65	2.0	380	310	565	100		
ISG65－160A	20	5.6	25	3	64	2.0	380	300	545	100		
ISG65－200	25	6.9	50	7.5	60	2.0	400	355	646	105		130
ISG65－200A	20	5.6	40	5.5	59	2.0	400	355	646	105		
ISG65－250	25	6.9	80	15	50	2.0	460	428	782	110	JSD－85	260
ISG65－250A	20	5.6	65	11	49	2.0	460	428	782	110		
ISG65－315	25	6.9	125	30	40	2.5	550	480	800	110		
ISG65－315A	20	5.6	100	22	38	2.5	550	470	800	110		
ISG65－125（I）	50	13.9	20	5.5	75	3.0	400	318	655	125		150
ISG65－125（I）A	44	12.2	16	4	74	3.0	400	298	600	125		
ISG65－160（I）	50	13.9	32	7.5	73	3.0	400	331	660	130		155
ISG65－160（I）A	44	12.2	28	5.5	72	3.0	400	331	660	130		
ISG65－160（I）B	40	11.1	24	4	70.5	3.0	400	311	606	130		
ISG65－200（I）	50	13.9	50	15	69	3.0	450	410	795	125	JSD－85	275
ISG65－200（I）A	44	12.2	44	11	68	3.0	450	410	795	125		
ISG65－200（I）B	40	11.1	38	7.5	66	3.0	450	355	695	125		
ISG65－250（I）	50	13.9	80	22	63	3.0	500	450	867	130		280
ISG65－250（I）A	44	12.2	70	18.5	62	3.0	500	430	847	130		
ISG80－125	50	13.9	20	5.5	75	3.2	400	318	655	125		150
ISG80－125A	44	12.2	16	4	74	3.2	400	298	600	125		
ISG80－160	50	13.9	32	7.5	73	3.0	400	331	660	130		155
ISG80－160A	44	12.2	28	5.5	72	3.0	400	331	660	130		
ISG80－160B	40	11.1	24	4	70.5	3.0	400	311	605	130		

续附表 16

型号	流量		扬程	电机功率	效率	汽蚀余量	外型尺寸（mm）				隔振器（垫）	
	(m^3/h)	(L/s)	(m)	(kW)	(%)	(m)	*L*	*B*	*H*	*A*	规格	H_1 (mm)
ISG80－200	50	13.9	50	15	69	3.0	450	410	795	125	JSD－85	275
ISG80－200A	44	12.2	44	11	68	3.0	450	410	795	125		
ISG80－200B	40	11.1	38	7.5	66	3.0	450	355	695	125		
ISG80－250	50	13.9	80	22	63	3.0	500	450	867	130		
ISG80－250A	44	12.2	70	18.5	62.5	3.0	500	430	847	130		280
ISG80－250B	40	11.1	60	15	61	3.0	500	430	802	130		
ISG80－315	50	13.9	125	37	60	3.0	580	528	955	110		
ISG80－315A	44	12.2	113	37	58	3.0	580	528	955	110		260
ISG80－315B	40	11.1	101	30	56	3.0	580	528	955	110		
ISG80－350	50	13.9	150	55	52	3.0	630	610	1 100	120		
ISG80－350A	44	12.2	142	45	50.5	3.0	630	575	1 015	120		270
ISG80－350B	40	11.1	135	37	50	3.0	630	545	975	120		
ISG80－125（I）	100	27.8	20	11	78	4.0	400	400	782	140		290
ISG80－125（I）A	88	24.4	16	7.5	77	4.0	400	350	682	140		
ISG80－160（I）	100	27.8	32	15	78	4.5	500	395	822	150		
ISG80－160（I）A	88	24.4	28	11	76.5	4.5	500	395	822	150	JSD－85	310
ISG80－160（I）B	80	22.2	24	7.5	76	4.5	500	340	722	150		
ISG80－200（I）	100	27.8	50	22	76	4.5	500	440	872	135		
ISG80－200（I）A	88	24.4	44	18.5	75	4.5	500	420	852	135		285
ISG80－200（I）B	80	22.2	38	15	72	4.5	500	420	807	135		
ISG80－250（I）	100	27.8	80	37	72	4.5	550	493	1 000	155		
ISG80－250（I）A	88	24.4	70	30	71.5	4.5	550	493	1 000	155	JSD－120	305
ISG80－250（I）B	80	22.2	60	22	69	4.5	550	463	895	155		
ISG100－125	100	27.8	20	11	76	4.5	400	400	782	140		290
ISG100－125A	88	24.4	16	7.5	75	4.5	400	350	682	140		
ISG100－160	100	27.8	32	15	75.5	4.2	500	395	822	150	JSD－85	
ISG100－160A	88	24.4	28	11	74	4.2	500	395	822	150		300
ISG100－160B	80	22.2	24	7.5	73	4.2	500	340	722	150		
ISG100－200	100	27.8	50	2.2	74	4.2	500	440	872	135		285

注： 以 ISG50－160（I）A（B）为例：ISG—单级单吸管道离心泵；50—泵进、出口公称直径，mm；160—叶轮名义外径，mm；（I）—流量分类；A（B）—叶轮经第一次切割。

附表 17　IH 变流恒压泵主要性能参数

系列	型号	流量		扬程	转速	功率	配用电机	泵组质量
		m^3/h	L/s	(m)	(r/min)	(kW)	型号	(kg)
1	IH10－30	36	10	30	2 900	5.5	Y2－132S1－2	120
	IH10－40	36	10	40	2 900	7.5	Y2－132S2－2	130
	IH10－50	36	10	50	2 930	11	Y2－160M1－2	240
	IH10－60	36	10	60	2 930	11	Y2－160M1－2	240
	IH10－70	36	10	70	2 930	15	Y2－160M2－2	250
	IH10－80	36	10	80	2 930	18.5	Y2－160L－2	270
	IH10－90	36	10	90	2 940	22	Y2－180M－2	320
	IH10－100	36	10	100	2 940	22	Y2－180M－2	325
2	IH15－30	54	15	30	2 900	7.5	Y2－132S2－2	130
	IH15－40	54	15	40	2 900	11	Y2－160M1－2	240
	IH15－50	54	15	50	2 930	15	Y2－160M2－2	250
	IH15－60	54	15	60	2 930	15	Y2－160M2－2	250
	IH15－70	54	15	70	2 930	18.5	Y2－160L－2	270
	IH15－80	54	15	80	2 940	22	Y2－180M－2	325
	IH15－90	54	15	90	2 950	30	Y2－200L1－2	390
	IH15－100	54	15	100	2 950	30	Y2－200L1－2	390
	IH15－110	54	15	110	2 950	37	Y2－200L2－2	390
	IH15－120	54	15	120	2 950	37	Y2－200L2－2	390
3	IH20－30	72	20	30	2 930	11	Y2－160M1－2	235
	IH20－40	72	20	40	2 930	15	Y2－160M2－2	250
	IH20－50	72	20	50	2 930	18.5	Y2－160L－2	280
	IH20－60	72	20	60	2 940	22	Y2－180M－2	310
	IH20－70	72	20	70	2 940	22	Y2－180M－2	310
	IH20－80	72	20	80	2 950	30	Y2－200L1－2	380
	IH20－90	72	20	90	2 950	37	Y2－200L2－2	390
	IH20－100	72	20	100	2 950	37	Y2－200L2－2	390
	IH20－110	72	20	110	4 500	37	Y2－200L2－2	510
	IH20－120	72	20	120	4 500	45	Y2－225M－2	590
4	IH30－30	108	30	30	2 940	22	Y2－180M－2	320
	IH30－40	108	30	40	2 950	30	Y2－200L1－2	385
	IH30－50	108	30	50	2 950	30	Y2－200L1－2	385
	IH30－60	108	30	60	2 950	37	Y2－200L2－2	400
	IH30－70	108	30	70	2 950	37	Y2－200L2－2	400
	IH30－80	108	30	80	2 970	45	Y2－225M－2	475
	IH30－90	108	30	90	2 970	45	Y2－225M－2	475
	IH30－100	108	30	100	2 970	55	Y2－250M－2	550
	IH30－110	108	30	110	2 970	55	Y2－250M－2	550
	IH30－120	108	30	120	2 970	75	Y2－280S－2	700

续附表 17

系列	型号	流量		扬程	转速	功率	配用电机	泵组质量
		m^3/h	L/s	(m)	(r/min)	(kW)	型号	(kg)
5	IH40－30	144	40	30	1 470	22	Y2－180L－4	315
	IH40－40	144	40	40	1 470	30	Y2－200L－4	380
	IH40－50	144	40	50	2 950	37	Y2－200L2－2	475
	IH40－60	144	40	60	2 970	45	Y2－225M－2	475
	IH40－70	144	40	70	2 970	55	Y2－250M－2	550
	IH40－80	144	40	80	2 970	75	Y2－280S－2	700
	IH40－90	144	40	90	2 970	75	Y2－280S－2	700
	IH40－100	144	40	100	2 970	75	Y2－280S－2	700
	IH40－110	144	40	110	2 970	75	Y2－280S－2	700
	IH40－120	144	40	120	2 970	90	Y2－280M－2	775
6	IH50－30	180	50	30	2 950	30	Y2－200L1－2	385
	IH50－40	180	50	40	2 950	37	Y2－200L2－2	400
	IH50－50	180	50	50	2 950	37	Y2－200L2－2	400
	IH50－60	180	50	60	2 970	45	Y2－225M－2	480
	IH50－70	180	50	70	2 970	55	Y2－250M－2	555
	IH50－80	180	50	80	2 970	55	Y2－250M－2	555
	IH50－90	180	50	90	2 970	75	Y2－280S－2	710
	IH50－100	180	50	100	2 970	75	Y2－280S－2	710
	IH50－110	180	50	110	2 970	90	Y2－280M－2	780
	IH50－120	180	50	120	2 980	110	Y2－315S－2	780
7	IH60－30	216	60	30	2 950	30	Y2－200L1－2	390
	IH60－40	216	60	40	2 950	37	Y2－200L2－2	405
	IH60－50	216	60	50	2 970	45	Y2－225M－2	485
	IH60－60	216	60	60	2 970	55	Y2－250M－2	560
	IH60－70	216	60	70	2 970	55	Y2－250M－2	560
	IH60－80	216	60	80	2 970	75	Y2－280S－2	715
	IH60－90	216	60	90	2 970	75	Y2－280S－2	715
	IH60－100	216	60	100	2 970	90	Y2－280M－2	790
	IH60－110	216	60	110	2 970	90	Y2－280M－2	790
	IH60－120	216	60	120	2 980	110	Y2－315S－2	1 305
8	IH70－30	252	70	30	2 950	37	Y2－200L2－2	405
	IH70－40	252	70	40	2 950	45	Y2－225M－2	485
	IH70－50	252	70	50	2 970	55	Y2－250M－2	560
	IH70－60	252	70	60	2 970	75	Y2－280S－2	720
	IH70－70	252	70	70	2 970	75	Y2－280S－2	720
	IH70－80	252	70	80	2 970	90	Y2－280M－2	790
	IH70－90	252	70	90	2 970	90	Y2－280M－2	790
	IH70－100	252	70	100	2 970	90	Y2－280M－2	790
	IH70－110	252	70	110	2 970	110	Y2－315S－2	1 310
	IH70－120	252	70	120	2 980	132	Y2－315M－2	1 310

注：以 IH50－90 为例：IH—变流恒压泵；50—流量，L/s（或 m^3/h）；90—扬程，m。

附表 18　MCS 系列深水井变频调速恒压供水设备技术参数

序号	设备型号	流量(m^3/h)	扬程(m)	潜水泵型号	功率(kW)	出口尺寸(mm)	机组直径(mm)	变频柜尺寸(高×宽×厚)(mm×mm×mm)
1	MCS－40－52	40	52	200QJ40－52/4	9.2	65	184	1 200×600×400
2	MCS－40－65		65	200QJ40－65/5	11			
3	MCS－40－78		78	200QJ40－78/6	15			
4	MCS－40－104		104	200QJ40－104/8	18.5			1 500×700×500
5	MCS－40－117		117	200QJ40－117/9	22			
6	MCS－40－143		143	200QJ40－143/11	25			
7	MCS－40－169		169	200QJ40－169/13	30			
8	MCS－50－60	50	60	200QJ50－60/3	13	75	233	1 200×600×400
9	MCS－50－80		80	200QJ50－80/4	18.5			1 500×700×500
10	MCS－50－100		100	200QJ50－100/5	22			
11	MCS－50－120		120	200QJ50－120/6	25			
12	MCS－50－140		140	200QJ50－140/7	30			
13	MCS－50－160		160	200QJ50－160/8	37			1 800×800×500
14	MCS－50－180		180	200QJ50－180/9	45			
15	MCS－50－200		200	200QJ50－200/10	45			
16	MCS－63－60	63	60	200QJ63－60/5	18.5	100	184	1 800×800×500
17	MCS－63－72		72	200QJ63－72/6	22			
18	MCS－63－84		84	200QJ63－84/7	25			
19	MCS－63－96		96	200QJ63－96/8	30			
20	MCS－63－120		120	200QJ63－120/10	37			
21	MCS－63－144		144	200QJ63－144/12	45			
22	MCS－80－60	80	60	250QJ80－60/3	22	100	233	1 500×700×500
23	MCS－80－80		80	250QJ80－80/4	30			
24	MCS－80－100		100	250QJ80－100/5	37			1 800×800×500
25	MCS－80－120		120	250QJ80－120/6	45			
26	MCS－80－140		140	250QJ80－140/7	55			
27	MCS－80－160		160	250QJ80－160/8	55			
28	MCS－80－180		180	250QJ80－180/9	63			1 800×900×500
29	MCS－80－200		200	250QJ80－200/10	75			
30	MCS－100－54	100	54	250QJ100－54/3	25	125	233	1 500×700×500
31	MCS－100－72		72	250QJ100－72/4	30			1 800×800×500
32	MCS－100－108		108	250QJ100－108/6	45			
33	MCS－100－126		126	250QJ100－126/7	55			1 800×900×500
34	MCS－100－144		144	250QJ100－144/8	63			
35	MCS－100－162		162	250QJ100－162/9	75			
36	MCS－100－198		198	250QJ100－198/11	90			2 000×900×600
37	MCS－100－216		216	250QJ100－216/12	100			

续附表 18

序号	设备型号	流量 (m^3/h)	扬程 (m)	潜水泵型号	功率 (kW)	出口尺寸 (mm)	机组直径 (mm)	变频柜尺寸 (高×宽×厚) (mm×mm×mm)
38	MCS-125-64	125	64	250QJ125-64/4	37	125	233	1 800×800×500
39	MCS-125-80		80	250QJ125-80/5	45			
40	MCS-125-96		96	250QJ125-96/6	55			1 800×900×500
41	MCS-125-112		112	250QJ125-112/7	63			
42	MCS-125-128		128	250QJ125-128/8	75			
43	MCS-125-160		160	250QJ125-160/10	90			2 000×900×600
44	MCS-125-176		176	250QJ125-176/11	100			
45	MCS-125-192		192	250QJ125-192/12	110			

注：以 MCS-125-192 为例：MCS—微机控制变频调速；125—额定流量，m^3/h；192—额定扬程，m。

附表 19 压力控制、定时自动切换一用一备 ZQK 型水泵控制柜参数

序号	型号	控制台数	功率 (kW)	额定电流 (A)	起动方式	外接电缆端口数		
						P_E	主回路	控回路
1	ZQK-2ASP-0.75	2	0.75	1.8	直接	1	10	4
2	ZQK-2ASP-1.5	2	1.5	3.7	直接	1	10	4
3	ZQK-2ASP-2.2	2	2.2	5	直接	1	10	4
4	ZQK-2ASP-3	2	3	6.6	直接	1	10	4
5	ZQK-2ASP-4	2	4	8.5	直接	1	10	4
6	ZQK-2ASP-5.5	2	5.5	11.5	直接	1	10	4
7	ZQK-2ASP-7.5	2	7.5	15.5	直接	1	10	4
8	ZQK-2ASP-11	2	11	22	直接	1	10	4
9	ZQK-2ASP-15	2	15	30	直接	1	10	4
10	ZQK-2ASP-JY-15	2	15	30	Y/Δ	1	16	4
11	ZQK-2ASP-JY-18.5	2	18.5	37	Y/Δ	1	16	4
12	ZQK-2ASP-JY-22	2	22	44	Y/Δ	1	16	4
13	ZQK-2ASP-JY-30	2	30	60	Y/Δ	1	16	4
14	ZQK-2ASP-JY-37	2	37	72	Y/Δ	1	16	4
15	ZQK-2ASP-JY-45	2	45	85	Y/Δ	1	16	4
16	ZQK-2ASP-JY-55	2	55	105	Y/Δ	1	16	4
17	ZQK-2ASP-JY-75	2	75	140	Y/Δ	1	16	4
18	ZQK-2ASP-JY-90	2	90	170	Y/Δ	1	16	4
19	ZQK-2ASP-JY-110	2	110	204	Y/Δ	1	16	4
20	ZQK-2ASP-JY-132	2	132	230	Y/Δ	1	16	4

注：以 ZQK-2ASP-JY-132 为例：ZQK—厂家代号；2ASP—一备一用 2 台水泵；JY—代号；132—水泵电机功率，kW。

附录三　管材、管件性能参数

附表 20　PVC－U 管材规格与参数

公称外径及公差（mm）		公称压力 *PN*（MPa）									
		0.6		0.8		1.0		1.25		1.6	
		壁厚（mm）	公差（mm）	壁厚（mm）	公差（mm）	壁厚（mm）	公差（mm）	壁厚（mm）	公差（mm）	壁厚（mm）	公差（mm）
32	+0.3 −0.0							2.0	+0.4 −0.0	2.4	+0.5 −0.0
40	+0.3 −0.0					2.0	+0.4 −0.0	2.4	+0.5 −0.0	3.0	+0.5 −0.0
50	+0.3 −0.0			2.0	+0.4 −0.0	2.4	+0.5 −0.0	3.0	+0.5 −0.0	3.7	+0.6 −0.0
63	+0.3 −0.0	2.0	+0.4 −0.0	2.5	+0.5 −0.0	3.0	+0.5 −0.0	3.8	+0.6 −0.0	4.7	+0.8 −0.0
75	+0.3 −0.0	2.2	+0.5 −0.0	2.9	+0.5 −0.0	3.6	+0.6 −0.0	4.5	+0.7 −0.0	5.6	+0.9 −0.0
90	+0.3 −0.0	2.7	+0.5 −0.0	3.5	+0.6 −0.0	4.3	+0.7 −0.0	5.4	+0.9 −0.0	6.7	+1.1 −0.0
110	+0.4 −0.0	3.2	+0.6 −0.0	3.9	+0.6 −0.0	4.8	+0.8 −0.0	5.7	+0.9 −0.0	7.2	+1.1 −0.0
125	+0.4 −0.0	3.7	+0.6 −0.0	4.4	+0.7 −0.0	5.4	+0.9 −0.0	6.0	+0.9 −0.0	7.4	+1.2 −0.0
140	+0.5 −0.0	4.1	+0.7 −0.0	4.9	+0.8 −0.0	6.1	+1.0 −0.0	6.7	+1.1 −0.0	8.3	+1.3 −0.0
160	+0.5 −0.0	4.7	+0.8 −0.0	5.6	+0.9 −0.0	7.0	+1.1 −0.0	7.7	+1.2 −0.0	9.5	+1.5 −0.0
200	+0.6 −0.0	5.9	+0.9 −0.0	7.3	+1.1 −0.0	8.7	+1.4 −0.0	9.6	+1.5 −0.0	11.9	+1.8 −0.0
250	+0.8 −0.0	7.3	+1.1 −0.0	8.8	+1.4 −0.0	10.9	+1.7 −0.0	11.9	+1.8 −0.0	14.8	+2.3 −0.0
315	+1.0 −0.0	9.2	+1.4 −0.0	11.0	+1.7 −0.0	13.7	+2.1 −0.0	15.0	+2.3 −0.0	18.7	+2.9 −0.0
355	+1.1 −0.0	9.4	+1.5 −0.0	12.5	+1.9 −0.0	14.0	+2.3 −0.0	16.9	+2.6 −0.0	21.1	+3.2 −0.0
400	+1.2 −0.0	10.6	+1.6 −0.0	14.0	+2.1 −0.0	15.3	+2.3 −0.0	19.1	+2.9 −0.0	23.7	+3.6 −0.0

附表 21 PVC－U 管件规格

产品名称	管箍	45°弯头	90°弯头	异径接头			正三通	异径三通			管堵	法兰	外丝接头
规格	φ20	φ20	φ20	φ25×20	φ75×63	φ160×140	φ20	φ25×20	φ75×63	φ160×140	φ20	φ20	φ20×1/2″
	φ25	φ25	φ25	φ32×20	φ90×50	φ200×110	φ25	φ32×20	φ90×50	φ200×110	φ25	φ25	φ25×3/4″
	φ32	φ32	φ32	φ32×25	φ90×63	φ200×160	φ32	φ32×25	φ90×63	φ200×160	φ32	φ32	φ32×1″
	φ40	φ40	φ40	φ40×20	φ90×75	φ225×160	φ40	φ40×20	φ90×75	φ225×160	φ40	φ40	φ40×1 1/4″
	φ50	φ50	φ50	φ40×25	φ110×50	φ250×110	φ50	φ40×25	φ110×50	φ250×110	φ50	φ50	φ50×1 1/2″
	φ63	φ63	φ63	φ40×32	φ110×63	φ250×160	φ63	φ40×32	φ110×63	φ250×160	φ63	φ63	φ63×2″
	φ75	φ75	φ75	φ50×20	φ110×75	φ250×200	φ75	φ50×20	φ110×75	φ250×200	φ75	φ75	φ75×2 1/2″
	φ90	φ90	φ90	φ50×25	φ110×90	φ315×160	φ90	φ50×25	φ110×90	φ315×160	φ90	φ90	φ90×3″
	φ110	φ110	φ110	φ50×32	φ125×63	φ315×200	φ110	φ50×32	φ125×63	φ315×200	φ110	φ110	内丝接头
	φ125	φ125	φ125	φ50×40	φ125×75	φ315×250	φ125	φ50×40	φ125×75	φ315×250	φ125	φ125	φ20×1/2″
	φ140	φ140	φ140	φ63×25	φ125×90	φ400×200	φ140	φ63×25	φ125×90	φ400×200	φ140	φ140	φ25×3/4″
	φ160	φ160	φ160	φ63×32	φ125×110	φ400×250	φ160	φ63×32	φ125×110	φ400×250	φ160	φ160	φ32×1″
	φ200	φ200	φ200	φ63×40	φ140×90	φ400×315	φ200	φ63×40	φ140×90	φ400×315	φ200	φ200	φ40×1 1/4″
	φ225	φ225	φ225	φ63×50	φ140×110		φ225	φ63×50	φ140×110		φ225	φ225	φ50×1 1/2″
	φ250	φ250	φ250	φ75×32	φ160×90		φ250	φ75×32	φ160×90		φ250	φ250	φ63×2″
	φ315	φ315	φ315	φ75×40	φ160×110		φ315	φ75×40	φ160×110		φ315	φ315	φ75×2 1/2″
	φ400	φ400	φ400	φ75×50	φ160×125		φ400	φ75×50	φ160×125		φ400	φ400	φ90×3″

附表 22　PE63 管材规格与参数

公称外径（mm）	SDR33.0		SDR26.0		SDR17.6		SDR13.6		SDR11.0	
	公称压力 *PN*（MPa）									
	0.32		0.4		0.6		0.8		1.0	
	公称壁厚（mm）	米重（kg/m）	公称壁厚（mm）	米重（kg/m）	公称壁厚（mm）	米重（kg/m）	公称壁厚（mm）	米重（kg/m）	公称壁厚（mm）	米重（kg/m）
20							2.3	0.135	2.3	0.135
25					2.0	0.155	2.3	0.173	2.3	0.173
32					2.0	0.202	2.4	0.235	2.9	0.274
40			2.0	0.256	2.3	0.288	3.0	0.365	3.7	0.434
50	2.0	0.324	2.0	0.324	2.8	0.439	3.7	0.555	4.6	0.673
63	2.0	0.412	2.5	0.482	3.6	0.695	4.7	0.728	5.8	1.07
75	2.3	0.557	2.9	0.693	4.3	0.986	5.6	1.26	6.8	1.50
90	2.8	0.800	3.5	0.988	5.1	1.40	6.7	1.81	8.2	2.17
110	3.4	1.19	4.2	1.45	6.3	2.12	8.1	2.67	10.0	3.22
125	3.8	1.49	4.8	1.88	7.1	2.71	9.2	3.44	11.4	4.18
140	4.3	1.90	5.4	2.37	8.0	3.41	10.3	4.31	12.7	5.22
160	4.9	2.47	6.2	3.10	9.5	4.63	11.8	5.64	14.6	6.83
180	5.5	3.12	6.9	3.88	10.2	5.61	13.3	7.15	16.4	8.79
200	6.1	3.85	7.7	4.80	11.4	6.83	14.7	8.80	18.2	10.85
225	6.9	4.89	8.6	6.02	12.8	8.79	16.6	11.38	20.5	13.74
250	7.6	5.98	9.6	7.72	14.8	11.26	18.4	14.00	22.7	16.93
280	8.6	7.55	10.7	9.27	15.9	13.55	20.6	17.58	25.4	21.21
315	9.6	9.51	12.1	11.88	17.9	17.50	23.2	22.26	28.6	26.89
355	10.8	12.06	13.7	15.03	20.2	22.27	26.1	28.23	32.3	34.20
400	12.2	15.33	15.4	19.02	22.7	28.21	29.4	35.81	36.4	43.42

注： 1. 本系列管材一般用于城镇及乡村给水工程，公称压力是指管材在 20 ℃下输送水的最大允许工作压力。

2. 表中质量是按 0.955 g/cm^3 平均密度计算的，外径及壁厚均取公称值加极限偏差的一半。

附表 23 PE80 管材规格与参数

公称外径(mm)	SDR33.0		SDR26.0		SDR17.6		SDR13.6		SDR11.0	
	公称压力 *PN*(MPa)									
	0.4		0.6		0.8		1.0		1.25	
	公称壁厚(mm)	米重(kg/m)	公称壁厚(mm)	米重(kg/m)	公称壁厚(mm)	米重(kg/m)	公称壁厚(mm)	米重(kg/m)	公称壁厚(mm)	米重(kg/m)
20							2.3	0.132	2.3	0.132
25					2.0	0.151	2.3	0.169	2.3	0.169
32					2.0	0.197	2.4	0.229	2.9	0.280
40			2.0	0.250	2.3	0.281	3.0	0.353	3.7	0.432
50	2.0	0.315	2.0	0.315	2.8	0.423	3.7	0.546	4.6	0.669
63	2.0	0.401	3.0	0.574	3.6	0.683	4.7	0.886	5.8	1.06
75	2.3	0.544	3.6	0.822	4.3	1.02	5.6	1.25	6.8	1.49
90	2.8	0.783	4.3	1.19	5.1	1.48	6.7	1.80	8.2	2.16
110	3.4	1.16	5.3	1.78	6.3	2.19	8.1	2.66	10.0	3.20
125	3.8	1.47	6.0	2.29	7.1	2.81	9.2	3.42	11.4	4.16
140	4.3	1.87	6.7	2.89	8.0	3.52	10.3	4.29	12.7	5.19
160	4.9	2.41	7.6	3.78	9.5	4.60	11.8	5.61	14.6	6.80
180	5.5	3.06	8.6	4.74	10.2	5.84	13.3	7.11	16.4	8.75
200	6.1	3.77	9.6	5.86	11.4	7.15	14.7	8.72	18.2	10.75
225	6.9	4.74	10.8	7.45	12.8	9.03	16.6	11.32	20.5	13.67
250	7.6	5.84	11.9	9.11	14.8	11.20	18.4	13.92	22.7	16.84
280	8.6	7.40	13.4	11.51	15.9	14.33	20.6	17.45	25.4	21.10
315	9.6	9.29	15.0	14.47	17.9	17.98	23.2	22.14	28.6	26.75
355	10.8	11.74	16.9	18.72	20.2	23.08	26.1	28.09	32.3	33.89
400	12.2	14.97	19.1	23.87	22.7	29.21	29.4	35.62	36.4	43.10

注： 1. 本系列管材主要用于城市给水工程，公称压力是指管材在 20 ℃下输送水的最大允许工作压力。

2. 表中质量是按 0.95 g/cm^3 平均密度计算的，外径及壁厚均取公称值加极限偏差的一半。

附表 24　涂塑软管规格与技术参数

规格（in）	型号	公称内径（mm）	工作压力（MPa）	爆破压力（MPa）	定尺长度（m）
1	25.4TS－03	25.4±1.3	>0.3	>0.9	100±0.5
1	25.4TS－04	25.4±1.3	>0.4	>1.3	100+0.5
1	25.4TS－06	25.4±1.3	>0.6	>1.8	100±0.5
1	25.4TS－08	25.4±1.3	>0.8	>2.5	100+0.5
1.5	38.1TS－03	38.1±1.5	>0.3	>0.9	100±0.5
1.5	38.1TS－04	38.1±1.5	>0.4	>1.3	100+0.5
1.5	38.1TS－06	38.1±1.5	>0.6	>1.8	100±0.5
1.5	38.1TS－08	38.1±1.5	>0.8	>2.5	100+0.5
2	50.8TS－03	50.8±2.0	>0.3	>0.9	100±0.5
2	50.8TS－04	50.8±2.0	>0.4	>1.3	100+0.5
2	50.8TS－06	50.8±2.0	>0.6	>1.8	100±0.5
2	50.8TS－08	50.8±2.0	>0.8	>2.5	100+0.5
2.5	63.5TS－03	63.5±2.3	>0.3	>0.9	100±0.5
2.5	63.5TS－04	63.5±2.3	>0.4	>1.3	100+0.5
2.5	63.5TS－06	63.5±2.3	>0.6	>1.8	100±0.5
2.5	63.5TS－08	63.5±2.3	>0.8	>2.5	100+0.5
3	76.2TS－03	76.2±2.3	>0.3	>0.9	100±0.5
3	76.2TS－04	76.2±2.3	>0.4	>1.3	100+0.5
3	76.2TS－06	76.2±2.3	>0.6	>1.8	100±0.5
3	76.2TS－08	76.2±2.3	>0.8	>2.5	100+0.5
4	101.6TS－03	101.6±2.5	>0.3	>0.9	100±0.5
4	101.6TS－04	101.6±2.5	>0.4	>1.3	100+0.5
4	101.6TS－06	101.6±2.5	>0.6	>1.8	100±0.5
4	101.6TS－08	101.6±2.5	>0.8	>2.5	100+0.5
5	127TS－03	127±2.8	>0.3	>0.9	100±0.5
5	127TS－04	127±2.8	>0.4	>1.3	100+0.5
5	127TS－06	127±2.8	>0.6	>1.8	100±0.5
5	127TS－08	127±2.8	>0.8	>2.5	100+0.5
6	152.4TS－03	152.4±3.0	>0.3	>0.9	100±0.5
6	152.4TS－04	152.4±3.0	>0.4	>1.3	100+0.5
6	152.4TS－06	152.4±3.0	>0.6	>1.8	100±0.5
6	152.4TS－08	152.4±3.0	>0.8	>2.5	100+0.5
7	177.8DTG－03	177.8±3.0	>0.3	>0.9	100+0.5
7	177.8DTG－06	177.8±3.0	>0.6	>1.8	100+0.5
7	177.8DTG－08	177.8±3.0	>0.8	>2.5	100+0.5
8	203.2TS－03	203.2±3.5	>0.3	>0.9	100±0.5
8	203.2TS－04	203.2±3.5	>0.4	>1.3	100+0.5
8	203.2TS－06	203.2±3.5	>0.6	>1.8	100±0.5
8	203.2TS－08	203.2±3.5	>0.8	>2.5	100+0.5

附表 25　铝合金喷灌管道规格及主要技术参数

名称	规格	长度（mm）	壁厚（mm）	试验压力（MPa）	使用压力（MPa）	最大偏角
直管	Φ50 Φ76 Φ90	2 000 ~ 6 000	1.0 ~ 1.5 1.0 ~ 1.5 1.2 ~ 1.5	1.28	0.3 ~ 0.8	承插式管道偏角 10°，球式管道偏角 30°
	Φ102 Φ127	2 000 ~ 6 000	1.3 ~ 2.0 1.5 ~ 3.0	1.28	0.4 ~ 1.0	
三通管	Φ50×26 Φ76×33 Φ76×64 Φ90×33	2 000 ~ 6 000	1.0 ~ 1.5 1.0 ~ 1.5 1.0 ~ 1.5 1.2 ~ 1.5	1.28	0.3 ~ 0.8	
	Φ102×76 Φ127×76 Φ127×90	2 000 ~ 6 000	1.3 ~ 2.0 1.5 ~ 3.0 1.5 ~ 3.0	1.28	0.4 ~ 1.0	

附表 26　普通焊接钢管规格与参数

序号	公称直径 Dg（mm）	外径 D（mm）	壁厚 δ（mm）	内径 d（mm）
1	20	26.8	2.75	21.3
2	25	33.5	3.25	27.0
3	32	42.3	3.25	35.8
4	40	48.0	3.50	41.0
5	50	60.0	3.50	53.0
6	65	75.5	3.75	68.0
7	80	88.5	4.00	80.5
8	100	114.0	4.00	106.0
9	125	140.0	4.50	131.0
10	150	165.0	4.50	156.0
11	175	194	10	174
12	200	219	10	199
13	225	245	10	225
14	250	273	10	253
15	275	299	10	279
16	300	325	10	305
17	325	351	10	331
18	350	377	10	357
19	400	426	10	406
20	450	478	10	458

附录四 喷灌机、喷灌机组主要性能参数

附表 27 YM 系列轻小型多（单）喷头喷灌机组规格型号和技术参数

机组型号	配套动力机		水泵				喷头					
	型号	功率（马力）	型号	扬程（m）	流量（m^3/h）	吸程（m）	型号	压力（MPa）	喷嘴直径（mm）	射程（m）	喷水量（m^3/h）	配带个数
YM5C－50B－P30	R170F	5	50BPZ－45	45	18	7	30PY_2	0.40	10×4	24	8.27	2
YM5C－50B－P40	R170F	5	50BPZ－45	45	18	7	40PY_2	0.45	14×6	30	17.54	1
YM6C－50B－P30	R175	6	50BPZ－55	55	20	7	30PY_2	0.40	10×4	24	8.27	2～3
YM6C－50B－ZY_2	R175	6	50BPZ－55	55	20	7	ZY－2	0.30	6.0/3.1	18.5	2.97	6～7
YM6C－50B－ZY_1	R175	6	50BPZ－55	55	20	7	ZY－1	0.30	4.0/2.8	14.9	1.65	12
YM12C－65B－P30	195	12	65BPZ－55	55	30	7.5	30PY_2	0.40	10×4	24	8.27	3～4
YM12C－65B－P40	195	12	65BPZ－55	55	30	7.5	40PY_2	0.45	14×6	30	17.54	1～2
YM12C－65B－P50	195	12	65BPZ－55	55	30	7.5	50PY_2	0.50	18×6	37.5	28.68	1
YM12C－65B－ZY_2	195	12	65BPZ－55	55	30	7.5	ZY－2	0.30	6.0/3.1	18.5	2.97	9～10
YM12C－65B－ZY_1	195	12	65BPZ－55	55	30	7.5	ZY－1	0.30	4.0/2.8	14.9	1.65	18

注：以 YM5C－50B－P30 为例：YM—厂家代号；5C—功率为 5（PS）；50—进口公称直径，mm；B—单级单吸泵；P—喷灌；30—扬程，m。

附表 28 SY 系列轻小型喷灌机组技术参数

型号	动力型号	水泵	流量（m^3/h）	扬程（m）	喷头		机组型式
					单喷头	多喷头	
3.7CP－35	R170	50BPZ－40	18	40	PY40	ZY－1	手抬式
4DP－35	Y112M－2						
4.4CP－40	R175	50BPZ－45	20	45	PYC40	ZY－2	
5.9CP－40	R185	65BPZ－45	25	45	PYC40	ZY－2	
8.8CP－35	S195	65BPZ－40	40	40	PYC40	ZY－2	手推车式
8.8CP－45A	S195	65BPZ－50	30	50	ZY－1 ZY－2 PY40 PYC40		
7.5DP－45A	Y132S－2						
8.8CP－45B	S195	IQ80－203B8.8	30	55			
7.5DP－45B	Y132S－2						
8.8CP－50A	S195	65BPZ－55	30	55			
8.8CP－50B	S195	80BPZ－55	36	55			
11CP－45	S1100	80BPZ－50	50	50			
8.8CP－65A	S195	50BPZ－70	20	70	PYC40	ZY－1	
8.8CP－65B	S195	IQ50－2408.8	20	70	PYC40	Z－1	

附表 29　PCL 系列喷灌机组技术参数

机组型号	机组配套						主管		支管		支管间距（mm）	喷头间距（mm）
	动力		水泵		喷头		管径（mm）	长度（m）	管径（mm）	长度（m）		
	kW	马力	流量（m^3/h）	扬程（m）	型号	数量（个）						
PCL－50	3	4	15	35	$ZY_1-15\times2.8$	6			50	115	18	18
PCL－65	5.5	6	20	44	$ZY_1-26\times3.1$	6			65	115	18	18
PCL－76	11	12	40	51	$ZY_1-27.5\times3.1$	8			76	150	24	18
PCL102－65	18.5	24	80	52.7	$ZY_1-26\times3.1$	24	102	313	65	3×141	18	18
PCL102－76	18.5	24	80	52.7	$ZY_1-27.5\times3.1$	16	102	260	76	2×141	24	18

注：以 PCL－50 为例：PCL—厂家代号，50—管径。

附表 30　FRP 和 FLP 系列轻小型喷灌机组

序号	喷灌机组	动力		水泵			管路配套件			喷头		
		型号	马力	型号	流量（m^3/h）	扬程（m）	管材	管径（mm）	总长（m）	型号	嘴径（mm）	数量（个）
1	FRP50	R175	6	50BPZ－35	18	35	涂塑软管	50	120	ZY－1	2.8/5	6
2	FRP65	R180	8	50BPZ－45	22	45	涂塑软管	65	160	ZY－1	2.8/5	8
3	FRP76	ZS195	12	65BPZ－55	32	55	涂塑软管	76	180	ZY－2	3.1/6	10
4	FLP50	R175	6	50BPZ－35	18	35	铝合金管	50	108	ZY－1	2.8/5	6
5	FLP65	R180	8	50BPZ－45	22	45	铝合金管	65	144	ZY－1	2.8/5	8
6	FLP76	ZS195	12	65BPZ－55	32	55	铝合金管	76	162	ZY－2	3.1/6	10
7	FLP76－65	ZS1100	15	80ZB－55	48	55	铝合金主管	76	324	ZY－2	3.1/6	32
							铝合金支管	65	576			
8	FLP102－76	CJ24	24	4BP－50	80	50	铝合金主管	102	378	ZY－2	3.1/7	44
							铝合金支管	76	792			
9	FLP127－76	495G	48	IS125－100－250	130	50	铝合金主管	127	576	ZY－2	3.1/7	66
							铝合金支管	76	1 188			

注：以 FRP50、FLP50 为例：FRP、FLP—厂家代号，50—管径。

附表 31　滚移式喷灌机的规格与主要技术参数

型号	GYP200	GYP300	GYP400	GYP500
驱动动力（马力）	6	6	8	8
滚轮直径（mm）	1 500、1 700、1 900			
支管规格（mm）	ϕ127			
整机长度（m）	200	300	400	600
行进速度（m/min）	0.3～20			
灌水定额（m^3/h）	80～210			

附表 32　DPP 系列电动平移喷灌机规格与主要技术参数

型号	DPP－65	DPP－80	DPP－100	DPP－400	DPP－500
系统长度（m）	67.5	80	101	356	516
配置方式	单跨	双侧	双侧	双侧	双侧
跨距（m）	50	30	30	40（50）	40（50）
喷水量（m^3/h）	50～80	50～80	60～100	340～400	400
喷洒均匀系数（%）	≥90				
末端工作压力（MPa）	0.15				
灌溉面积（hm^2）	4.55	8.5	12.12	54.15	75.75
爬坡能力（%）	＞5				

附表 33　DYP 系列中心支轴式喷灌机规格与主要技术参数

型号	DYP－215	DYP－295	DYP－335	DYP－375	DYP－415
系统长度（m）	215	295	335	375	415
跨距（m）	40、50				
末端最小工作压力（MPa）	0.15				
喷灌机最大流量（m^3/h）	118	152	168	185	210
喷洒均匀系数（%）	≥90				
降雨量（mm/h）	5.21～52.1				
灌溉面积（hm^2）	14.85	27.8	35.77	44.75	54.73
每圈运行最短时间（h）	7.21	10.1	11.5	13	14.4
驱动电机功率（kW）	0.75、1.1、1.5				
轮胎型号	11.2～28、15～24				

附表 34　绞盘喷灌机（单喷头车）参数

PE 管管径（mm）	喷嘴直径（mm）	入机压力（MPa）	有效喷洒幅宽（m）	喷水量（m^3/h）
40	PE 管管长 125 m			
	9 ~ 12	0.25 ~ 0.77	31 ~ 44	3.6 ~ 10.8
50	PE 管管长 150 ~ 240 m			
	10 ~ 14	0.25 ~ 1.05	32 ~ 49	6.12 ~ 17.28
63	PE 管管长 100 ~ 280 m			
	14 ~ 18	0.28 ~ 1.03	42 ~ 68	11.52 ~ 27.00
70	PE 管管长 210 ~ 300 m			
	16 ~ 20	0.29 ~ 1.01	44 ~ 74	11.88 ~ 33.48
75	PE 管管长 200 ~ 340 m			
	16 ~ 20	0.40 ~ 1.12	53 ~ 78	16.56 ~ 37.08
82	PE 管管长 220 ~ 400 m			
	18 ~ 22	0.41 ~ 1.20	60 ~ 81	21.96 ~ 42.48
90	PE 管管长 220 ~ 440 m			
	22 ~ 26	0.43 ~ 1.32	68 ~ 97	31.32 ~ 61.92
100	PE 管管长 210 ~ 450 m			
	26 ~ 30	0.44 ~ 1.45	80 ~ 108	45.72 ~ 83.16

附表 35　Rainboy40 - 120 牵引式绞盘喷灌机工作性能

喷嘴直径（mm）	喷嘴压力（kPa）	流量（m^3/h）	地块宽度（m）	不同灌溉量（mm）下的回卷速度（m/h）及连接压力（kPa）							
				10		15		20		25	
				m/h	kPa	m/h	kPa	m/h	kPa	m/h	kPa
8	300	4.0	30.5	13.1	530	8.7	520	6.6	490	5.2	470
	350	4.3	31.5	13.7	580	9.1	570	6.8	540	5.5	520
9	300	4.6	31.0	14.5	560	9.7	530	7.3	490	5.8	490
	350	4.9	31.5	15.6	610	10.4	580	7.8	560	6.2	540
10	300	6.5	36.5	17.8	570	11.9	560	8.9	550	7.1	540
	350	7.0	37.5	18.7	640	12.4	630	9.3	620	7.5	610

附表 36　TX 型绞盘式喷灌机工作性能

主机	型号	最大控制带长（m）	流量（m^3/h）	连接压力（kPa）	喷嘴范围（mm）	PE 管直径（mm）	PE 管长度（m）
65TX	65 - 300TX	340	13 ~ 32	0.35 ~ 1.00	14 ~ 22	65	300
75TX	75 - 200TX	250	13 ~ 50		14 ~ 26	75	200
	75 - 300TX	345	13 ~ 38		14 ~ 24	75	300
	75 - 350TX	390	13 ~ 38		14 ~ 22	75	350
85TX	85 - 200TX	250	13 ~ 60		14 ~ 30	85	200
	85 - 300TX	350	13 ~ 55		14 ~ 28	85	300
90TX	90 - 300TX	350	17 ~ 65		16 ~ 30	90	300
	90 - 350TX	400	17 ~ 56		16 ~ 28	90	350
100TX	100 - 240TX	295	17 ~ 72		16 ~ 32	100	240

注：以 65TX 为例：65—PE 管外径，TX—型号（制造商产品型号）。

参 考 文 献

[1] 水利部农村水利司，中国灌排技术开发培训中心．喷灌工程技术［M］．北京：中国水利水电出版社，1999.

[2] 中华人民共和国水利部. GB/T 50085—2007 喷灌工程技术规范［S］. 北京：中国计划出版社，2007.

[3] 中华人民共和国水利部. SL 236—1999 喷灌与微灌工程技术管理规程［S］. 北京：中国水利水电出版社，1999.

[4] 喷灌工程设计手册编写组．喷灌工程设计手册［M］．北京：水利电力出版社，1989.

[5] 周世峰．喷灌工程学［M］．北京：北京工业大学出版社，2004.

[6] 水利部农村水利司，中国灌排技术开发培训中心．喷灌与微灌设备［M］．北京：中国水利水电出版社，1998.

[7] 水利部农村水利司，中国灌排技术开发培训中心．节水灌溉工程实用手册［M］．北京：中国水利水电出版社，2005.

[8] 水利部农村水利司，中国灌排技术开发培训中心．水土资源评价与节水灌溉规划［M］. 北京：中国水利水电出版社，1998.

[9] 陈大雕，林中卉．喷灌技术［M］. 北京：科学出版社，1992.

[10] 许一飞，许炳华．喷灌机械原理·设计·应用［M］. 北京：中国农业机械出版社，1989.

[11] 美国国家灌溉工程手册编译委员会．美国国家灌溉工程手册［M］．北京：中国水利水电出版社，1998.

[12] 施钧亮，窦以松，朱尧州．喷灌设备与喷灌系统规划设计［M］．北京：水利电力出版社，1979.

[13] 胡毓骐，李英能．华北地区节水型农业技术［M］．北京：中国农业科技出版社，1995.

[14] 粟宗嵩．灌溉原理与应用［M］．北京：科学普及出版社，1990.

[15] 奕永庆．经济型喷微灌［M］．北京：中国水利水电出版社，2009.

[16] 丁文铎．城市绿地喷灌［M］．北京：中国林业出版社，2007.

[17] 史宝忠．建设项目环境影响评价［M］．北京：中国环境科学出版社，1999.

[18] 陆雍森．环境评价［M］．上海：同济大学出版社，1999.

[19] 国家环境保护总局监督管理司．中国环境影响评价［M］．北京：化学工业出版社，2000.

[20] C H 佩尔. 喷灌［M］. 姚汉源，等译. 北京：水利出版社，1980.